全華科技圖書

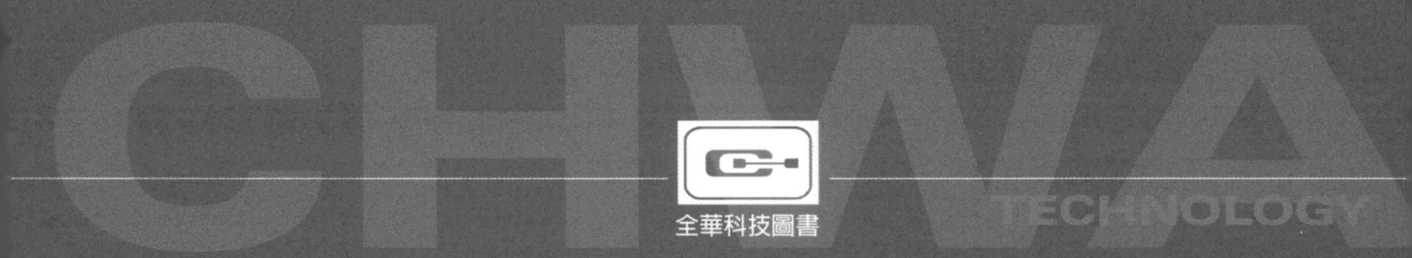
CHWA
TECHNOLOGY
全華科技圖書

CHWA

# 提供技術新知・促進工業升級
# 為台灣競爭力再創新猷

資訊蓬勃發展的今日，全華本著「全是精華」的出版理念，
以專業化精神，提供優良科技圖書，滿足您求知的權利；
更期以精益求精的完美品質，為科技領域更奉獻一份心力。

TECHNOLOGY

# 會計學—進階篇

鄭凱文・陳昭靜　編著

全華科技圖書股份有限公司　印行

# 作者自序 *Forewords*

本書「會計學進階篇」係爲「會計學基礎篇」之續集，自吾等編纂會計學書籍以來，便有將會計學內容「一分爲二」之想法，但此一分爲二之內涵，與坊間大部分的會計用書有所不同，坊間大部分的會計用書，多將會計學上冊的範圍界定於從「緒論章」至「存貨章」；而下冊的範圍則從「營業資產章」至「財務報表分析章」，這樣子的方式立意甚佳，但畢竟有所缺憾。

缺憾爲何呢？各科系於執行課程設計時，對於各科目之定位必多所思慮，就以「會計」課程而言，有些科系將其列爲「必要」且「核心」的科目，如會計系、會計資訊系…等等；而有些科系則將其列爲「必要」但「非核心」的科目，如企業管理系、財務金融系、餐飲管理系…等等，但更有許多科系將其列爲「不必要」但「需要」的科目，如旅運管理系、航空管理系…等等。

若依一般坊間會計用書的分法，非常適合將「會計」列爲「必要」且「核心」科目或者是「必要」但「非核心」科目的科系，因爲此等科系的學生少則一學年，多則四學年皆須接觸會計，且會計學的課程一學期少則四學分，多則六學分（含實習），學生修習「會計學」的時間相當充裕。但對於將會計列爲「不必要」但「需要」科目的科系而言，多將「會計學」列爲一學期必修或選修兩學分到三學分的課程，若採用一般動輒四、五百頁之會計學用書，學生勢必難以消化，但若只採用一般坊間的會計學上冊用書，則無法了解會計全貌，更因此放棄了會計學中最重要的財務報表部分，實甚可惜。起源於此想法，故作者方擬編纂此叢書，若科系學程中，僅將「會計學」列爲一學期必修或選修兩學分到三學分的課程，則可使用「會計學基礎篇」此書；而若將「會計學」列爲一學年必修的四學分至六學分課程，則可同時採用「會計學基礎篇」以及「會計學進階篇」。望此想法能嘉惠於學生。

具體而言，本書具有下列數項特點：

一、目標顧客群定位明確：

此書係針對非會計系本科與初學會計之讀者所專門設計的，用詞淺顯易懂，輔以簡單的釋例來幫助讀者進入狀況。

二、兼具大學用書與輔導證照用書之優點：

此書相當重視觀念的建立，因此在內容上力求會計理論基礎之清楚明白，但於題目之選擇上，則多方參考會計事務技術士之乙級與丙級檢定考試的考題，務求理論與實務兼具。

三、配合學校開課需求：

許多技職體系之學校，僅將會計列爲一學期必修或選修兩學分或三學分之課程，若採用一般動輒四、五百頁的會計用書，學生勢必難以消化，故將會計學區分爲「基礎篇」以及「進階篇」，配合學校開課需求來採用。

四、附錄內容符合實務需求：

附錄主要包括三部分，一部份爲與記帳士考試有關的規則；二部份則爲記帳士考試內容中的重要法規；三部份則爲會計事務技術士乙級技能檢定之歷屆考題全搜錄，可與「會計學－基礎篇」合併參考，以協助讀者若欲進一步考取相關證照作準備。

本書籍係因吾等體恤學生之需要，方有出版之動機，但畢竟出版經驗不足，許多經驗尚需向相關同業前輩學習與請教，若有錯誤之處，方請同業前輩與讀者不吝賜教，與吾等聯絡。

鄭凱文
陳昭靜　謹誌

Case Study of High Technology Industry


part I 資產篇

1 現金與銀行存款 ........ 3

一、現金與銀行存款之內容 ........ 4
(一) 現金的內容 ........ 4
(二) 現金及銀行存款的組成項目 ........ 4
(三) 容易被誤解的非現金項目 ........ 4
二、零用金制度 ........ 5
(一) 零用金之意義 ........ 5
(二) 零用金之會計處理 ........ 5
三、 銀行存款對帳單 ........ 8
四、 銀行存款調節表 ........ 11
(一) 未達帳 ........ 11
(二) 差異及錯誤 ........ 11
(三) 銀行存款調節表的方式 ........ 13
(四) 補正分錄 ........ 14
五、 現金在資產負債表中的報導 ........ 15

2 應收款項 ........ 29

一、應收款項之內容 ........ 30
二、應收帳款之評價 ........ 30
(一) 應收帳款的原始評價 ........ 30
(二) 應收帳款的續後評價 ........ 32
三、壞帳費用之估計 ........ 33
（一） 備抵法 ........ 33
（二） 直接沖銷法 ........ 37

四、應收票據之評價......38
(一) 應收票據的意義......38
(二) 應收票據的種類......38
(三) 應收票據的到期日......39
(四) 應收票據的利息......39
五、應收票據之貼現......40
(一) 貼現的意義......40
(二) 貼現之計算......40
(三) 貼現的帳務處理......41
(四) 應收票據貼現的表達方式......42
六、應收款項在財務報表上的報導......43
3 存貨......57
一、存貨之意義與分類......58
(一) 存貨之意義......58
(二) 存貨之分類......59
二、存貨之會計制度......60
三、存貨對於財務報表之影響......62
(一) 存貨對財務報表的影響......62
(二) 更正分錄之方式......63
四、存貨之原始評價......64
五、存貨之續後評價方法－以成本為基礎......65
六、存貨之續後評價方法－非以成本為基礎......68
(一) 成本與市價孰低法......69
(二) 淨變現價值法......73
七、存貨之特殊估價方法......73
(一) 毛利法......73
(二) 零售價法......75
4 投資......93
一、投資之對象與分類......94
(一) 投資對象......94

(二) 投資分類 ........ 94
二、短期投資之會計處理 ........ 95
(一) 短期投資的定義 ........ 95
(二) 短期投資之成本評價 ........ 96
(三) 短期權益證券之會計處理 ........ 97
(四) 短期債務證券之會計處理 ........ 101
三、長期投資之會計處理 ........ 106
(一) 長期投資的定義 ........ 106
(二) 長期權益證券之會計處理 ........ 106
(三) 長期債務證券之會計處理 ........ 110
附錄　財務會計準則公報第34號「金融商品之會計處理」119
一、34號公報之介紹 ........ 120
(一) 以公平價值法取代成本市價孰低法 ........ 120
(二) 避險會計之處理 ........ 120
(三) 釋例 ........ 121
二、34號公報之內涵 ........ 122
三、34號公報之影響 ........ 123
(一) 決策者執行決策的挑戰 ........ 123
(二) 投資者的多方考量 ........ 123
(三) 金融商品分類的可操縱性 ........ 123
(四) 股利的分配 ........ 123
5 固定資產、遞耗資產與無形資產 ........ 143
一、固定資產、遞耗資產與無形資產之意義 ........ 144
二、固定資產之成本及其折舊處理 ........ 145
(一) 固定資產之成本 ........ 145
(二) 固定資產之折舊處理 ........ 150
三、遞耗資產之成本及其折耗處理 ........ 153
(一) 遞耗資產之成本 ........ 153
(二) 遞耗資產之折耗處理 ........ 154
四、無形資產之成本及其攤銷處理 ........ 156
(一) 無形資產之成本 ........ 156

(二) 無形資產之攤銷處理 156
五、無形資產之會計處理 157
(一) 專利權 157
(二) 商標權 158
(三) 特許權 159
(四) 版權 160
(五) 電腦軟體成本 160
(六) 商譽 161
附錄　財務會計準則公報第35號「資產減損之會計處理」163
一、35號公報的介紹 163
(一) 辨認可能減損之資產 163
(二) 辨認現金產生單位 164
(三) 衡量資產可回收金額 164
(四) 折現率：原則上係採下列二者之一 164
(五) 損失迴轉 164
二、35號公報之內涵 164
三、35號公報之影響 165
(一) 商譽高估的部分 166
(二) 資產虛增的部分 166
(三) 轉投資高估的部分 167
(四) 減損回沖有操縱損益疑慮 167
part II 負債篇
6 流動負債與長期負債 189
一、負債的意義與分類 190
(一) 意義 190
(二) 種類 190
二、流動負債 190
(一) 流動負債的內容 190
(二) 金額確定的流動負債種類 191
(三) 金額不確定的流動負債種類 196
三、或有負債 198

(一) 應收票據貼現 ........ 198
(二) 債務保證 ........ 199
(三) 積欠累積特別股利 ........ 199
(四) 未解決的訴訟案件 ........ 199

四、長期負債 ........ 200

(一) 長期負債的內容 ........ 200
(二) 應付公司債 ........ 200
(三) 長期應付票據 ........ 206

7 股東權益篇 ........ 219

一、公司之定義與分類 ........ 220

(一) 獨資 ........ 220
(二) 合夥 ........ 220
(三) 公司 ........ 220

二、股份之意義與種類 ........ 221

(一) 股份之意義 ........ 221
(二) 股票之種類 ........ 221

三、股份之發行 ........ 222

(一) 以現金發行股份 ........ 223
(二) 非以現金發行股份 ........ 224

四、公司股東權益之內容 ........ 226

(一) 股本類 ........ 226
(二) 資本公積類 ........ 227
(三) 保留盈餘類 ........ 227

五、庫藏股票 ........ 230

(一) 意義 ........ 230
(二) 限制 ........ 230
(三) 庫藏股之會計處理 ........ 230
(四) 庫藏股於資產負債表之表達 ........ 234

六、保留盈餘之分配 ........ 234

(一) 繳納營利事業所得稅 ........ 234
(二) 彌補以前年度虧損 ........ 234
(三) 法定盈餘公積 ........ 235
(四) 特別盈餘公積 ........ 235

(五) 董監事酬勞及員工紅利 ..... 235
(六) 分配股利 ..... 235
七、股利之發放 ..... 236
(一) 股利發放之相關日期 ..... 236
(二) 股利之種類 ..... 236
八、每股淨值與每股盈餘 ..... 240
(一) 每股淨值 ..... 240
(二) 每股盈餘 ..... 241
8 現金流量表 ..... 255
一、現金流量表之意義與目的 ..... 256
(一) 意義 ..... 256
(二) 目的 ..... 256
二、現金流量表之分類 ..... 256
(一) 營業活動之現金流量 ..... 256
(二) 投資活動之現金流量 ..... 257
(三) 理財活動之現金流量 ..... 258
(四) 其他不影響現金流量之交易事項 ..... 258
三、現金流量表之編製 ..... 258
(一) 直接法 ..... 259
(二) 間接法 ..... 265
附錄一　會計科目中英文對照表 ..... 281
附錄二　專門職業及技術人員普通考試記帳士考試規則 ..... 293
附錄三　記帳士法 ..... 295
附錄四　記帳士法第三十五條規定之管理辦法 ..... 300
附錄五　商業會計處理準則 ..... 305
附錄六　公司法第八章 ..... 317
附錄七　會計事務乙級學科題庫 ..... 321
附錄八　會計事務乙級術科題庫 ..... 342
參考文獻 ..... 359

# part I

# 資產篇

CHAPTER 1

Accounting

# 現金與銀行存款

一、現金與銀行存款之內容

二、零用金制度

三、銀行存款對帳單

四、銀行存款調節表

五、現金在資產負債表中的報導

# 一、現金與銀行存款之內容

## (一) 現金的內容

會計上所謂的現金必須具備二項條件：

1. 為流通性的法定貨幣

   現金必須是法律上許可在當地自由流通的鈔票和錢幣，以作為交易媒介之信用工具。我國目前流通的貨幣為新台幣；至於外幣如美金、日圓等在我國就不為會計上所稱之現金。

2. 可供自由支配運用

   現金必須是可以隨時動用，不受任何限制的，也就是未受任何指定用途，以及未受法律、契約及提撥事項等限制。

## (二) 現金及銀行存款的組成項目

在實務上，通常將現金及銀行存款視為不同功能而分別設置的會計科目，但在資產負債表上還是以「現金」科目報導為主，其中包括庫存現金、零用金、即期支票、銀行本票、銀行匯票、支票存款、活期存款、活期儲蓄存款、及郵政匯票等。至於定期存款原有一定期限，但習慣上只要存款人願意放棄定存部分利息，則定期存款就可以按照一般活期存款方式隨時提現，故仍列為現金處理。有些短期（三個月內）的貨幣工具，如商業本票、國庫券等雖非現金，但非常接近現金，所以稱之為約當現金 (Cash Equivalents)。

## (三) 容易被誤解的非現金項目

在實務上，較容易被誤解的非現金科目主要有下，分別詳細說明之：

1. 借條不為現金，當屬於應收款。
2. 郵票不為現金，當屬於預付費用。

 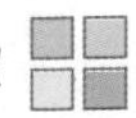

3. 遠期支票不為現金，當屬於為應收票據。
4. 已指定用途或受限制之現金，在分類上要特別注意下列幾點：
   (1) 非活期之銀行存款到期日在一年之後者，應加註說明。
   (2) 定期存款（含可轉讓定存單）提供為債務作擔保者，若所擔保之債務為長期負債，應改列為其他資產，若所擔保之債務為流動負債則改列為其他流動資產，並附註說明擔保之事實。作為存出保證金者，應依其長短期之性質，分別列為流動資產或其他資產，並於附註中說明。
   (3) 補償性存款如因短期借款而發生者，應列為流動資產；若係因長期負債而發生者，則應改列為其他資產或長期投資。

# 二、零用金制度

## (一) 零用金之意義

從企業銀行存款中，提撥一定之金額，交由專人保管處理，用以支付企業若干小額的零星費用，例如車資及郵費等，待提撥之金額用罄時，再原數補足，此依制度稱為零用金制度。

## (二) 零用金之會計處理

零用金的會計處理主要有設置、動用及撥補等項，分述如下：

1. 設置時

例如大興公司於8月1日開具支票撥付$6,000設置零用金，此額度足供零星支付之用，設置分錄如下：

| | | | |
|---|---|---|---|
| 8/1 | 零用金 | 6,000 | |
| | 　　銀行存款 | | 6,000 |

2. 動用時

當動用零用金以支付各項支出時，須取得合法收據或其他原始憑證保存，但不需作成分錄，僅需作備忘紀錄即可。待零用金不足使用時，零用金保管人就檢附各項憑證單據向出納部門請求補充零用金，並由會計部門作適當的會計記錄。

3. 撥補時

8月15日零用金保管人提出下列憑證單據請求撥補歸墊；購買郵票$950，文具用品$1,250，計程車資$2,250，修理費用$300及書報費$480，手存現金餘額$770，單據經核付後，即加蓋「核銷」戳記，以防重複使用。補充零用金所開支票金額應等於單據的總額$5,230，日記帳內分錄如下：

| | | | |
|---|---|---|---|
| 8/15 | 文具用品 | 1,250 | |
| | 修理費 | 300 | |
| | 車馬費 | 2,250 | |
| | 郵電費 | 950 | |
| | 書報費 | 480 | |
| | 　　銀行存款 | | 5,230 |

由於平時支用零用金時帳面未予紀錄，補充零用金後，零用金又維持原設定金額，爲簡化帳務處理，動用零用金支付費用及補充零用金，均不作零用金的增減記錄，待補充零用金時，一方面認定費用增加，另一方面記錄銀行存款減少。

4. 短少或盈溢時

若發現零用金有短少或盈溢的情形，則必須認列現金短溢數額。例如：假設上例的零用金，保管人計算手存現金爲$720，短少了$50，則其應撥補的金額爲$5,280，分錄如下：

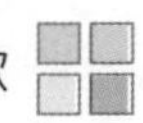

| | | | |
|---|---|---|---|
| 8/15 | 文具用品 | 1,250 | |
| | 修理費 | 300 | |
| | 車馬費 | 2,250 | |
| | 郵電費 | 950 | |
| | 書報費 | 480 | |
| | 現金短溢 | 50 | |
| | 　銀行存款 | | 5,280 |

相反的，如果保管人手存現金爲$780，則須撥補金額爲$5,220，並貸設「現金短溢」$10。「現金短溢」的借方餘額在損益表上列爲雜項費用，而貸方餘額則列示雜項收入。

【釋例】　零用金

漢家公司有關零用金之資料如下

06年10/01簽發支票$12,000，設置零用金。

11/15　零用金管理員提出清單如下要求撥補，會計人員立即簽發支票，予以補足。水電費$4,320；郵票$420；電話費$2,040；報費$1,080；文具用品$1,800；計程車費$600；手存現金$528。

12/01　將零用金增設$2,400。

解

| | | | |
|---|---|---|---|
| 06/10/01 | 零用金 | 12,000 | |
| | 　銀行存款 | | 12,000 |
| | | | |
| 11/15 | 水電費 | | 4,320 |
| | 郵電費 | | 2,460 |

| | | | |
|---|---|---|---|
| | 書報費 | 1,080 | |
| | 文具用品 | 1,800 | |
| | 車馬費 | 600 | |
| | 現金短溢 | 12 | |
| | 　銀行存款 | | 10,272 |
| 12/01 | 零用金 | 2,400 | |
| | 　銀行存款 | | 2,400 |

## 三、銀行存款對帳單

企業爲控管現金的收支，多在銀行開立「支票存款」帳戶。每日收受的現金均存入銀行，支出多以支票支付，既安全又可免除保管現金的工作。當企業向銀行開立支票存款帳戶時，企業中有權簽發支票的人員須在銀行留置印鑑卡，作爲開戶後簽發支票所用的同一印鑑，由銀行保存以核對付款支票，確定眞僞之用。

企業與銀行存款往來的帳務處理如下：

1. 當企業將款項存入銀行時，則借記「銀行存款」，貸記「現金」；銀行則借記「現金」，貸記「支票存款」。
2. 當企業開具支票支付款項時，則借記「應付帳款」，貸記「銀行存款」；銀行則借記「支票存款」，貸記「現金」。

由上可知，企業與銀行雙方對於存款變動的紀錄一致時，企業帳上「銀行存款」的借方餘額與銀行帳上「支票存款」的貸方餘額應相等無誤。

由於支票存款存取次數頻繁，又無存摺可作爲存款、支付與結餘之憑證，所以銀行於每月初，即會將支票存款客戶上月份存款與支付往來的情

形，作成銀行對帳單，寄送給客戶，以便存款人核對往來款項及餘額。銀行對帳單的內容，包括：(1) 上月底存款餘額；(2) 本月每次存入金額；(3) 本月已支付支票金額；(4) 月底結算存款餘額；(5) 本月其他借項、貸項的紀錄。銀行存款對帳單資料如下：（見表 1-1）

**表1-1 銀行存款對帳單釋例**

戶名：大興公司
地址：高雄市復興一路25號　　　　　華南銀行

民國94年4月

| 支票號碼 | 摘要 | 支票金額 | 摘要 | 存入金額 | 日期 | 結餘 |
|---|---|---|---|---|---|---|
| | | | | | 94/03/31 | 692,050 |
| | | | | 80,000 | 94/04/01 | 772,050 |
| 2238 | | 27,500 | | 125,000 | 94/04/02 | 869,550 |
| 2269 | | 26,875 | | | 94/04/05 | 842,675 |
| 2270 | | 232,362 | | 268,240 | 94/04/06 | 878,553 |
| 2031 | | 12,765 | | | 94/04/07 | 865,788 |
| 2037 | | 40,500 | | 344,705 | 94/04/08 | 1,169,993 |
| 2038 | | 7,142 | | | 94/04/09 | 1,162,851 |
| | | | | 81,075 | 94/04/11 | 1,243,926 |
| 2100 | | 4,611 | | | 94/04/12 | 1,239,315 |
| 2103 | | 20,290 | | | 94/04/14 | 1,219,025 |
| 2105 | | 82,500 | | | 94/04/15 | 1,136,525 |
| 2111 | CC | 215,000 | | | 94/04/16 | 921,525 |
| 2114 | | 88,670 | | | 94/04/18 | 832,855 |
| 2118 | | 28,170 | | 223,065 | 94/04/20 | 1,027,750 |
| 2200 | | 72,150 | | | 94/04/21 | 955,600 |
| | DM | 250 | CM | 61,240 | 94/04/22 | 1,016,590 |
| 2205 | | 22,849 | | 142,500 | 94/04/26 | 1,136,241 |
| 2207 | | 181,033 | | 233,000 | 94/04/28 | 1,188,208 |
| 2209 | | 45,750 | | | 94/04/29 | 1,142,458 |
| | SC | 800 | | | 94/04/30 | 1,141,658 |

EC 更正錯誤　　DM 借項通知　　CM 貸項通知　　OD 透支
N.S.F 存款不足支票　　SC 手續費　　CC 保付支票

對帳單上有關常用的符號，解釋如下：

1. NSF (Not Sufficient fund)
   表示存款不足。此是客戶所存入的支票，因發票人的支票存款餘額不足以致無法兌付而退票。

2. DM (Debit Memo)
   借項通知單。表示銀行因某一交易事項，自客戶存款中予已扣除，並以借項通知單告知客戶原因。

3. CM (Credit Memo)
   貸項通知單。表示銀行因某一交易事項，而增加客戶存款餘額，並以貸項通知單告知客戶原因。

4. EC (Error Correction)
   更正錯誤。表示銀行表列、計算、或其他原因造成的錯誤作確實的更正。

5. SC (Service Charge)
   服務費。表示銀行爲客戶提供的服務，按規定扣除的手續費。

6. CC (Certified Check)
   保付支票。銀行爲客戶所簽發的支票上加註「照付」或「保付」字樣的支票。表示銀行同意保付時，即將保付的金額由客戶存款中提出，轉爲銀行保證付款的支票。

7. OD (Overdraft)
   透支。所謂透支，係事前企業與銀行訂立契約，議定透支額度及利率，在客戶存款不足時，銀行仍對客戶所簽發支票如數付現，使客戶存款餘額爲一負數（借餘）。因此銀行透支(Bank Overdraft)爲企業的流動負債，負債透支的利息爲費用。

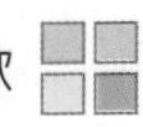

# 四、銀行存款調節表

一般而言，銀行存款對帳單與客戶存款帳列的餘額可能不符，因此，透過銀行存款調節表之編製，便可以發現兩者不符的原因，且正確地反映存款餘額。銀行存款對帳單與客戶存款帳列的餘額不符的原因主要有二：

## (一) 未達帳

即雙方記錄的時間點有所差異而造成的餘額不符。由於公司（存款人）的存款帳上所記錄的若干項目，銀行尚未及時記錄。例如：

1. 在途存款(Deposit in Transit)

   爲公司在月底存入的款項，銀行尚未及時記錄在本月份存款。

2. 未兌現支票(Outstanding Checks)

   爲公司開具支付的支票，持票人尚未向銀行要求兌現。

同樣地，銀行支票存款帳上已記錄的若干項目，公司（存款人）尚未記錄者。例如：

1. 銀行扣除的費用如交換票據及代收款項手續費等。
2. 存款不足(NSF)遭受退回的客帳支票。
3. 銀行接受委託代收的應收票據或利息收入。

以上均爲銀行及公司的未達帳部份，乃是雙方記錄的時間點有所差異而造成。

## (二) 差異及錯誤

即雙方在記錄上發生不一致，導致存款帳的虛增或虛減所造成的餘額不符。造成雙方差異的原因主要有下列四種情況：

1. **公司已借記存款，銀行未貸記存款**

   公司將即期支票送存銀行，即借記銀行存款，但銀行因票據交換時間已過或當日營業時間結束，故無法即時記入支票存款戶，此稱「在途存款」。調節時應作爲銀行對帳單存款餘額的加項。

2. **公司已貸記存款，銀行未借記存款**

   公司已開立即期支票交付給持票人或受款人，已作支出而減少銀行存款，但因該持票人尚未到銀行兌現，銀行無法即期作付款處理，成爲「未兌現支票」。調節時應作爲銀行對帳單存款餘額的減項。

3. **銀行已貸記存款，公司未借記存款**

   當公司將債務人開具的應收票據委託銀行代收，在銀行收妥後存款帳上貸項欄已有明細的紀錄，而公司尚未接獲通知，直到接收對帳單才確定存款的增加，事前尚未作借記存款紀錄。此是銀行貸項通知款項在調節時，應列入公司存款餘額的增加。

4. **銀行已借記存款，公司未貸記存款**

   公司在業務上獲得方便，通常由銀行提供一些必要的服務；如前述的交換票據費用或代收款項手續費用，還有存款不足遭受退票的客帳支票等。當發生時銀行已立即借記支票存款帳，故存款明細帳已記入列減金額，但公司尚未作貸項紀錄以減少存款。此是銀行記借項通知項目在調節時，應列入公司存款餘額的減少。

至於造成雙方有所錯誤的情況，則主要有下：

1. 銀行誤將兌付其他企業的支票借記爲本企業支票存款帳戶。
2. 銀行誤將代收其他企業的票據款貸記爲本企業支票存款帳戶。
3. 企業可能將甲銀行的支票誤記爲乙銀行。
4. 企業記帳時金額發生錯誤，如開具支票面額$2,857，帳載誤記爲$2,578。

以上事項，如爲銀行的錯誤，立即要求銀行更正，企業發生的錯誤，調節時均一併予以改正。

## (三) 銀行存款調節表的方式

銀行存款調節表的方式主要有三，分別說明如下：

### 1. 正確餘額式

分別由銀行存款對帳單及公司帳上餘額，調整至正確餘額。詳表1-2：

**表1-2 銀行存款調節表-正確餘額式**

| 大興公司<br>銀行存款往來調節表<br>94年4/1～4/30 | | | |
|---|---|---|---|
| 銀行對帳單餘額 | $575,200 | 公司帳上餘額 | $612,800 |
| 加：在途存款 | 34,100 | 加：代收票據 | 28,210 |
| 誤記支出 | 2,700 | 利息收入 | 4,087 |
| 減：未兌現支票 | (8,230) | 減：手續費 | (3,850) |
| | | 退票 | (37,477) |
| 正確餘額 | $603,770 | 正確餘額 | $603,770 |

### 2. 由公司帳餘額調整至銀行對帳單餘額

以銀行存款對帳單之餘額爲準，來編製銀行存款調節表。

### 3. 由銀行對帳單餘額調整至公司帳餘額

以公司帳餘額爲準，來編製銀行存款調節表。

## (四) 補正分錄

只需調整公司方面的分錄，銀行方面則不在考慮範圍。補正分錄主要如下：

| | | |
|---|---|---|
| 銀行存款 | XXX | |
| 　　利息收入 | | XXX |
| 　　應收票據 | | XXX |

【釋例】 銀行調節表

大大公司月底銀行存款有關資料如下：月底銀行結單餘額$34,800，未兌現支票$14,400（內含保付支票$8,400），銀行代收票據$2,880，送存銀行現金$3,720，銀行未及入帳，客戶因存款不足遭受退票$2,160，銀行已從大大公司帳戶扣除，銀行代扣手續費$360，請就上例編製銀行調節表，並求算公司原有之帳上餘額。

解

銀行調節表

| | | | |
|---|---|---|---|
| 公司帳上餘額 | $ X | 銀行結單餘額 | $34,800 |
| 加：代收票據 | 2,880 | 加：在途存款 | 3,720 |
| 減：存款不足退票 | (2,160) | 減：未兌現支票 | (6,000) |
| 　　手續費 | (360) | | |
| 正確餘額 | $32,520 | 正確餘額 | $32,520 |

| | | |
|---|---|---|
| 分錄：應收帳款 | 1,800 | |
| 　　　銀行存款 | 300 | |
| 　　　手續費 | 300 | |
| 　　　　應收票據 | | 2,400 |

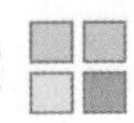

## 五、現金在資產負債表中的報導

以財務報表表達的目的而言，現金總帳戶的餘額通常包含變現性高的有價證券項目，合併爲「現金與約當現金」。現金列在流動資產項目中的第一順位，因爲現金最具流動性；可以立即支付任何形式的負債。資產負債表的流動資產部分，乃以資產流動性（變現性）的順位排列，所以最具有流動性的現金被排列在資產類科目的第一位。

## ▶練習題

### 一、選擇題

(　　) 1. 霖園公司05年1月1日向華南銀行以年息10％借得$1,000,000，而銀行要求其維持$200,000得補償性存款餘額，該部分可以6％計息，試問霖園公司借款$1,000,000的實質利率爲何？
(1)100％ (2)10％ (3)11％ (4)12.2％

(　　) 2. 某公司年底編制的銀行調節表所附的金額有：帳面餘額$73,800，銀行節單餘額$71,280，銀行代收票據$9,000，銀行扣收手續費$300，在途存款$28,200，另有未兌現支票，其金額應爲：
(1)$39,420 (2)$51,780 (3)$16,980 (4)34,380 (5)以上皆非

(　　) 3. 大興公司編制10月30日銀行調節表，有關資料如下：
9月30日銀行調節表中未兌現支票$9,000
10月份資料：
公司現金支出簿紀錄爲$60,000，其中將一張面額$9,000支票誤計爲$900。銀行對帳單上的支票兌現爲$6,500，其中包含漢佳公司所開的支票$5,000。10月31日銀行的調節表中的未兌現支票爲：
(1)$12,100 (2)$3,100 (3)$17,100 (4 )以上皆非

(　　)4. 全華公司編制四欄式銀行調節表。十二月份銀行對帳單顯示付款金額爲$31,560，包括銀行手續費$400。十二月初未兌現支票餘額爲$980，而十二月底未兌現支票餘額爲$2,400。在未考慮銀行手續費之前，全華公司十二月份付款金額爲何？
(1)$32,980 (2)$32,580 (3)$29,740 (4)以上皆非

(　　)5. 大立公司9月30日銀行對帳單上存款餘額爲$187,387。9月份因存款不足而退票$3,056，其中$1,856又於9月30日以前存入。9月30日在途存款爲$20,400，未兌現支票爲$60,645，包括$1,000支票銀行於9月28日保付。9月14日銀行誤將兌付它公司的支票$2,300計入漢家公司帳戶，銀行未發現此項錯誤。9月份銀行代收票據$8,684，並扣除代收手續費$19。大立公司9月30日的正確存款餘額爲：
(1)$149,442 (2)$150,442 (3)$147,142 (4)$158,242 (5)以上皆非

(　　)6. 出納員抽屜中發現的郵票及借條應列爲：
(1)預付費用 (2)約當現金 (3)零用金 (4)找零金

(　　)7. 某公司有兩個支票存款帳戶；一爲普通帳戶，另一爲薪資戶。該公司每個月會將應付薪資總數簽發一張普通帳戶支票存入薪資戶，再開薪資支票戶的支票給員工。薪資戶每個月經常維持最低$8,000的餘額。試問每個月調節銀行存款時，薪資戶應：
(1)在銀行對帳單上的餘額爲零
(2)在銀行對帳單上的餘額爲$6,000
(3)調節至$8,000
(4)將普通帳戶與薪資戶合併編制調節表

(　　)8. 下列哪一項是流動資產？
(1)人壽保險的解約金
(2)控制被投資公司之目的有價證券投資
(3)指定用途的現金
(4)應收分期帳款

(　　)9. 下列哪一項不能列爲流動資產？
(1)應收票據　(2)預付保險費　(3)有價證券－備供出售者
(4)人壽保險解約金

(　　)10.內部控制是係用來加強企業會計記錄之正確性及可靠性且能夠：
(1)保護資產　(2)防止舞弊　(3)產生正確的財務報表　(4)防止員工的不誠實。

(　　)11.內部控制的原則不包括：
(1)確立員工職責　(2)交易程序之書面化　(3)管理階層的責任　(4)獨立之內部驗證

(　　)12.實體控制不包括：
(1)妥善保管手存現金　(2)獨立的銀行調節表
(3)將儲存存貨之倉庫上鎖　(4)將重要文件放置在銀行保險箱

(　　)13.在9月30日之現金保管箱中，下列何項並非現金？
(1)匯票　(2)硬幣及紙幣　(3)客戶於10月1日到期之支票　(4)客戶於9月28日到期之支票

(　　)14.只允許指定人員處理現金收入是符合下列哪一項原則。
(1)職能分工　(2)確立職責　(3)獨立查核　(4)其他控制

(　　)15.以預先編號之支票付款是是符合下列哪一項原則。
(1)確立職責　(2)職能分工　(3)實體、自動、電子控制　(4)書面化程序

(　　)16.開出支票以撥補$1,000之零用金，若現有$994之零用金支領單及$3之現金，則該支票之記錄爲：
(1)應借記現金短溢$3　(2)應借記零用金$994　(3)應貸記現金$994
(4)應貸記零用金$3

(　　) 17.銀行帳戶之控制之特色不包含下列哪一項：
(1)雇請查核人員來驗證銀行帳上餘額之正確性
(2)減少手存現金之金額
(3)對所有銀行交易提供雙方記錄
(4)將銀行當作倉庫來保管現金

(　　) 18.銀行往來調節表中，在途存款：
(1)應從帳面餘額減去 (2)應加入到帳面餘額
(3)作爲銀行餘額之加項 (4)應自銀行餘額中減除

(　　) 19.銀行往來調節表中會導致公司調整分錄之調節項目有：
(1)未兌現支票 (2)在途存款 (3)銀行之錯誤 (4)銀行服務費

(　　) 20.有關現金之報導，下列何者敘述正確？
(1)現金不可與約當現金合併一起
(2) 用途受限制之基金可以與現金合併
(3)現金列於流動資產第一個項下
(4)用途受限制之基金不可以報導爲流動資產

(　　) 21.現金短溢帳戶若產生貸餘，在報表上應如何表示？
(1)損益表上列作營業費用 (2)損益表上列作營業收入
(3)損益表上列作營業外收入 (4)損益表上列作營業外費用
【88、92乙級檢定試題】

(　　) 22.現金收支控制之目的，主要在於
(1)提高財務彈性 (2)保持流動性 (3)防止舞弊 (4)有效運用資金
【88乙級檢定試題】

(　　) 23.年終未及補充零用金，在編表前應將已耗用部分
(1)借：各項費用，貸：銀行存款
(2)借：各項費用，貸：零用金

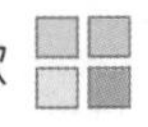

(3)借：零用金，貸：銀行存款
(4)不作分錄。【88乙級檢定試題】

(　　)24.國家公司銀行調節表中包括下列事項：A.銀行代收票款公司未入帳者$6,000　B.未兌現支票$10,000　C.客戶支票$8,000因存款不足遭退票　D.公司簽發即期支票面額$4,000償付帳款，帳冊誤記為$5,000。公司發覺上述事項後，調整分錄中應
(1)借記銀行存款$1,000 (2)貸記銀行存款$1,000 (3)借記銀行存$9,000
(4)貸記銀行存款$3,000。【88乙級檢定試題】

(　　)25.奇異公司月底銀行存款有資料如下：月底銀行結單餘額$29,000，未兌現支票$12,000（內含保付支票$7,000），銀行代收票據$2,400，公司尚未入帳已送存銀行之現金$3,100，銀行未及入帳，客戶張三所開支票$1,800，存款不足退票，銀行手續費$300，公司尚未入帳，則銀行往來調節表上
(1)調節前公司帳面餘額$24,800 (2)調節後公司帳面餘額$25,800
(3)調節後銀行存款正確餘額$27,100 (4)調節後銀行存款正確餘額$25,100。【88乙級檢定試題】

(　　)26.採用零用金制度，若支用零用金應 (1)貸記銀行存款 (2)貸記零用金 (3)貸記現金 (4)只作備忘記錄。【89乙級檢定試題】

(　　)27.何時應借記零用金？ (1)設置零用金 (2)減少零用金額度 (3)月底結帳 (4)發生費用時。【90乙級檢定試題】

(　　)28.大明公司於本年3月1日設置定額零用金$8,000，月底零用金保管員提出下列單據請求撥補：郵票$1,000、文具用品$800、書報費$1,000、差旅費$2,160、交際費$1,500，零用金短少了$20，則撥補後的零用金餘額為多少？ (1)$1,540 (2)$1,520 (3)$8,000 (4)$6,460。
【91乙級檢定試題】

(　　) 29. 在零用金保管員之抽屜中發現之郵票及員工借條應列爲
(1)現金（因性質上屬於約當現金） (2)零用金 (3)預付費用及應收款項 (4)用品盤存及薪資費用。 【91乙級檢定試題】

(　　) 30. 仁愛公司96年底盤點現金時，計有郵票$500、印花稅票$100、員工借條$2,000、即期匯票$2,000、庫存現金$18,000、銀行存款$5,000、存入押金$5,000，則「約當現金」應爲
(1)$44,600 (2)$28,000 (3)$27,000 (4)$25,000。 【91乙級檢定試題】

(　　) 31. 銀行誤將兌付其他公司之支票記入本公司帳戶，則將
(1)影響本公司帳上銀行存款餘額
(2)影響調節表上未兌現支票金額
(3)影響銀行對帳單上銀行款餘額
(4)影響調節表上在途存款金額。 【92乙級檢定試題】

(　　) 32. 天一公司86年9月30日帳上銀行存款餘額爲$15,180，同日銀行對帳單餘額爲$13,800，經核對後發現兩者之差異原因有：公司帳上將支付租金支出$540誤記爲$450，銀行扣收手續費$90公司未入帳，在途存款$5,200，及未兌現支票若干元，則天一公司已開出之支票尚未兌現者有
(1)$3,640 (2)$3,820 (3)$4,000 (4)$6,400。 【92乙級檢定試題】

(　　) 33. 年終結帳前未及補充零用金時，應將已耗用部分 (1)借：現金，貸：零用金 (2)借：零用金，貸：現金 (3)借：各項費用，貸：零用金 (4)不必作分錄。 【93乙級檢定試題】

(　　) 34. 採用零用金制度，若支用零用金應 (1)貸記銀行存款 (2)貸記零用金 (3)貸記現金 (4)只作備忘記錄。 【94乙級檢定試題】

(　　) 35. 現金簿中設立應收帳款專欄，專欄總數應一次過入 (1)應收帳款帳戶貸方 (2)應收帳款帳戶借方 (3)現金帳戶貸方 (4)不必過帳。
【94乙級檢定試題】

(　　) 36. 甲公司年底盤點現金時，計有郵票$500、印花稅票$100、員工借條$2,000、即期匯票$12,000、庫存現金$8,000、銀行存款$5,000、存入保證金$5,000，則「現金及約當現金」應為 (1)$44,600 (2)$28,000 (3)$27,000 (4)$25,000。【94乙級檢定試題】

(　　) 37. 天一公司06年9月30日帳上銀行款餘額為$15,180，同日銀行對帳單餘額為$13,800，經核對後發現兩者之差異原因有：公司帳上將支付租金支出$540誤記為$450，銀行扣收手續費$90公司未入帳，在途存款$5,200，及未兌現支票若干元，則天一公司已開出之支票尚未兌現者有 (1)$3,640 (2)$3,820 (3)$4,000 (4)$6,400。【94乙級檢定試題】

## 二、是非題

(　　) 1. 「未兌現保付支票」在編製銀行往來調節表之時，應作為銀行結單額之增加數。【88乙級檢定試題】

(　　) 2. 郵票及印花因相當於現金，故應包含於現金帳戶中。【89乙級檢定試題】

(　　) 3. 廣義的現金包括紙幣、硬幣、郵票、收進的遠期支票。【89乙級檢定試題】

(　　) 4. 公司每月編製銀行存款調節表後，即應將表上各項公司調節項目作成補正記錄，以確保帳上餘額之正確性。【91乙級檢定試題】

(　　) 5. 公司於帳上設置定額零用金，於一定期間撥補時，應借記相關費用，貸記零用金。【91乙級檢定試題】

(　　) 6. 所謂零用金，係指企業所設置供日常支付營業上一切必要開支，如進貨、水電費等之現金。【91乙級檢定試題】

(　　) 7. 公司某一支票帳戶因期末適逢假日，部分已簽發支票金額尚未補

存，致該帳戶出現貸餘。此一餘額仍應列爲流動負債「銀行透支」項下。【92乙級檢定試題】

(　　)8. 銀行透支在資產負債表上應列爲銀行存款之減項。【92乙級檢定試題】

(　　)9. 公司帳面銀行存款借方應與銀行結單之貸方存入記錄相核對；而公司帳面銀行存款貸方應與銀行結單之借方支出記錄相核對。【92乙級檢定試題】

(　　)10. 以零用金支付員工差旅費時，應借記預付差旅費。【92乙級檢定試題】

(　　)11. 郵票及印花因相當於現金，故應包含於現金帳戶中。【93乙級檢定試題】

(　　)12. 零用金爲基金類科目。【93乙級檢定試題】

(　　)13. 企業專款提撥以供特定用途之現金，不可列入流動資產中。【93乙級檢定試題】

(　　)14. 旅行支票及外幣存款均爲現金。【93乙級檢定試題】

(　　)15. 企業專款提撥以供特定用途之現金，不可列入流動資產中。【93乙級檢定試題】

(　　)16. 公司某一支票帳戶因期末適逢假日，部分已簽發支票金額尚未補存，致該帳戶出現貸餘。此一餘額仍應列爲流動負債「銀行透支」項下。【94乙級檢定試題】

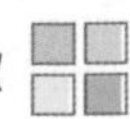

## 三、計算題

1. 誠品公司有關零用金之資料如下：

91/10/1　簽發支票$6,000，設置零用金。

11/15　零用金管理員提出零用金清單，要求撥補，並即簽發支票，予以補足。

| | | | |
|---|---|---|---|
| 水電費 | $1,920 | 文具用品 | $420 |
| 郵票 | 420 | 計程車費 | 600 |
| 電話費 | 763 | 手存現金 | 798 |
| 報費 | 1,080 | | |

12/1　將零用金增設$1,200。

12/31　零用金管理員期末提出清單如下：

| | | | |
|---|---|---|---|
| 交際費 | $1,800 | 書報雜誌 | $720 |
| 水電費 | 2,160 | 計程車費 | 900 |

92/1/1　開出支票$5,580撥補零用金。

試作：零用金相關分錄。

2. 大立公司採零用金制度，有關零用金之事項如下：

91/11/1　簽發支票$3,600，設置零用金。

11/30　清點零星開支單據，結果如下：

| | | | |
|---|---|---|---|
| 辦公用品 | $876 | 書報費 | $432 |
| 水電費 | 606 | 雜費 | 816 |
| 旅費 | 528 | 現鈔硬幣 | 324 |

本日開支票補足，並將零用金增爲$4,800，試作應有分錄。

3. 祥瑞公司本年底現金帳戶借餘$324,000，經內部稽核員盤點發現：

內含(1)郵票$360；(2)遠期支票$36,000；(3)員工預借旅費借據$6,000；(4)偽鈔$240；(5)銀行透支（作爲現金帳戶之抵銷）$33,600；(6)現金短少$120。

試爲計算正確之現金餘額，並作必要之更正分錄。

4. 漢城公司設置$36,000之零用金，並由張三經管，由於李樹最近曠職多日，且其住處已人去樓空，公司乃指派您展開調查，當敲開零用金保管箱時發現：
   1. 購買影印紙的發票兩張，金額共為$4,860，確係由總務部門使用中。
   2. 漢城公司之銷貨發票數張，總金額為$3,589,920，皆由李樹擔任銷貨員，且皆為現金銷貨，但李樹並未向公司報帳。
   3. 有一張由鄰里公司開立之發票，金額為$324,000，係由李樹自行簽字收貨，經查漢城公司並無驗收記錄，對該公司亦無貨欠。
   4. 購買郵票之收據一張，金額為$14,400，所有郵票仍放在保管箱之內。
   5. 保管箱內尚存之紙鈔及硬幣共$900。

   試作：(1) 零用金保管箱之正確餘額應為多少？
   (2) 計算李樹盜用之現金金額。
   (3) 若以上資料皆尚未入帳，且漢城公司補足零用金差額，請作必要之零用金撥補分錄（限作一筆分錄）。

   （乙級會計試題改編）

5. 大興公司於4月1日在華南銀行開戶並存入現金$78,000，公司所有現金交易均透過銀行帳戶處理，該公司4月及5月與銀行往來有關情形如下：

| | 大興公司帳 | 華南銀行帳 |
|---|---|---|
| 4月份存入 | $ 56,160 | $ 51,120 |
| 4月份支票 | 62,580 | 60,900 |
| 4月份銀行手續費 | | 120 |
| 4月30日餘額 | $ 71,580 | $ 68,100 |
| 5月份存入（正常部份） | 57,900 | 60,1800 |
| 5月份支票 | 64,440 | 62,220 |
| 5月份銀行手續費 | | 180 |
| 5月份銀行代收票據（含利息$80） | | 5,760 |
| 4月份手續費（5月份入帳） | 120 | |
| 5月31日餘額 | $ 64,920 | $ 71,640 |

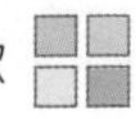

試作：(1) 編製5月份四欄式銀行調節表。

(2) 作大興公司5月份必要之調節分錄。

6. 青草公司90年10月份有關銀行往來資料如下：

| | 9 月 底 | 10 月 底 |
|---|---|---|
| 帳面現金餘額 | $ 98,820 | $ 241,710 |
| 銀行結單餘額 | 642,492 | 826,902 |
| 在途存款 | 49,206 | 77,280 |
| 未兌現支票 | 166,308 | 180,672 |
| 銀行手續費* | 4,320 | 3,600 |
| 存款不足退票** | | 49,500 |
| 銀行代收票據* | 430,890 | 485,400 |

* 公司於次月入帳。

** 因開票公司已補足存款，青草公司隨即再存入該支票，故帳上無該筆退票之收支記錄，但銀行結單已分別列記收支。

根據帳上記錄及銀行對帳單，本月銀行存款收支情形如下：

| | |
|---|---|
| 銀行結單本月支出金額 | $ 1,310,238 |
| 帳上銀行存款存入金額 | 1,418,712 |

試根據上述資料，編製該公司10月底之四欄式銀行調節表（將帳面金額及結單金額調節至正確金額）。

7. 【零用金分錄】

台南公司於1/1設置零用金$5,000，1月15日零用金保管員向出納組提出下列付款單據請予以撥補歸墊：郵費$1,150，交通費$1,350，文具用品費$900，修理費$670，書報費$600手存零用金短少$7，尚存餘額應有$330。

試作 (1)設置零用金分錄。

(2)撥補零用金分錄。

8. 【零用金分錄】

高餐公司採用定額的零用金制度。零用金於3月1日設置，金額爲$100。三月間，在零用金保險箱中有下列零用金收據：

| 日期 | 收據編號 | 事由 | 金 額 |
|---|---|---|---|
| 3/5 | 1 | 郵票存貨 | $ 39 |
| 7 | 2 | 進貨運費 | 19 |
| 9 | 3 | 雜項費用 | 6 |
| 11 | 4 | 差旅費 | 24 |
| 14 | 5 | 雜項費用 | 5 |

零用金於3月15日撥補且無現金短溢。3月20日時零用金金額增加爲$150。

試求：關於零用金之分錄。

9. 【零用金制度】

大大公司設置零用金制度，有關資料如下：

(1) 6月1日從銀行提款＄5,000作爲零用金。

(2) 6月15日及6月30日報銷費用並撥補零用金，內容如下：

| | 6/1~15 | 6/16~30 |
|---|---|---|
| 郵票 | $1,250 | $2,100 |
| 報費 | 750 | 850 |
| 計程車費 | 1,650 | 980 |
| 文具用品 | 200 | 500 |
| 加班誤餐 | 740 | 350 |
| | $4,590 | $4,780 |

試作：有關分錄。

10.【編製銀行往來調節表】

庭家公司銀行對帳單列示2006年4月30日銀行帳餘額爲$15,907，而當日公司帳面現金餘額爲$11,589。

(1)在途存款：4月30日存入（銀行5月1日收到）　$2,201

(2)未兌現支票：＃453$3,000；＃457$1,400；＃460$1,500　5,900

(3)錯誤：支票＃443＄1,226.00銀行支付正確金額，但漢家公司誤記爲　$1,262

(4)銀行備忘通知

a. 借項：李君之存款不足退票$425
b. 借項：印製公司支票費用$50
c. 貸項：託收應收票據收現，本金$1,000，加利息$73，另減銀行託收費用$15

試作銀行往來調節表。

11.【編製銀行往來調節表】

台中公司銀行對帳單現金餘額爲$1,930,662，公司帳面現金餘額爲$1,576,314

其應調整項目包括：

(1) 8/30存款$67,500，銀行尚未入帳。

(2) 8月份簽發的支票，其中＃1342 $90,498、＃1343 $44,850、＃1345 $135,000、＃1347 $72,150等四張支票，共計$342,498，列爲未兌現支票。

(3) 簽發＃1346支票$101,033與銀行對帳單兌付一致，但公司帳面誤記爲$111,033，多計$10,000。

(4) 銀行對帳單上有貸項及借項通知，分別爲：

a.8/22委託銀行代收票據$68,000及利息收入$2,400

b.8/22銀行扣除托收費用$150

c.8/30銀行扣除服務手續費$900

試編台中公司8月份銀行往來調節表。

CHAPTER 2

Accounting

# 應收款項

一、應收款項之內容

二、應收帳款之評價

三、壞帳費用之估計

四、應收票據之評價

五、應收票據之貼現

六、應收款項在財務報表上的報導

# 一、應收款項之內容

應收款項爲企業所擁有的資產之一，包括的範圍主要有兩大類：

1. 由營業活動所產生的

此屬於商業的應收款，主要有應收帳款與應收票據兩大項，係因賒銷商品或提供勞務而應向客戶收取之款項。

2. 非由營業活動所產生的

非因賒銷商品或提供勞務所發生的應收款，例如應收利息、應收員工借支或應收保險賠償款及應收退稅款等，稱爲其他應收款項(Other Receivables)。

以上應收款項均屬於流動資產項目。確認了應收款項的內容之後，接下來則應考慮應收帳款的評價問題。

# 二、應收帳款之評價

應收帳款之評價包括了原始評價和續後評價兩類。

## (一) 應收帳款的原始評價

應收帳款的原始評價，即爲應收帳款入帳金額的認定，可採總額法或淨額法兩種入帳方式。

1. 總額法

是以尚未扣減任何折扣前的銷售成交價格入帳，若客戶於折扣期限付款時，則將折扣金額借記入「銷貨折扣(Sales Discounts)」帳戶，爲銷貨額的抵減項目；若客戶未能於折扣期間內付款，則不能享受銷貨折扣，帳款到期時即按總金額收現。

2. 淨額法

是以扣減折扣後之淨成交價格入帳，客戶若於折扣期限付款，則將該帳款淨金額沖銷，若超過折扣期限付款，則帳款淨金額加上折扣額一併收回，因此產生顧客未享折扣之收入。

由上可之，應收帳款的原始評價取決於折扣的多寡，其會計處理如下：

【釋例】 大興公司於10月5日賒銷商品給大立公司，售價爲$30,000，付款條件2/10，n/30。大立公司於10月13日償付貨款二分之一，餘款在11月5日還清，大興公司茲分別按總額法及淨額法的會計處理，編製分錄如下：

總額法：

| 日期 | 科目 | 借方 | 貸方 |
|---|---|---|---|
| 10/05 | 應收帳款 | 30,000 | |
| | 銷貨收入 | | 30,000 |
| 10/13 | 現金 | 14,700 | |
| | 銷貨折扣 | 300 | |
| | 應收帳款 | | 15,000 |
| | （收取貨款半數給予2%折扣額） | | |
| 11/05 | 現金 | 15,000 | |
| | 應收帳款 | | 15,000 |
| | （餘款收現折扣逾期限不予折扣） | | |

淨額法：

| 日期 | 科目 | 借方 | 貸方 |
|---|---|---|---|
| 10/05 | 應收帳款 | 29,400 | |
| | 銷貨收入 | | 29,400 |
| 10/13 | 現金 | 14,700 | |
| | 應收帳款 | | 14,700 |
| 12/02 | 現金 | 15,000 | |
| | 應收帳款 | | 14,700 |
| | 其他收入 | | 300 |
| | （餘款收現折扣逾期限不予折扣） | | |

淨額法在折扣期限屆滿之前，應收帳款的變現價值只有$29,400，最後之所以多收$300，發生在折扣期限屆滿後，賣方加收的其他收入，如同加計的利息。此外，採用淨額法時，到了期末應調整已逾折扣期限卻尚未收取的帳款，其分錄爲：

| | | |
|---|---|---|
| 應收帳款 | xxx | |
| 　其他收入 | | xxx |

應收帳款的原始評價除了取決於折扣的多寡外，尙與銷貨退回與讓價之多寡有關。所謂銷貨退回與讓價係當顧客收到貨品後由於品質不合，或在運送途中發生損壞以致退回部份商品，也可能要求給予讓價。

如果退回貨品原爲賒銷，且應收帳款尚未收現，應作日記分錄如下：

| | | |
|---|---|---|
| 銷貨退回與讓價 | xxx | |
| 　應收帳款 | | xxx |

若退貨時該應收款項已經付清，且扣除銷貨折扣金額，則應作分錄：

| | | |
|---|---|---|
| 銷貨退回與讓價 | xxx | |
| 　銷貨折扣 | | xxx |
| 　現金 | | xxx |

## (二) 應收帳款的續後評價

在會計年度終了，編制財務報表前，需要估計預期應收帳款無法回收的金額，而此部分無法回收的金額則稱爲壞帳費用。壞帳費用是因銷貨而產生，故應在銷貨發生的年度認定，才符合會計中的配合原則。

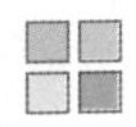

應收帳款能否回收，於銷貨時並無法確知，因此，估計應收帳款收現的可能性，爲年度終了的必要工作，基於會計中的配合原則，估計可能發生的壞帳金額應立即列帳，不能等到下年度帳款無法回收才認定壞帳。而此段估計應收帳款收現可能性的過程即爲應收帳款的續後評價。至於壞帳費用的估計方法則詳下節說明。

## 三、壞帳費用之估計

壞帳認列的時點及其會計之帳務處理方法，主要有兩種：

### （一）備抵法

估計應收帳款無法回收的可能損失，不能貸記應收帳款，因爲該帳戶係表示顧客所賒欠的總額，而還無法決定哪些帳款不能回收，所以應貸記另一科目，此科目爲備抵壞帳，該帳戶是應收帳款的抵銷科目，這兩個帳戶餘額在資產負債表的表達如下：

| | |
|---|---|
| 應收帳款 | $ xxxx |
| 減：備抵壞帳 | (xxxx) |
| 應收帳款淨額 | $ xxxx |

備抵法估計提列壞帳時，借記「壞帳」，貸記「備抵壞帳」。實際發生無法回收的帳款時，才借記「備抵壞帳」貸記「應收帳款」的沖銷分錄。

在備抵法下，估計壞帳的方法主要有三：

#### 1. 銷貨淨額百分比法

採銷貨淨額百分比法預估壞帳係建立銷售金額與預期壞帳損失的比例關係，也就是強調損益表的關係，一般又稱損益表法。故壞帳應於記錄銷貨收入的同一時間認列，使收入與費用密切配合，以符合配合原則。

【釋例】 銷貨淨額百分比法

假設大興公司當年度期末估列壞帳前的帳款與銷貨資料如下：

| | 借　方 | 貸　方 |
|---|---|---|
| 應收帳款 | $120,000 | |
| 備抵壞帳 | | $2,180 |
| 銷貨收入（賒銷） | | 218,000 |
| 銷貨退回與讓價（賒銷） | 2,600 | |

如果按當年度的賒銷銷貨收入減銷貨退回與讓價後餘額，根據以往經驗提列0.5%壞帳費用，計算方法為銷貨收入$218,000，減銷貨退回與讓價$2,600，銷貨收入淨額為$215,400，

壞帳等於：215,400*0.5%=$1,077。

則記錄估計壞帳的調整分錄如下：

| | | |
|---|---|---|
| 壞帳費用 | 1,077 | |
| 　備抵壞帳 | | 1,077 |

注意貸記備抵帳戶的結果，使該帳戶比調整前所列的餘額增加。因此備抵壞帳累計的貸方餘額為$3,257($2,180+$1,077)。

2. **應收帳款餘額百分比法**

預估壞帳時，公司必須設定應收帳款與備抵壞帳之間的關係，故又稱為資產負債表法。本法著重於列報在資產負債表的應收帳款帳面淨額有多少。而此可由分析應收帳款收回的可能性，以考量備抵壞帳帳面餘額是否足夠，以推測未來帳款的淨變現價值，表示在資產負債表的應收帳款估計可回收金額。

當決定期末備抵帳戶所需的餘額後，應予備抵帳戶估計前的結餘金額比較，其差額即為該期壞帳費用的金額。

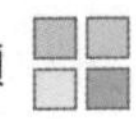

【釋例】 應收帳款餘額百分比法

大興公司檢討其應收帳款之7%，即$8,400，則當期的壞帳費用可計算爲$6,220。

| | |
|---|---|
| 備抵壞帳應有餘額 | $ 8,400 |
| 減：現有餘額（貸餘） | 2,180 |
| 本期應認列壞帳費用餘額 | $ 6,220 |

根據以上計算結果其調整分錄如下：

| | | |
|---|---|---|
| 壞帳費用 | 6,220 | |
| 備抵壞帳 | | 6,220 |

假如上例未調整前備抵壞帳的現有餘額爲借方餘額$2,180，則當期應提列壞帳費用爲$10,580($2,180+$8,400)，有關調整分錄如下：

| | | |
|---|---|---|
| 壞帳費用 | 10,580 | |
| 備抵壞帳 | | 10,580 |

值得特別注意的是，當採用此法時，調整分錄的金額受到備抵帳戶餘額的影響，此中情形在採用銷貨百分比法時不會發生。

3. 帳齡分析法

爲應收帳款收回可能性較佳的估計法。

【釋例】 帳齡分析法

大興公司在年底的應收帳款爲$330,700，調整前備抵壞帳$1,500，經分析其所有客戶的賒帳時間，確定帳款帳齡分佈情況，可由編製多欄式應收帳款帳齡分析表而得。該表每欄之上

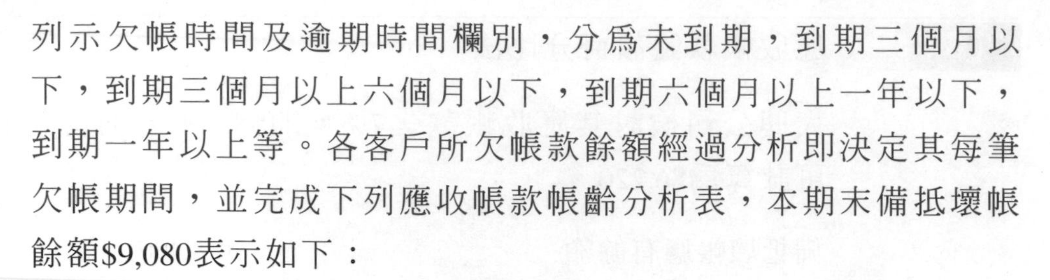

列示欠帳時間及逾期時間欄別，分為未到期，到期三個月以下，到期三個月以上六個月以下，到期六個月以上一年以下，到期一年以上等。各客戶所欠帳款餘額經過分析即決定其每筆欠帳期間，並完成下列應收帳款帳齡分析表，本期末備抵壞帳餘額$9,080表示如下：

大興公司<br>應收帳款帳齡分析表<br>民國94年12月31日

| 客戶名稱 | 金　額 | 賒欠期間 | | | | |
|---|---|---|---|---|---|---|
| | | 未到期 | 到期三個月以內 | 到期三個月以上六個月以內 | 到期六個月以上一年以內 | 到期一年以上 |
| 甲 | $ 168,000 | $ 120,000 | $ 18,000 | $ 25,000 | $ 5,000 | $ 0 |
| 乙 | 125,800 | 80,000 | 20,000 | 15,000 | 6,800 | 4,000 |
| 丙 | 36,900 | 25,000 | 6,000 | | 3,200 | 2,700 |
| 合　計 | $ 330,700 | $ 225,000 | $ 44,000 | $ 40,000 | $ 15,000 | $ 6,700 |
| 乘：估計壞帳率 | | 1% | 3% | 5% | 10% | 30% |
| 備抵壞帳餘額 | $ 9,080 | $ 2,250 | $ 1,320 | $ 2,000 | $ 1,500 | $ 2,010 |

在備抵法下，當實際發生壞帳時，應將帳款立即沖銷，借記「備抵壞帳」及貸記「應收帳款」。

【釋例】 如果甲客戶所欠的帳款$760，確定無法收回，於94年5月25日核准予以沖銷，應做分錄如下。

| | | 借 | 貸 |
|---|---|---|---|
| 5/25 | 備抵壞帳 | 760 | |
| | 　　應收帳款－甲客戶 | | 760 |

沖銷壞帳會同時減少「應收帳款」及「備抵壞帳」帳戶的餘額，因此資產負債表上的淨變現價值仍維持不變。

另在備抵法下，當沖銷的壞帳又回收時，其帳務處理步驟有二：

(1) 應先轉回原沖銷壞帳分錄，及借記「應收帳款」，貸記「備抵壞帳」。

(2) 然後以一般方式記入現金收入。

【釋例】 茲假設前例5月25日已沖銷的甲客戶帳款$760，至今7月16日如數收回。分錄如下：

| | | | |
|---|---|---|---|
| 7/16 | 應收帳款－甲客戶 | 760 | |
| | 　　備抵壞帳 | | 760 |
| | | | |
| 7/16 | 現金 | 760 | |
| | 　　應收帳款－甲客戶 | | 760 |

## （二）直接沖銷法

當賒帳銷貨後直到確定帳款無法收回時，才認列壞帳損失，故不須估計壞帳，也不使用備抵壞帳科目。例如，假設大興公司在 12 月 11 日沖銷無法向乙顧客收回的應收帳款 $336，其分錄如下：

| | | | |
|---|---|---|---|
| 12/11 | 壞帳費用 | 336 | |
| | 　　應收帳款－乙客戶 | | 336 |

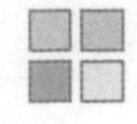


採用直接沖銷法時，認列壞帳費用是實際損失部分，當銷貨收入與實際發生壞帳不在同一會計年度，其發生的費用和收入不符合配合原則，則期末應收帳款高估，淨變現價值亦高估，此違反一般公認會計原則。所以除非壞帳損失很小，直接沖銷法不能用於對外的財務報導。

# 四、應收票據之評價

## （一）應收票據的意義

應收票據是指應收之各種票據。票據爲發票人在特定日或特定期間，無條件支付一定金額的書面承諾。票據可分爲附息票據和不附息票據。附息票據票面上除了票面金額另附加票面利率。在附息或不附息票據的票面上都載有期限，包括出票日至到期日，不附息票據實際上是將利息隱含在票據面額內，並不是眞的沒有利息。

## （二）應收票據的種類

應收票據包括本票、承兌匯票及支票，其定義如下：

1. 本票

   係指發票人簽發一定的金額，於指定到期日由本人無條件支付與執票人的票據。

2. 承兌匯票

   係指發票人簽發一定的金額，委託付款人於指定到期日，無條件支付與受款人或執票人的票據。

3. 支票

   係指發票人簽發一定的金額，委託金融業於見票時，無條件支付與受款人或執票人的票據。

應收票據具有法定求償權。假如應收票據之票據係支票時，其必爲遠期支票，如爲即期支票應視同現金處理，只有收到遠期支票才以應收處理。

### （三）應收票據的到期日

應收票據的到期日由出票日起算，再加上票據期間即爲到期日。

【釋例】 應收票據的到期日

1. 出票日是4月6日，期間爲三個月的票據，到期日就是7月6日。
2. 一張94年12月31日開票，三個月後到期的票據，到期日則爲95年3月31日。

當票據到期日是以天數表達時，則必須確實計算天數以決定到期日。在計算時其出票日不算，但到期日應包括在內。

【釋例】 應收票據的到期日

出票日爲5月19日，60天到期的票據，7月18日爲到期日。

### （四）應收票據的利息

應收票據利息的計算，如爲附息票據，其計算公式如下：

票據面額×年利率×期間（以年爲單位）＝利息

【釋例】 應收票據的利息

假設一年以360天爲計算日數，若該票據面額爲$8,400，年利率10%，期間120天，則利息爲：

$8,400×10%×120/360=$280。

若另一票據條件爲：$96,000，9%，6個月，則利息爲：

$96,000×9%×6/12=$3,200。

## 五、應收票據之貼現

### （一）貼現的意義

貼現是指持票人將未到期的應收票據轉讓給銀行以融通資金，即所謂的貼息取現。應收票據貼現時，貼現人需要在票據上背書，到期時出票人若無法如期支付本息，則貼現人就負責償還，故應收票據貼現，事實上，具有或有負債的性質，在資產負債表中應以應收票據貼現科目表示，或附註方式予以揭露。

### （二）貼現之計算

1. 貼現息的計算

到期值＝票據面額＋票據到期日利息

貼現息＝到期值×貼現率×貼現期間

貼現金額＝到期值－貼現息

貼現損益＝貼現金額－票據應收金額（面額＋應計利息）

【釋例】　應收票據貼現

大興公司持有面額$240,000，利率5%，120天期的應收票據，在持有30天後向華南銀行辦理貼現，貼現率6%，有關的計算程序如下：

| | |
|---|---|
| 票面金額 | $　240,000 |
| 到期利息($240,000×5%×120/360)………………… | 4,000 |
| 到期值………………………………………… | $　244,000 |
| 減：貼現息($244,000×6%×90/360)……………… | 3,660 |
| 貼現金額………………………………………… | $　240,340 |
| 減：貼現日應收票據面額＋應計利息 | |
| 　$240,000×（1＋5%×30/360）…………………… | (241,000) |
| 貼現損失………………………………………… | ($　660) |

## (三) 貼現的帳務處理

### 1. 應收票據應計利息的調整

| | | |
|---|---|---|
| 應收利息 | 1,000 | |
| 　　利息收入 | | 1,000 |

$240,000×5%×30/360

### 2. 應收票據貼現交易分錄

| | | |
|---|---|---|
| 現金 | 240,340 | |
| 應收票據貼現損失 | 660 | |
| 　　應收票據貼現 | | 240,000 |
| 　　應收利息 | | 1,000 |

或者

| | | |
|---|---|---|
| 現金 | 240,340 | |
| 利息費用 | 660 | |
| 　　應收票據貼現 | | 240,000 |
| 　　應收利息 | | 1,000 |

3. 貼現票據到期的處理程序

(1) 發票人或付款人如約付現

貼現票據到期如約付款，應收票據或有負債消除，應作沖銷分錄：

| | | |
|---|---|---|
| 應收票據貼現 | 240,000 | |
| 　　應收票據 | | 240,000 |

(2) 發票人或付款人違約拒付

票據到期遭受違約拒付，或有負債成爲實際負擔，貼現一方除了認列發票人的欠款與利息，同時向銀行償還貼現票據的本息，有關分錄如下：

| | | |
|---|---|---|
| 應收帳款（催收款項） | 244,000 | |
| 　　現金 | | 244,000 |
| 應收票據貼現 | 240,000 | |
| 　　應收票據 | | 240,000 |

## （四）應收票據貼現的表達方式

會計年度終了，貼現票據的或有負債在資產負債表上應作揭示，可以下列方式爲之。例如：

| | | |
|---|---|---|
| 應收票據 | $1,176,000 | |
| 減：應收票據貼現 | 240,000 | $936,000 |

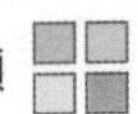

或

應收票據（註一）　$936,000

註一：本年度結算日止，公司尚有$240,000的應收票據貼現在外，此項或有負債，應無風險之考慮。

## 六、應收款項在財務報表上的報導

公司每一種重要的應收款項，都應分別列報在資產負債表或財務報表的附註中。短期應收款項通常列示在資產負債表流動資產的短期投資之後，因爲短期投資的流動性比短期應收款項高，比較更接近現金，故短期投資應列示在現金及約當現金之後。此外，應收帳款列報的方式，其總金額及備抵壞帳應同時列示。

# ▶ 練習題

## 一、選擇題

(　　)1. 大興公司採用直接沖銷法認列壞帳，最近三年沖銷的壞帳如下：

| | 04年 | 05年 | 06年 |
|---|---|---|---|
| 04年帳款 | $180,000 | $220,000 | |
| 05年帳款 | | 180,000 | $160,000 |
| 06年帳款 | | | 240,000 |

經就06年12月31日的應收帳款餘額加以分析，估計無法收回的金額爲：屬於05年的帳款$200,000，屬於06年的帳款$200,000。大興公司採用直接沖銷法而非備抵法使05年度純益：
(1)低估$40,000 (2) 低估$140,000 (3)高估$40,000 (4)高估$140,000

(　　)2. 統全公司於06年12月31日的應收帳款爲$500,000，此金額乃扣除備抵壞帳後之淨額。06年間統全公司認列$40,000的壞帳費用並沖銷$20,000的收不回帳款。請問統全公司在06年12月31日的資產負債表上，未扣除備抵壞帳的應收帳款餘額爲：
(1)$50,000 (2)$520,000 (3)$560,000 (4)$600,000

(　　)3. 某公司在05年12月31日，經應收帳款的帳齡分析後，求出應收帳款的淨變現價值爲$100,000，其他有關資料如下：

| | |
|---|---|
| 應收帳款05年1月1日 | $ 96,000 |
| 備抵壞帳05年1月1日（貸方餘額） | 12,000 |
| 應收帳款05年12月31日 | 108,000 |
| 05年度沖銷的應收帳款 | 14,000 |

該公司05年度的壞帳費用爲：(1)$6,000 (2)$8,000 (3)$10,000 (4)$14,000

( )4. 天城公司在05年12月31日編制以帳齡分析表法求算壞帳之估列，並求出當天應收帳款的淨變現價值爲$51,000。其他資料如下：

| | |
|---|---|
| 應收帳款，04年12月31日 | $48,000 |
| 應收帳款，05年12月31日 | 55,000 |
| 備抵壞帳，04年12月31日（貸方餘額） | 7,000 |
| 05年沖銷的應收帳款 | 5,000 |

天城公司05年12月31日截止年度的壞帳費用爲：(1)$3,000 (2)$4,000 (3)$6,000 (4)$7,000 (5)以上皆非

( )5. 大漢公司05年12月31日應收帳款及備抵壞帳的餘額分別爲$620,000及$30,000。根據帳齡分析結果，05年12月31日的應收帳款中有$50,000估計收不回來，則應收帳款的淨變現價值爲：
(1)$600,000 (2)$570,000 (3)$530,000 (4)$560,000 (5)以上皆非

( )6. 大溪公司採用備抵壞帳法，05年度該公司借記壞帳費用$200,000，沖銷應收帳款$160,000，這些交易減少運用資金多少？
(1)$200,000 (2)$60,000 (3)$40,000 (4)$160,000 (5)以上皆非

( )7. 開心公司05年12月31日期末調整前的應收帳款餘額及備抵壞帳分別爲$1,200,000與$80,000。帳齡分析顯示$86,000的帳款可能無法收現。應收帳款的淨變現價值爲：
(1)$1,034,000 (2)$1,094,000 (3)$1,140,000 (4)$1,154,000

( )8. 東東公司採用備抵法認列壞帳費用。05年東東公司認列了$40,000的壞帳費用，並沖銷$35,200的壞帳。這些交易使營運資金減少了：
(1)$0 (2)$4,800 (3)$35,200 (4)$40,000

( )9. 宏紳公司收到客戶票據乙紙面額$300,000，爲期6個月，附息10％的票據。持有兩個月後，宏紳公司因需要現金而將此票據以12％的貼現率向彰化銀行貼現。請問宏紳公司可由銀行收到的現金爲：
(1)$312,600 (2)$307,600 (3)$315,000 (4)302,400

(　　) 10. 06年初鼎勝公司因銷貨而收到一張三年期不附息面值$10,000的應收票據，並立即借記應收票據$10,000，貸記銷貨收入$10,000之後均未作任何分錄，試問其對06、07、08年的淨利及08年的保留盈餘有何影響？

(1)高估，高估，低估，無影響

(2)高估，低估，低估

(3)高估，高估，高估，高估

(4)高估，低估，低估，無影響

(　　) 11. 大立公司在6月15日賒銷$10,000的商品給醒吾公司，條件爲2/10，n/30。6月20日，醒吾公司退回$3000的商品給漢家公司。6月24日，漢家公司支付應收款餘額。則大立公司所收到的現金有多少？

(1) $7000 (2) $6,800 (3) $6,860 (4) 以上皆非

(　　) 12. 下列何種壞帳分析法可以稱爲資產負債表法？

(1) 應收帳款餘額百分比法 (2) 直接沖銷法 (3) 銷貨百分比法
(4) (1)和(2)皆是

(　　) 13. 某公司本月賒銷淨額$800,000，壞帳費用預期爲賒銷淨額之1.5%。該公司使用銷貨百分比法。如果「備抵壞帳」科目在調整前有貸方餘額$15,000，則調整後餘額爲多少？

(1) $15,000 (2) $27,000 (3) $23,000 (4) $31,000

(　　) 14. 假設在06年羅漢公司的賒銷淨額爲$750,000，而在06年1月1日，「備抵壞帳」科目有$18,000的貸方餘額。06年間，有$30,000的壞帳被沖銷。依照過去的經驗，3%的賒銷淨額會成爲壞帳，則06年12月31日的「備抵壞帳」科目調整後餘額爲何？

(1) $10,050 (2) $10,500 (3) $22,500 (4) $40,500

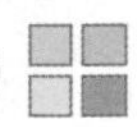

(  ) 15. 漢麟公司12月31日之帳齡分析結果出現下列資料。

| | |
|---|---|
| 應收帳款 | $910,000 |
| 調整前備抵壞帳 | 40,000 |
| 預計壞帳損失 | 75,000 |

12月31日調整後應收帳款之淨變現價值應是：

(1) $850,000 (2) $785,000 (3) $850,000 (4) $835,000

(  ) 16. 下列本票之敘述何者是錯誤的？

(1) 承諾付款之一方爲發票人 (2) 受款的一方稱爲受款人

(3) 本票是一種不可轉讓證券 (4) 本票比應收帳款更具流動性

(  ) 17. 下列有關VISA信用卡之敘述何者是錯的？

(1) 信用卡發行公司須對顧客做信用調查

(2) 零售商不需負責收款

(3) 信用卡交易包括兩個交易個體

(4) 零售商收到現金的速度比向顧客收款更快

(  ) 18. 宏達零售商收到客戶在8月1日以花旗銀行VISA卡消費的$150,000帳款。花旗銀行收取3%之服務費用，則宏達零售商應作的分錄是貸記銷貨$150,000和借記

(1) 現金$145,500及服務費用$4,500

(2) 應收帳款$145,500及服務費用$4,500

(3) 現金$150,000

(4) 應收帳款$150,000

(  ) 19. 宏達公司收到鼎盛公司一張$10,000，3個月期，利率12%之本票，以償還應收帳款。這項交易之分錄應爲：

| | | | | | |
|---|---|---|---|---|---|
| (1)應收票據 | 10,300 | | (2)應收票據 | 10,000 | |
| 　應收帳款 | | 10,300 | 　應收帳款 | | 10,000 |
| (3)應收票據 | 10,000 | | (4)應收票據 | 10,200 | |
| 　銷貨收入 | | 10,000 | 　應收帳款 | | 10,200 |

(　　) 20. 清大公司持有科大公司一張$10,000，120天期，利率9%之票據。假設清大公司並未認列任何利息收入，在票據收現時該公司之分錄應爲：

(1)現金　　10,300
　　應收票據　　10,300

(2)現金　　10,000
　　應收票據　　10,000

(3)應收帳款　　10,300
　　應收票據　　10,000
　　利息收入　　300

(4)現金　　10,300
　　應收票據　　10,000
　　利息收入　　300

(　　) 21. 8月4日銷售商品一批，標價$6,000，商業折扣10%，於8月14日收到現金$5,292，其付款條件爲 (1)1/10、n/30 (2) 2/10、n/30 (3) 3/10、n/30 (4) 4/10、n/30。【88、92乙級檢定試題】

(　　) 22. 賒銷商品$24,000，退回$4,000，客戶在結清貨款時給予折扣$400，則此一交易之銷貨折扣率應爲 (1)1.6% (2)2% (3)16% (4)20%。

【88乙級檢定試題】

(　　) 23. 東榮公司97年2月1日收到半年期客票乙張，面額$120,000，票面利率8%。於97年6月底持往銀行辦理貼現，貼現率10%，則東榮公司產生多少貼現損益？ (1)損失$1,840 (2)損失$240 (3)利益$1,040 (4)利益$800。【88乙級檢定試題】

(　　) 24. 安平公司於97年1月1日出售成本$2,200,000之土地，取得面額$4,000,000，3年到期無息本票乙紙，當時市場利率爲10%，則安平公司97年度損益表中應認列多少利息收入？（設年利率10%，3期每元複利現值爲0.75） (1)$135,000 (2)$300,000 (3)$333,334 (4)$400,000。

【89乙級檢定試題】

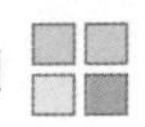

(　　) 25. 聯強公司將二個月期年利6%，面額$10,000之應收票據，於到期前1個月，貼現得款$10,024.25，則貼現率爲 (1)6% (2)7% (3)8% (4)9%。
【89乙級檢定試題】

(　　) 26. 設一年有365天，當付款條件爲2/10、n/30時，其取得折扣相當於年利率 (1)18.62% (2)24.83% (3)28.65% (4)37.24%。【90乙級檢定試題】

(　　) 27. 奇異公司將2個月期，年利率8%，面額$24,000之應收票據乙紙，持往銀行貼現，該票據貼現時，尚有1個月到期，貼現息爲$243.20，則其貼現率應爲 (1)13% (2)12% (3)11% (4)10%。【90乙級檢定試題】

(　　) 28. 賒銷商品，定價$12,000，商業折扣20%，現金折扣3%，則在期限內收款時，應 (1)貸記應收帳款$9,312 (2)借記應收帳款$9,312 (3)借記現金$9,312 (4)貸記現金$9,312。【91乙級檢定試題】

(　　) 29. 調整前銷貨收入$300,000，銷貨折讓$18,000、銷貨運費$3,000、銷貨退回$2,000、應收帳款$80,000、備抵呆帳貸差$1,000，按銷貨淨額2%提列呆帳，則期末呆帳及備抵呆帳餘額爲【91乙級檢定試題】

| | (1) | (2) | (3) | (4) |
|---|---|---|---|---|
| 呆　　帳 | $ 5,600 | $ 5,600 | $ 4,600 | $ 600 |
| 備抵呆帳 | 5,600 | 6,600 | 5,600 | 1,600 |

(　　) 30. 採直接沖銷法處理呆帳違反 (1)穩健原則 (2)配合原則 (3)重要性原則 (4)收益實現原則。【92乙級檢定試題】

(　　) 31. 依商業會計法之規定，其他應收款超過流動資產合計金額若干比例者，應按其性質或對象分別列示？ (1)3% (2)4% (3)5% (4)6%。
【92乙級檢定試題】

(　　) 32. 設一年有365天，當付款條件爲2/10、n/30時，其取得折扣相當於年利率 (1)18.62% (2)24.83% (3)28.65% (4)37.24%。【93乙級檢定試題】

(　　) 33. 應收帳款移轉時，若買受人得要求出售帳款公司買回該帳款，則此次交易應以下列何種方式處理？ (1)有追索權之出售 (2)無追索權之出售 (3)擔保借款 (4)資產負債表外融資。 【93乙級檢定試題】

(　　) 34. 下列哪一項非爲應收票據貼現的表達方式？ (1)以應收票據列爲流動負債 (2)列爲應收票據的減項 (3)應收票據以括弧說明 (4)應收票據貼現以附註說明。 【93乙級檢定試題】

(　　) 35. 以備抵呆帳沖銷無法收回之應收帳款，則 (1)流動比率不變 (2)流動比率增加 (3)流動比率減少 (4)速動比率減少。 【93乙級檢定試題】

(　　) 36. 大柏公司按應收帳款餘額計提備抵呆帳，年底備抵呆帳貸餘$18,000，當年度實際發生呆帳$9,000，年底應收帳款餘額$790,000，估計有3%無法收回，則該公司年底備抵呆帳調整後餘額爲 (1)$5,700 (2)$14,700 (3)$23,700 (4)$27,000。 【93乙級檢定試題】

(　　) 37. 乙公司的應收帳款$20,000，應付帳款$5,000，流動資產$100,000，流動負債$60,000，銷貨毛利率25%，存貨週轉率6，平均存貨$20,000，則該年度之流動資金週轉率爲 (1) 1 (2) 2 (3) 3 (4) 4。

【94乙級檢定試題】

(　　) 38. 下列何者有誤？ (1)應收票據貼現息＝到期值×貼現率×貼現期間 (2)「應收票據折價」科目，爲「應收票據」之減項 (3)貼現應收票據到期付款人拒付，本公司只要取得拒絕證書，即可不用償付票款 (4)所謂拒絕證書，係指持票人已爲付款之提示而未獲清償之證明。

【94乙級檢定試題】

## 二、是非題

(　　) 1. 會計年度中，備抵呆帳中出現借餘，則帳上記載必有錯誤。

【88乙級檢定試題】

(　)2. 收回以前年度已沖銷之呆帳，應該直接借記「現金」及貸記「備抵呆帳」。【88乙級檢定試題】

(　)3. 依現行所得稅法之規定，企業應該按應收票據及應收帳款餘額之和的1%限度內估列爲備抵呆帳。【88乙級檢定試題】

(　)4. 收到附息之票據「應收票據」科目應按票面之金額加計利息入帳。【88乙級檢定試題】

(　)5. 銷貨退回、銷貨折扣與折讓、銷貨運費都是借餘帳戶，列爲損益表內銷貨的抵減帳戶。【89乙級檢定試題】

(　)6. 銷貨時，在買方尚未承兌隨貨附送的匯票前，應先借記應收帳款。【89乙級檢定試題】

(　)7. 新興公司賒銷商品給大亞公司，收到面值$20,000，不附息，2年到期之票據，應借記應收票據$20,000，貸記銷貨$20,000。【89乙級檢定試題】

(　)8. 「顧客未享之折扣」，應列於財務報表之營業外收入項下。【90乙級檢定試題】

(　)9. 按銷貨額之某一百分比計呆帳時，不必考慮備抵呆帳調整前原有餘額。【90乙級檢定試題】

(　)10. 爲符合成本與收益配合原則，應採用應收帳款餘額百分比法來估計呆帳。【90乙級檢定試題】

(　)11. 銷貨折扣之處理若採淨額法，則應收帳款之評價較接近淨變現價值。【91乙級檢定試題】

(　)12. 商品交易通常於收現時認列收益，但亦有於生產期間或生產完成時認列收益。【91乙級檢定試題】

( ) 13.壞帳損失係於確定應收帳款眞正無法收回的期間提列。
【91乙級檢定試題】

( ) 14.因營業而發生的應收帳款與應收票據，與非因營業而發生的其他應收款及票據，應分別列示。 【91乙級檢定試題】

( ) 15.公司以某一特定部分的應收帳款作爲擔保向銀行借款時，該項應收帳款在資產負債表上應列爲應收帳款的減項。 【92乙級檢定試題】

( ) 16.出售應收帳款，不論是否附有追索權，均應將出售部分之應收帳款轉銷。 【92乙級檢定試題】

( ) 17.應收票應按現值評價，但因營業活動而產生且到期日在一年以內者，得按面值評價。 【92乙級檢定試題】

( ) 18.應收帳款週轉率可用來評估應收帳之流動性，自企業之高應收帳款週轉率，便能推知其應收帳款中並無帳齡過高之帳戶，可藉此條正呆帳估計比率。 【93乙級檢定試題】

( ) 19.呆帳提列採應收帳款餘額百分比法較採銷貨百分比法更具有自動更正呆帳估計偏差之功能。 【94乙級檢定試題】

( ) 20.呆帳提列採應收帳款餘額百分比法較採銷貨百分比法更具有自動更正呆帳估計偏差之功能。 【94乙級檢定試題】

## 三、計算題

1. 大興公司於06年10月5日賒銷商品給大立公司，售價爲$72,000，付款條件2/10，n/30。大立公司於10月15日償付貨款三分之一，餘款在11月5日還清，大興公司茲分別按總額法及淨額法的會計處理，編製分錄如下：

 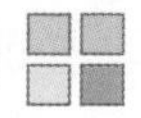

2. 【銷貨淨額百分比法】

設大清公司當年度期末估列壞帳前的帳款與銷貨資料如下：

| | 借　方 | 貸　方 |
|---|---|---|
| 應收帳款 | $480,000 | |
| 備抵壞帳 | | $5,000 |
| 銷貨收入（賒銷） | | 536,000 |
| 銷貨退回與讓價（賒銷） | 6,200 | |

根據銷貨淨額0.5%提列呆帳，試問銷貨淨額百分比法提列呆帳並計算備抵呆帳餘額爲多少？

3. 【應收帳款餘額法】

設興國公司當年度期末估列壞帳前的帳款與銷貨資料如下：

| | 借　方 | 貸　方 |
|---|---|---|
| 應收帳款 | $480,000 | |
| 備抵壞帳 | | $5,000 |
| 銷貨收入（賒銷） | | 536,000 |
| 銷貨退回與讓價（賒銷） | 6,200 | |

試按應收帳款餘額法提列呆帳並計算備抵呆帳餘額，作分錄。設呆帳率爲2%。

4. 【應收帳款】

庭家公司05年與營業有關的資料如下：

| | | | |
|---|---|---|---|
| 期初應收帳款 | $10,800 | 期末存貨 | $14,400 |
| 應收帳款本期收回 | 32,400 | 進　　貨 | 36,000 |
| 本期現金銷貨 | 4,800 | 毛　　利 | 14,400 |
| 期初存貨 | 18,000 | | |

試作：計算期末應收帳款餘額。

5. 【應收票據貼現】

城家公司持有面額$4,000,000，利率8%，90天期的應收票據，在持有30天後向華南銀行辦理貼現，貼現率9%，試作(1)貼現的帳務處理，假設發票人或付款人如約付現(2)發票人或付款人違約拒付其帳務處理如何？

6. 下列是漢家公司的部分交易：

3月1日　出售$24,000的商品給宏紳公司，銷貨條件2/10，n/30。

11日　收到宏紳公司付清款項。

12日　收到宏達公司開出$24,000，年利率12%，6個月的票據，以結清應收帳款。

13日　顧客以本公司發行之信用卡消費$16,000。

15日　顧客以美國運通卡消費$8,040，美國運通公司的服務費為5%。

30日　收到美國運通卡公司之帳款。

4月11日　出售應收帳款$9,600給帳款代理商。該代理商收取應收帳款的2%為服務費。

13日　收到公司信用卡銷貨帳款$10,000，對未付清餘額加收1.5%的利息。

5月　10日　沖銷壞帳$19,200。漢家公司是以銷貨百分比法估計壞帳。

6月　30日　上半年信用卡銷貨總額$2,400,000；壞帳率是1%。6月30日時，備抵壞帳餘額是$4,200。

7月　16日　5月時沖銷漢家公司的應收帳款$4,800全數收回。

試作：上述交易的分錄。

7. 本年度大宏公司交易如下：

4/6 賒銷商品一批$60,000予宏達公司，以八折成交，付款條件爲2/10、1/20、N/30。

4/15 宏達商店還來現金$11,760。

4/25 商店還來1/2貨款，如數收現。

5/5 還清剩餘貨款。

試依：(1)總額法 (2)淨額法，將上列交易作成適當分錄。

8. 新光公司於92年發生下列有關應收票據之交易：

10/10 從甲客戶收到乙紙$60,000，12%，60天期票據。

10/12 從乙客戶收到乙紙$72,000，10%，90天期票據。

10/16 將甲客戶之票據持向銀行貼現，貼現率14%爲。（採損益法）

11/11 將乙君之票據持向銀行貼現，貼現率爲13%。（採淨額法）

11/16 收到丙客戶票據乙張$96,000，12%，60天期。

11/20 收到丁客戶票據$72,000乙紙，11%，120天期。

12/1 收到顧客戊君票據$108,000乙張，10%，60天期。

12/9 銀行通知10月16日貼現票據到期已付。

12/10 丁客戶之票據持向銀行貼現，貼現率爲14%。（採損益法）

試作：(1) 列記上述交易及12月31日必要調整分錄。

(2) 列示新光公司應收票據在年底資產負債表之表達方式。

9. 明明公司將應收帳款$840,000以有追索權方式向中信銀行融資，其中2.5%作爲財務費用，另保留3.5%作爲退貨、折讓之用，契約上規定，明明公司處理退貨、折讓及運送糾紛，銀行負責收款，於2/2移轉帳款予中信銀行，估計壞帳金額爲$12,000，2月份中信銀行收到帳款$808,680，銷貨退回共$11,400，銷貨折讓$7,920，壞帳$12,000，於3月7日時作最後的現金清算。

試作：明明公司關於上述交易應作之分錄。

CHAPTER 3

# 存貨

一、存貨之意義與分類

二、存貨之會計制度

三、存貨對於財務報表之影響

四、存貨之原始評價

五、存貨之續後評價方法－以成本為基礎

六、存貨之續後評價方法－非以成本為基礎

七、存貨之特殊估價方法

# 一、存貨之意義與分類

## (一) 存貨之意義

「存貨」為企業在某特定期間所擁有的資產，以供正常出售為目的。其尚未出售之部份即為「存貨」；而已經出售的部份則應列為「銷貨成本」。因此，存貨之認定，是以「商品之所有權」以及「是否已經出售」作為認定標準。

根據上述之認定標準，構成下列圖 3-1：

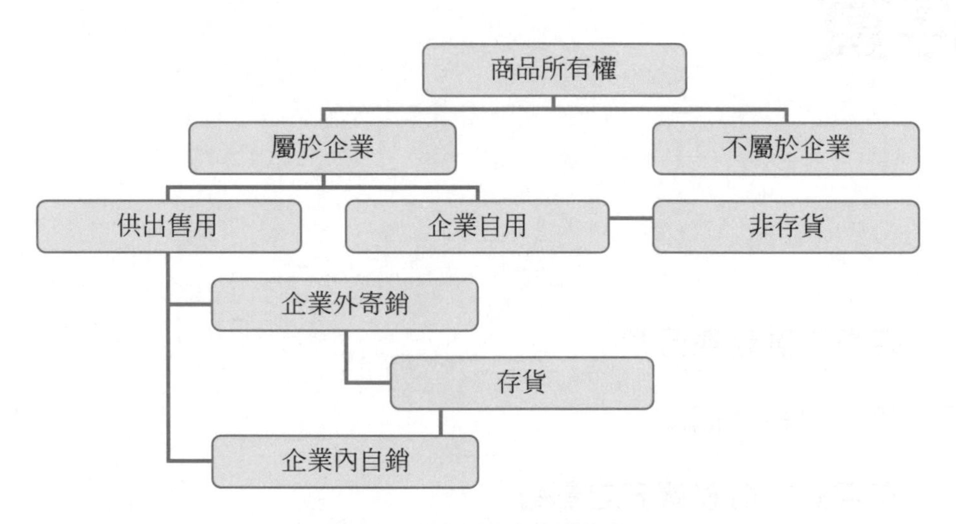


圖3-1 存貨認定架構圖

存貨為企業重要的資產，存貨過多會造成資金的積壓，且存貨存放過久，容易導致跌價損失；但若存貨過少，則會影響銷貨。因此，存貨管理對於企業經營有很大的影響力。

## (二) 存貨之分類

有些商品之所有權難以確認，以致分類不明，以下詳細說明之：

1. 在途存貨

商品之所有權，依買賣雙方之交貨條件而定。

2. 寄銷商品

商品寄放他處出售，但所有權並未移轉，仍爲寄銷人所有，故列爲「寄銷人存貨」。

3. 承銷商品

他人寄銷之商品，但所有權並未移轉，仍爲寄銷人所有，則列爲「寄銷人存貨」。

4. 分期付款出售之商品

在帳款未全數收回時，商品所有權應屬「賣方」，但會計上將「分期付款銷貨」認列爲「銷貨收入」，所以，已出售分期付款之銷貨，不包括在賣方存貨中，而應列爲「買方之資產」。

5. 高退貨之商品

「退貨金額」之估計，若可合理估計，則存貨可轉消。但若無法合理估計，則將存貨轉消並不合理。

6. 產品融資合約

將「商品」售予其他公司之同時，亦簽訂以一定之價格買回，此種合約方式視爲出售商品，但實質上卻是以商品抵押之融資借款，應列爲「負債」。

7. 分支店存貨

分支店是屬於總店的一部分，因此，期末結算時，分支店之存貨應一併包括在內。

# 二、存貨之會計制度

存貨之會計制度，主要有定期盤存制與永續盤存制兩類，在此分別針對其意義、盤點方式以及優缺點做一番比較於下表：

| 制度<br>項目 | 定期盤存制 | 永續盤存制 |
|---|---|---|
| 意義 | 1. 平時對存貨未作詳細記錄，以「進貨」科目記帳。<br>2. 存貨帳上無法隨時查知存貨餘額及銷貨成本。<br>3. 須實地盤點全部存貨，方能確定期末存貨及銷貨成本。 | 1. 設置「存貨」明細帳，詳加記載各項存貨之進貨、銷貨及結餘。<br>2. 存貨帳上隨時可查知期末存貨及銷貨成本。 |
| 實地盤點 | 1. 有。<br>2. 藉此決定期末存貨及銷貨成本。 | 1. 理論上可免。<br>2. 但實務上通常仍會定期盤點存貨。 |
| 優點 | 帳務處理較簡單。 | 方便執行存貨控制。 |
| 缺點 | 存貨控管不易。 | 會計處理繁瑣。 |

其個別的會計處理方式又分別如下：

<table>
<tr><th colspan="3">制度<br>項目</th><th>定期盤存制</th><th>永續盤存制</th></tr>
<tr><td rowspan="6">會計處理</td><td colspan="2">進貨時</td><td>借：進貨<br>　貸：應付帳款（現金）</td><td>借：存貨<br>　貸：應付帳款（現金）</td></tr>
<tr><td colspan="2">銷貨時</td><td>借：應收帳款<br>　貸：銷貨</td><td>借：應收帳款<br>　貸：銷貨<br>借：銷貨成本<br>　貸：存貨</td></tr>
<tr><td rowspan="3">期末調整</td><td>存貨結轉</td><td>借：銷貨成本<br>　進貨退出與讓價<br>　進貨折扣<br>　　貸：進貨<br>　　存貨（期初）<br>借：存貨（期末）<br>　貸：銷貨成本</td><td>不作分錄</td></tr>
<tr><td>盤盈</td><td>不作分錄</td><td>借：存貨<br>　貸：存貨盤盈（或銷貨成本）</td></tr>
<tr><td>盤虧</td><td>不作分錄</td><td>借：存貨盤損（或銷貨成本）<br>　貸：存貨</td></tr>
</table>

【釋例】 定期盤存制與永續盤存制

假設甲公司採按月結帳制。

| | | |
|---|---|---|
| 12/1 | 期初存貨爲 | $25,000 |
| 12/2 | 賒購商品 | $45,000 |
| 12/4 | 進貨退出 | $3,600 |
| 12/18 | 賒銷$67,000，成本爲 | $49,000 |
| 12/26 | 銷貨退回$10,000，成本爲 | $7,000 |
| 12/31 | 期末盤點爲 | $24,000 |

解

| | 永續盤存制 | 定期盤存制 |
|---|---|---|
| 賒購商品 | 12/2 存貨 45,000<br>　　應付帳款 45,000 | 12/2 進貨 45,000<br>　　應付帳款 45,000 |
| 進貨退出 | 12/4 應付帳款 3,600<br>　　存貨 3,600 | 12/4 應付帳款 3,600<br>　　進貨退出 3,600 |
| 賒銷 | 12/18 應收帳款 67,000<br>　　銷貨收入 67,000<br>銷貨成本 49,000<br>　　存貨 49,000 | 12/18 應收帳款 67,000<br>　　銷貨收入 67,000 |
| 銷貨退回 | 12/26 銷貨退回 10,000<br>　　應收帳款 10,000<br>存貨 7,000<br>　　銷貨成本 7,000 | 12/26 銷貨退回 10,000<br>　　應收帳款 10,000 |
| 期末盤點 | 12/31 存貨盤虧 400<br>　　存貨 400 | 12/31 銷貨成本 42,400<br>進貨退出 3,600<br>存貨（末） 24,000<br>　　存貨（初） 25,000<br>　　進貨 45,000 |

# 三、存貨對於財務報表之影響

一般而言，存貨佔企業流動資產有著相當大的比例，若計算錯誤將對資產負債表及損益表產生極大的影響。

## (一) 存貨對財務報表的影響

存貨若計算錯誤對於資產負債表及損益表所造成的影響經彙整如下表：

| 錯誤事項 | 損益表 | | | | 資產負債表 | | | |
|---|---|---|---|---|---|---|---|---|
| | 當年度 | | 下年度 | | 當年度 | | 下年度 | |
| | 銷貨成本 | 淨利 | 銷貨成本 | 淨利 | 資產 | 保留盈餘 | 資產 | 保留盈餘 |
| 期初存貨少計 | ↓ | ↑ | × | × | × | × | × | × |
| 期初存貨多計 | ↑ | ↓ | × | × | × | × | × | × |
| 期末存貨少計 | ↑ | ↓ | ↓ | ↑ | ↓ | ↓ | × | × |
| 期末存貨多計 | ↓ | ↑ | ↑ | ↓ | ↑ | ↑ | × | × |

詳細說明如下：

1. 符號說明：

   ↑：代表高估；↓：代表低估；×：代表無影響。

2. 若採定期盤存制：

   假使沒有任何的調整動作，那麼錯誤會於二年後自動抵銷。

3. 若採永續盤存制：

   期末假使有盤點核對者，應可發現錯誤，若期末未有盤點核對者，則永遠無法發現錯誤。

## (二) 更正分錄之方式

更正分錄的會計處理方式，會隨著期末存貨低估或高估的不同，以及發現錯誤之時間不同而有所差異。經彙整如下表：

| 項　目 | 期末存貨低估 | 期末存貨高估 |
|---|---|---|
| 調整後結帳前發現 | 借：存貨（期末）<br>　　貸：銷貨成本 | 借：銷貨成本<br>　　貸：存貨（期末） |
| 結帳後發現 | 借：存貨（期末）<br>　　貸：本期損益 | 借：本期損益<br>　　貸：存貨（期末） |
| 下期期初發現錯誤 | 借：存貨（期初）<br>　　貸：前期損益調整 | 借：前期損益調整<br>　　貸：存貨（期初） |
| 下期期末結帳後發現錯誤 | 自動抵銷，不須做更正分錄 | |

【釋例】 存貨對於財務報表之影響

90年度期末存貨低估$3,200，91年度低估$5,800，於91年度結帳後才發現，試問91年之更正分錄爲何？

【94年度乙級檢定會計試題】

解

| | | 90年度 | 91年度 |
|---|---|---|---|
| 期末存貨低估 | | | |
| | 90年 | $3,200 | (3,200) |
| | 91年 | | 5,800 |

| | | | |
|---|---|---|---|
| 更正分錄 | 存貨（期初） | 5,800 | |
| | 前期損益調整 | | 5,800 |

# 四、存貨之原始評價

存貨之原始評價，係指取得存貨商品之入帳基礎。

1. 原始評價

   存貨成本＝購價＋使存貨達到可使用狀態前之一切合理且必要支出

2. 進貨折扣

   若進貨時，享有進貨折扣，則原始評價方法計有總額法及淨額法兩種。

| 方式＼項目 | 定義及會計處理 |
|---|---|
| 總額法 | ● 進貨成本按「發票金額」入帳<br>● 取得折扣，貸記「進貨折扣」 |
| 淨額法 | ● 進貨按「折扣後金額」入帳<br>● 未取得折扣，借記「未享進貨折扣」 |

【釋例】 總額法與淨額法

大興公司於06/10/02進貨一批$400,000，條件1/10，n /30，半數貨款於06/10/12支付，試依總額法與淨額法入帳。

解

| 總額法 | 淨額法 |
|---|---|
| (1) 進貨時<br>10/02 進貨 400,000<br>應付帳款 400,000 | (1) 進貨時<br>10/02 進貨 396,000<br>應付帳款 396,000 |
| (2) 在折扣期間還款<br>10/12 應付帳款 200,000<br>現金 198,000<br>貨折扣 2,000 | (2) 在折扣期間還款<br>10/02 應付帳款 198,000<br>現金 198,000 |
| (3) 未在折扣期間還款<br>應付帳款 200,000<br>現金 200,000 | (3) 未在折扣期間還款<br>應付帳款 198,000<br>未享進貨折扣 2,000<br>現金 200,000 |

# 五、存貨之續後評價方法－以成本為基礎

實務上，企業會在同一會計年度中，多次購入成本價格皆有所不同的存貨，那麼出售時要如何決定出售價格？而期末成本又要如何計算呢？這就涉及成本流動假設的問題。

成本流動假設，主要有下列之方法，皆是以成本為基礎：

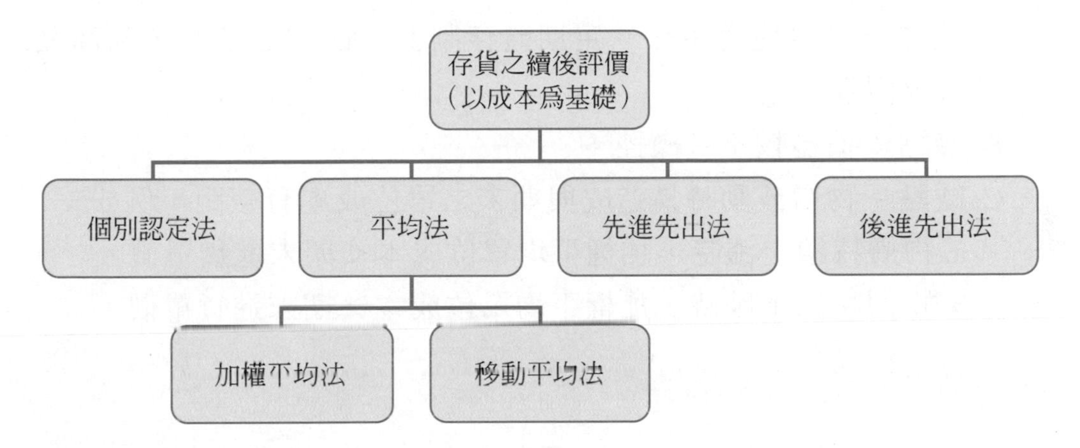


1. 個別認定法

當某件產品出售時，以當初購入之成本為「銷貨成本」。而庫存之「期末存貨」亦個別辨認，按其購入之成本計算。個別認定法之計算皆以實際之成本為準，配合實際的收益，能夠眞實反映實際損益。但平時產品必需保持個別記錄的狀態，因此，帳務處理的成本較高。雖然，此法最符合成本流動，但實務上，卻不可行。

2. 平均法

所謂「平均法」係指將所有之商品成本混合計算其平均成本。平均法可分為「加權平均法」及「移動平均法」。

(1) 加權平均法

$$加權平均單位成本＝\frac{可供出售商品總成本}{可供出售商品總數量}$$

期末存貨＝加權平均單位成本×期末存貨數量

銷貨成本＝可供出售商品總成本－期末存貨

A. 此種方法只能適用於「定期盤存制」，因爲必須有全部商品之進貨單價及數量。

B. 優點：損益較不受操控。

C. 缺點：物價波動時易造成與期末之單位成本有差距，例如：

a. 物價持續上漲時，加權平均單位成本＜期末進貨單價。

b. 物價持續下跌時，加權平均單位成本＞期末進貨單價。

(2) 移動平均法

$$移動平均單位成本＝\frac{原存貨成本＋本次進貨成本}{原存貨數量＋本次進貨數量}$$

期末存貨＝加權平均單位成本×期末存貨數量

銷貨成本＝可供出售商品總成本－期末存貨

A. 此種方法只能適用於「永續盤存制」，因每進貨一次，存貨單價就要重新計算一次。

B. 優點：損益較不受操控。

C. 缺點：每次進貨則須重新計算存貨成本，手續繁瑣，且容易發生錯誤。

3. 先進先出法

(1) 先購入之商品先出售。

(2) 期末存貨之價值與市價最爲接近。

(3) 物價下跌時，較節稅。

4. 後進先出法

(1) 後購入之商品先出售。

(2) 稅法規定，採後進先出法，則不能再採用成本與市價孰低法。

(3) 物價上漲時，較節稅。

【釋例】 存貨之續後評價：成本法

大興公司三月份的存貨、進貨及銷貨資料如下：

| | | | |
|---|---|---|---|
| 存貨： | 3月 1日 | 200單位@$4.00 | $ 800 |
| 進貨： | | | |
| | 3月10日 | 500單位@$4.50 | $2,250 |
| | 3月20日 | 400單位@$4.75 | $1,900 |
| | 3月30日 | 300單位@$5.00 | $1,500 |
| 銷貨： | | | |
| | 3月15日 | 500單位 | |
| | 3月25日 | 400單位 | |

3月31日實際盤點得知現有存貨500單位。

試作：

在定期盤存制下，用(1)先進先出法，(1)後進先出法，(3)平均成本法，決定3月31日現有存貨成本及3月份銷貨成本。

解

| | | | |
|---|---|---|---|
| 存貨： | | 200單位@$4.00 | $ 800 |
| 進貨： | | | |
| | 3月10日 | 500單位@$4.50 | $2,250 |
| | 3月20日 | 400單位@$4.75 | $1,900 |
| | 3月30日 | 300單位@$5.00 | $1,500 |
| 可供銷售商品成本總額 | | | $6,450 |

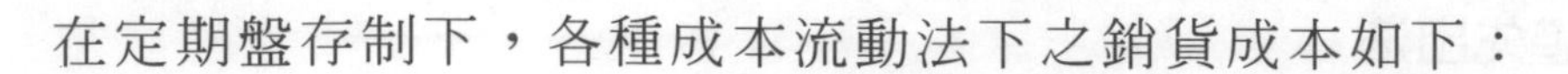

在定期盤存制下，各種成本流動法下之銷貨成本如下：

先進先出法

期末存貨：

| 日期 | 單位 | 單位成本 | 總成本 | |
|---|---|---|---|---|
| 3/30 | 300 | $5.00 | $1,500 | |
| 3/20 | 200 | $4.75 | 950 | $2,450 |

銷貨成本：$6,450－$2,450＝ $4,000

後進先出法

期末存貨：

| 日期 | 單位 | 單位成本 | 總成本 | |
|---|---|---|---|---|
| 3/01 | 200 | $4.00 | $ 800 | |
| 3/10 | 300 | $4.50 | 1,350 | $2,150 |

銷貨成本：$6,450－$2,150＝ $4,300

平均成本法

| | |
|---|---|
| 加權平均單位成本：$6,450÷1,400＝ | $4.607 |
| 期末存貨：500×$4.607＝ | $2,303.50 |
| 銷貨成本：$6,450－$2,303.50＝ | $4,146.50 |

## 六、存貨之續後評價方法－非以成本為基礎

存貨之續後評價方法，非以成本爲基礎者，可分爲成本與市價孰低法及淨變現價值法。

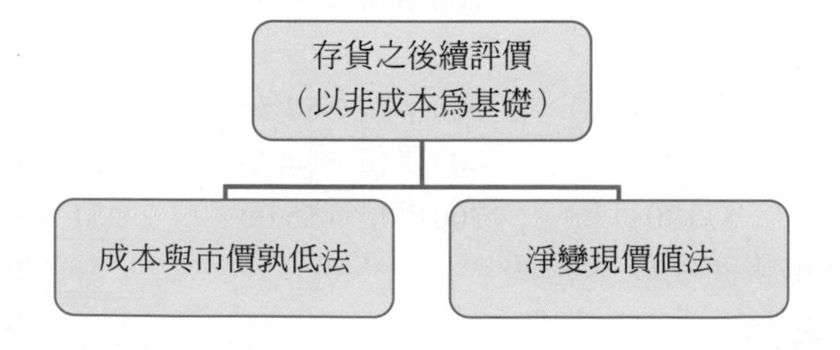

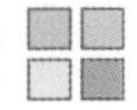

## (一) 成本與市價孰低法

### 1. 期末存貨之評價

期末存貨之評價係以「存貨成本」與「期末市價」二者取較低者入帳。

(1) 若「存貨成本」＞「期末市價」：
則以期末市價爲評價基礎，並承認「跌價損失」。

(2) 若「存貨成本」＜「期末市價」：
則以存貨成本爲評價基礎，但不承認「升値利益」。

### 2. 市價

我國財務會計準則公報No.10「存貨之評價與表達」之解釋，所謂市價是指重置成本或淨變現價值。

(1) 重置成本：指買入或製造相同存貨所需之成本。

(2) 淨變現價值：指在正常情況下之估計售價減推銷費用減至完工尚需投入之製造成本。

(3) 正常毛利：爲經濟學上之概念，指在正常情況下，所提供資金之機會成本的補償報酬。

### 3. 以重置成本為市價

則重置成本必須介於「淨變現價值（上限）」與「淨變現價值減正常毛利（下限）」之間。超過上限，則以上限替代重置成本，成爲市價，低於下限，則以下限替代重置成本，成爲市價。

上述概念以下列之架構彙整之：

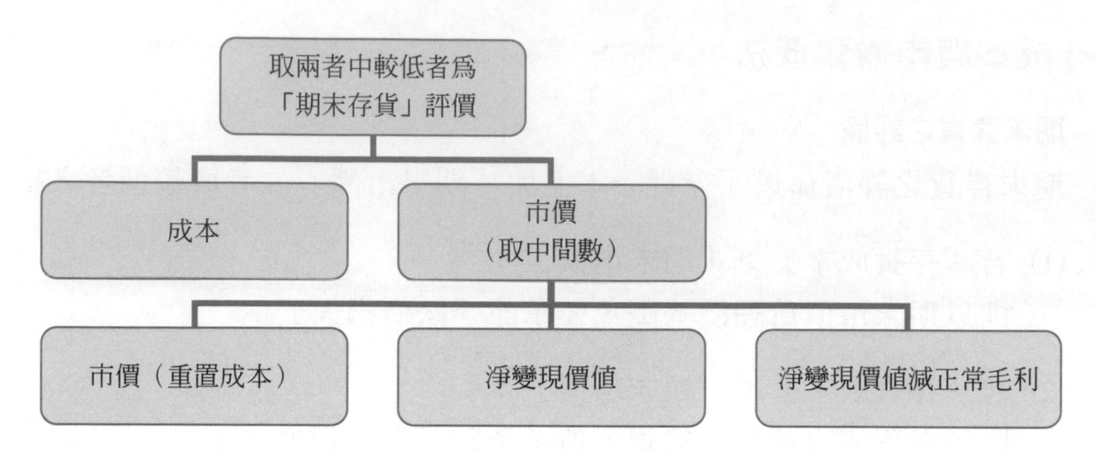


4. 實際運作方式

(1) 逐項比較法：每一商品逐項比較成本與市價，取其低者。

(2) 分類比較法：將商品分類，採逐類比較成本與市價，取其低者。

(3) 總額比較法：全部商品之總成本與總市價相比較，取其低者。

5. 會計處理方式

當市價小於成本時，則將成本向下修正爲市價，且承認「存貨跌價損失」，其會計處理方式計有直接法及備抵法。

(1) 直接法：

直接沖銷存貨。

銷貨成本　　xxxx
　　存　貨　　xxxx

(2) 備抵法：

因存貨尚未出售，則跌價損失並非眞正實現，故另設「備抵存貨跌價損失」科目。

存貨跌價損失　xxxx
　　備抵存貨跌價損失　xxxx

【釋例】 存貨之續後評價：成本與市價孰低法

大興公司採成本與市價孰低法，作爲期末存貨評價，某年度存貨資料如下：

| | 品名 | 數量 | 單位成本 | 單位市價 |
|---|---|---|---|---|
| 甲類： | | | | |
| | A商品 | 200件 | $12 | $10 |
| | B商品 | 300件 | 25 | 27 |
| 乙類： | | | | |
| | C商品 | 300件 | 8 | 9 |
| | D商品 | 500件 | 21 | 19 |

試分別按(1)逐項比較法；(2)分類比較法；(3)總價比較法，計算期末存貨價值。

| 品名 | 總成本 | 總市價 | 逐項比較法 | 分類比較法 | 總價比較法 |
|---|---|---|---|---|---|
| 甲類： | | | | | |
| A商品 | $2,400 | $2,000 | $2,000 | | |
| B商品 | 7,500 | 8,100 | 7,500 | | |
| 小計 | $9,900 | $10,100 | | $9,900 | |
| 乙類： | | | | | |
| C商品 | $2,400 | $2,700 | 2,400 | | |
| D商品 | 10,500 | 9,500 | 9,500 | | |
| | $12,900 | $12,200 | | 12,200 | |
| 合計 | $22,800 | $22,300 | $21,400 | $22,100 | $22,300 |

以上三種方法所計算之期末存貨價值以逐項比較法爲最低；總價比較法爲最高。

| 其評價分錄爲： | (1)逐項比較法 | | (2)分類比較法 | | (3)總價比較法 | |
|---|---|---|---|---|---|---|
| 存貨跌價損失 | 1,400 | | 700 | | 500 | |
| 　　備抵存貨跌價 | | 1,400 | | 700 | | 500 |

【釋例】 存貨之續後評價：成本與市價孰低法

大立公司存貨按成本與市價孰低法評價，設每種商品之正常毛利率均爲20%，其存貨資料如下：

| 品名 | 數量（件） | 單位歷史成本 | 單位重置成本 | 單位銷售費用 | 單位售價 |
|---|---|---|---|---|---|
| A品 | 1,000 | $35 | $40 | $15 | $75 |
| B品 | 2,000 | 52 | 47 | 13 | 85 |
| C品 | 3,000 | 14 | 17 | 4 | 32 |
| D品 | 4,000 | 48 | 63 | 14 | 70 |

| 品名 | 單位成本 | 重置成本 | 淨變現價值 | 淨變現價值減正常利潤 | 修正市價 | 單位存貨價值 | 數量（件） | 期末存貨 |
|---|---|---|---|---|---|---|---|---|
| A | 35 | $40 | $60 | $45 | $45 | $35 | 1,000 | $35,000 |
| B | 56 | 47 | 72 | 55 | 55 | 55 | 2,000 | 110,000 |
| C | 14 | 17 | 28 | 21.6 | 21.6 | 14 | 3,000 | 42,000 |
| D | 48 | 63 | 56 | 42 | 56 | 48 | 4,000 | 192,000 |
| | | | | | | | | $379,000 |

存貨金額決定

解 以A品爲例

A品：

市價＝$40

淨變現價值＝售價－銷售費用＝$75－$15＝$60

淨變現價值減正常利潤＝$60－($75×20％)＝$45

～從上可之，修正市價為＄45～

再拿單位成本$35與修正市價$45取低者$35爲存貨價值，以此類推。

## (二) 淨變現價值法

若存貨因陳舊或遭受災難而導致售價將會低於成本，則存貨應按淨變現價值評價。而成本減除淨變現價值之差額則應認列為損失。

【釋例】　存貨之續後評價：淨變現價值法

三商公司於06年期末存貨購置每單位$420，期末存貨重置成本為$380。該項商品原售價為每單位$480，然因市場供過於求，因此造成售價下跌，預計07年之單位售價降至$400，且估計銷售費用為$40，試問單位存貨金額為何？

解

淨變現價值＝$400－$40＝$360

重置成本為$380＞大於淨變現價值$360

**～因此以淨變現價值$360為市價～**

**～存貨金額應由每單位$420調降至$360～**

# 七、存貨之特殊估價方法

存貨之特殊估價方法主要有毛利法以及零售價法兩者，茲分別說明於下：

## (一) 毛利法

係根據過去會計期間的銷貨毛利率，再由本期銷貨淨額扣減毛利後計算出銷貨成本，並將可供銷售商品總額扣除銷貨成本即可求得期末存貨，以此種方法求算的前提是：毛利與銷貨淨額間需呈現穩定的關係。

公式：

$$銷貨毛利率＝\frac{銷貨毛利}{銷貨淨額}$$

估計期末存貨＝（期初存貨＋進貨）－［銷貨淨額（1－毛利率）］

【釋例】 毛利法

大興公司在期末進行實地盤點，採用毛利法估計期末存貨，假設毛利率爲28%本年度各項資料如下，試以毛利法計算存貨損失？

| | 成本 | 零售價 |
|---|---|---|
| 銷貨 | | $ 240,900 |
| 銷貨退回 | | 1,700 |
| 期初存貨 | $ 21,000 | |
| 進貨 | 156,400 | |
| 進貨退出 | 2,800 | |
| 期末實地盤點 | 2,000 | |

解

銷貨$240,900－銷貨退回$1,700＝銷貨淨額$239,200

期初存貨$ 21,000＋進貨$156,400－進貨退出$2,800
＝可供銷售商品$174,600

銷貨淨額$239,200×(1－ 28%)＝銷貨成本$172,224

可供銷售商品$174,600－期末存貨＝銷貨成本$172,224

可知： 期末存貨＝$2,376

存貨損失爲$2,376－$2,000＝$376

## (二) 零售價法

實務上，許多零售業者由於存貨種類繁多，無法定期盤點，亦無法針對每一商品逐項記錄其進、銷、存的狀況，故經常會採用零售價法來估計期末存貨成本。

所謂零售價法，係指利用期末存貨零售價，以估計期末存貨成本的方法。在採用零售價法時，會使用到一些專有名詞，在此先針對此些專有名詞，作一番詳細的介紹：

1. 原始售價

   存貨購入之原始標價。

2. 加價

   又稱「原始加價」，是指「原始售價」超過「成本」的部分。

3. 再加價

   是指「新售價」超過「原始售價」的部分。

4. 再加價取消

   商品「再加價」之後的降價，但以降至「原始售價」爲止。

5. 淨再加價

   「再加價」減「再加價取消」的部分。

6. 減價

   售價低於「原始售價」的部分。

7. 減價取消

   商品售價降低之後再回升的部分，但以調升至「原始售價」爲止。

8. 淨減價

   「減價」減除「減價取消」的部分。

零售價法計有平均成本零售價法、成本與市價孰低零售價法、先進先出零售價法以及後進先出零售價法等，而實務上最常採用者，則爲平均成本零售價法以及成本與市價孰低零售價法，因此針對此兩種方法詳細介紹：

1. **平均成本零售價法**

本法係先將期初存貨與本期進貨混合，求算出本期可供銷售之商品的成本與零售價，求算出成本率，很多的大賣場或百貨公司爲了編制期中報表均採用此種方法，因爲大多數業者都認爲成本與零售價間維持著一定的比率關係。

公式：

$$成本率＝\frac{可供銷售商品成本}{期初存貨零售價＋進貨零售價＋淨再加價－淨減價}$$

估計期末存貨＝期末存貨零售價×成本率

2. **成本與市價孰低零售價法**

又稱傳統零售價法，與平均成本零售價法的不同之處，係成本率之計算方式有所差異，此法下所估計的期末存貨又更爲保守。

公式：

$$成本率＝\frac{可供銷售商品成本}{期初存貨零售價＋進貨零售價＋淨再加價}$$

估計期末存貨＝期末存貨零售價×成本率

【釋例】 平均成本零售價法

大興公司在期末進行實地盤點，採用零售價法估計期末存貨。本年度各項資料如下：

| | 成本 | 零售價 |
|---|---|---|
| 銷貨 | | $ 240,000 |
| 銷貨退回 | | 1,500 |
| 期初存貨 | $ 21,000 | 32,000 |
| 進貨 | 156,000 | 250000 |
| 進貨退出 | 2,800 | 3,500 |
| 淨再加價 | | 4,200 |
| 淨減價 | | 6,200 |
| 期末實地盤點 | | 36,800 |

試作：零售價法下，期末存貨之價值，並計算存貨短絀數。

解

| 加權平均法 | 成本 | 零售價 | |
|---|---|---|---|
| 存貨(1/1) | $21,000 | $32,000 | |
| 進貨 | 156,000 | 250,000 | |
| 進貨退出 | (2,800) | (3,500) | |
| 淨再加價 | | 4,200 | |
| 淨減價 | | (6,200) | |
| 商品總額 | $175,200 | $276,500 | 成本率＝63.36% |
| 銷貨收入 | $240,000 | | |
| 銷貨退回 | 1,500 | 238,500 | |
| 期末存貨（零售價） | | $38,000 | |

成本率為63.36%，則

1. 期末存貨（估計成本）為：$24,076.80

2. 存貨短絀數（零售價）為$1200（38,000－36,800＝$1,200）

存貨短絀數（成本價）為$760.32（1200×63.36%）

解　成本與市價孰低零售價法

| | 成本 | 零售價 | |
|---|---|---|---|
| 存貨(1/1) | $21,000 | $32,000 | |
| 進貨 | 156,000 | 250,000 | |
| 進貨退出 | (2,800) | (3,500) | |
| 淨再加價 | | 4,200 | |
| 商品總額 | $175,200 | $282,700 | 成本率＝61.9% |
| 淨減價 | | (6,200) | |
| 商品總額 | | $276,500 | |
| 銷貨收入 | $240,000 | | |
| 銷貨退回 | 1,500 | 238,500 | |
| 期末存貨（零售價） | | $38,000 | |

成本率爲61.9%

1. 期末存貨（估計成本）爲$23,522

2. 存貨短絀數（零售價）爲$1,200 (38,000－36,800＝1,200)

   存貨短絀數（成本價）爲$742.80 （1,200×61.9%）

# 練習題

## 一、選擇題

(　　)1. 若期初存貨少計$1,000，期末存貨少計$1,500，將致使本期淨利 (1)少計$2,500 (2)多計42,500 (3)多計$500 (4)少計$500。

【88乙級檢定試題】

(　　)2. 楚香公司95年終在存貨盤點時，漏點$5,000，則在95年底，下列各項有幾項會被高估？期末存貨、期初存貨、本期淨利、銷貨成本、資產總額、保留盈餘 (1)一項 (2)二項 (3)三項 (4)四項。【88乙級檢定試題】

(　　)3. 欲使期末存貨的金額爲最大，應採用下列哪種成本流動假設？ (1)先進先出法 (2)實地盤存制後進先出法 (3)移動平均法 (4)視當時情況而定。【88乙級檢定試題】

(　　)4. 若甲仙公司存貨之單位成本$64，單位市價$62，淨變現價值爲$60，淨變現價值減正常利潤$55，依財務會計準則之規定，按成本與市價孰低法所決定之存貨價值應爲 (1)$64 (2)$62 (3)$60 (4)$55。

【89乙級檢定試題】

(　　)5. 存貨採用成本法評價時，下列何者不適用定期盤存制？ (1)移動平均法 (2)加權平均法 (3)先進先出法 (4)後進先出法。【89乙級檢定試題】

(　　)6. 下列敘述何者正確？ (1)在實地盤存制或永續盤存制下，採用後進先出法計得期末存貨相同 (2)物價上漲期間，存貨採用先進出法會使存貨高估，淨利多計 (3)先進先出法以現時成本與收益配合，可避免虛盈實虧 (4)移動平均法適用於定期盤存制。【89乙級檢定試題】

(　　)7. 存貨計價由先進先出法改採平均法，係屬於 (1)會計估計變動 (2)會計原則變動 (3)會計報告主體變動 (4)會計錯誤更正。

【89乙級檢定試題】

(　　) 8. 本期期末存貨少計，會使 (1)本期純益少計，下期純益則多計 (2)本期及下期純益均少計 (3)本期純益多計，下期純益則少計 (4)本期及下期純益均多計。 【90乙級檢定試題】

(　　) 9. 下列敘述何者正確？ (1)以使用爲目的之設備，如誤列爲存貨，並不影響銷貨成本 (2)採永續盤存制之企業，不必實地盤點存貨 (3)如物價不發生波動，則無論採用何種計價方法，算得的期末存貨金額相同 (4)進貨時發生之關稅、運費、保險費均應列爲營業費用。

【90乙級檢定試題】

(　　) 10.竹南公司95年期初存貨成本爲$8,000（2,000件），該年度購貨二次，第一次購進3,000件，成本共計$15,000，第二次購進5,000件，成本共計$30,000，95年度出售8,000件，依先進先出法及先出法，其期末存貨之價值爲 (1)$8,000，$8,000 (2)$8,000，$12,000 (3)$12,000，$12,000 (4)$12,000，$8,000。 【90乙級檢定試題】

(　　) 11.YOHO公司成立於96年初，係採後進先出法計價，歷年來期末存貨之金額如下：96年$300,000、97年$400,000、98年$500,000，該公司如改採先進先出法計算期末存貨，則發生下列情況：96年度毛利增加$50,000，97年度毛利減少$10,000，98年度毛利增加$60,000，則改採先進先出法98年期末存貨爲 (1)$500,000 (2)$620,000 (3)$480,000 (4)$600,000。 【90乙級檢定試題】

(　　) 12.在物價下跌時，下列何種存貨計價方法將產生較高之流動比率？(1)先進先出法 (2)後進先出法 (3)加權平均法 (4)簡單平均法。

【91乙級檢定試題】

(　　) 13.期初存貨少計$1,500，期末存貨多計$1,200，將使本期淨利 (1)多計$2,700 (2)少計$2,700 (3)多計$300 (4)少計$300。 【91乙級檢定試題】

(　　) 14.明星公司96年12月31日帳載資料如下：銷貨$42,000，銷貨運費

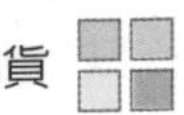

$1,000，銷貨退回$2,000，進貨$31,000，進貨運費$4,000，期初存貨$20,000，毛利率25%，經實地盤點，該日實際庫存金額爲$23,000，試估計存貨金額短少數？ (1)$25,000 (2)$23,000 (3)$3,500 (4)$2,000。

【91乙級檢定試題】

(　　) 15.SOGO公司96年12月31日之會計資料顯示：期初存貨成本及零售價分別爲$236,000及$330,000，進貨成本及零售價分別爲$700,000及$1,170,000，銷貨淨額$1,200,000，另有減價$160,000，加價$60,000，試依成本市價孰低零售價法，計價期末存貨金額 (1)$120,000 (2)$124,600 (3)$124,800 (4)$132,851。 【91乙級檢定試題】

(　　) 16.長期工程合約會計處理由完工百分比法改爲全部完工法時，應 (1)作爲會計估計變動處理 (2)計列會計原則變動累積影響數 (3)調整前期損益、重編以前年度報表 (4)附註說明變更理由及無法計算會計原則變動累積影響數之原因。 【92乙級檢定試題】

(　　) 17.在金額後進先出法下，按雙重乘算法計算物價指數，係以：(1)本期按基期成本計價之期初存貨爲分子 (2)本期按現時成本計價之期末存貨爲分子 (3)本期按基期成本計價之期初存貨爲分母 (4)本期按現時成本計價之期末存金爲分母。 【92乙級檢定試題】

(　　) 18.下列敘述何者爲誤？ (1)毛利率愈大，則成本率愈小 (2)存貨估價如有錯誤，則前後兩期能自動抵銷 (3)後進先出法的優點，是能以現在的成本與現在的收入相配合 (4)毛利率可能大於1。

【92乙級檢定試題】

(　　) 19.在物價上漲時期，最能節省所得稅費用的存貨成本流動假設爲 (1)先進先出法 (2)後進先出法 (3)加權平均法 (4)移動平均法。

【92乙級檢定試題】

(　　) 20.某一長期工程合約價款爲$200,000，去年完工比率50%，今年完工比率60%，去年底估計工程總成本為$210,000，今年底估計工程總成本為$205,000，則今年底應認列 (1)工程利益$3,000 (2)工程損失$3,000 (3)工程利益$5,000 (4)工程損失$5,000。 【93乙級檢定試題】

(　　)21.存貨以成本與市價孰低法評價，係符合 (1)配合原則 (2)充分表達原則 (3)客觀原則 (4)穩健原則。 【93乙級檢定試題】

(　　)22.甲公司某年期末存貨零售價$61,600，當年物價指數112%，成本率70%，若期初存貨零售及基期零售價均為$54,000，成本率60%，則當年期末存貨金額後進先出成本為 (1)$33,184 (2)$37,158 (3)$37,720 (4)$38,500。 【93乙級檢定試題】

(　　)23.期初存貨之成本與零售價分別為$3,000及＄4,000，進貨之成本與零售價分別為$23,000及$36,000，另知銷貨淨額為$30,000，若按零售價法估計之期末存貨成本為 (1)$6,000 (2)$6,050 (3)$6,500 (4)$7,000。 【93乙級檢定試題】

(　　)24.定期盤存制下採用後進先出法評價存貨，最可能透過下列何者之改變以達操縱損益之目的 (1)存貨實體流程 (2)存貨週轉率 (3)存貨毛利率 (4)存貨數量。 【93乙級檢定試題】

(　　)25.存貨評價若由傳統零售價法改為後進先出零售價法，則計算基期存貨應調整金額時，其成本率之計算不包括下列那一項： (1)期初存貨 (2)進貨淨額 (3)淨加價 (4)淨減價。 【94乙級檢定試題】

(　　)26.忠孝公司於08年1月發現07年底存貨漏列$12,000，則07年之期初存貨、期末存貨、銷貨成本、淨利等各項餘額中，有幾項被高估？ (1)一項 (2)二項 (3)三項 (4)四項。 【94乙級檢定試題】

(　　)27.在通貨緊縮時，高估流動比率之存貨成本流動假設為： (1)先進先出法 (2)加權平均法 (3)移動平均法 (4)後進先出法

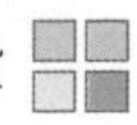

(　　) 28. 漢民公司06年期末存貨盤點含有下列內容：①寄銷品$3,000（以成本加價50%計價）②起運點交貨之在途進貨$6,000 ③分期付款銷貨之商品$2,500 ④承銷他店之商品$2,000。則該公司94年期末存貨多計金額爲 (1)$4,500 (2)$5,500 (3)$13,500 (4)$11,000。

(　　) 29. 全華公司06年進銷資料如下：

| | 成　本 | 零售價 |
|---|---|---|
| 期初存貨 | $15,400 | $28,000 |
| 進　　貨 | 141,000 | 210,000 |
| 加　　價 | | 9,000 |
| 加價取消 | | 2,000 |
| 淨 減 價 | | 15,000 |
| 銷　　貨 | | 210,000 |
| 銷貨退回 | | 17,000 |
| 銷貨折讓 | | 11,000 |

若採成本與市價孰低零售價法，則該公司期末存貨之估計成本爲 (1)$48,000 (2)$27,200 (3)30,643 (4)以上皆非。

(　　) 30. 企業在購買商品時採用實地盤點制時之會計處理，(1)借記存貨 (2)借記進貨 (3)付現時借記存貨 (4)退回商品給供應商貸記存貨。

(　　) 31. 企業購買商品採用永續盤存制時之會計處理，何者爲非 (1)借記存貨 (2)借記進貨 (3)付現時借記存貨 (4)退回商品給供應商貸記存貨。

(　　) 32. 在物價上漲時期，哪一種成本流動之方法，較能產生較高之純益 (1)先進先出法 (2)加權平均法 (3)移動平均法 (4)後進先出法。

(　　) 33. 大興公司在期末進行實地盤點，採用毛利法來估計期末存貨，假設毛利率爲25%本年度各項資料如下：

| | 成本 | 零售價 |
|---|---|---|
| 銷貨 | | $ 240,900 |
| 銷貨退回 | | 1,700 |
| 期初存貨 | $ 21,000 | |
| 進貨 | 156,400 | |
| 進貨退出 | 2,800 | |

則採毛利法估計之期末存貨成本爲：

(1)$179,400 (2)$4,800 (3)$239,200 (4)$135,150。

( ) 34. 發生運費時，需另設進貨運費科目 (1)實地盤存制 (2)永續盤存制 (3)實地盤存制及永續盤存制 (4)視情況而定

( ) 35. 大立公司有下列存貨記錄：

| | 數　量 | 單位成本 |
|---|---|---|
| 存貨：1 月 1日 | 8,000 | $11 |
| 進貨： | | |
| 6 月19日 | 13,000 | 12 |
| 11月 8日 | 5,000 | 13 |

若12月31日的庫存存貨爲9,000單位，則先進先出法下的期末存貨爲：

(1) $99,000 (2) $108,000 (3) $113,000 (4) $117,000。

( ) 36. 資料同35.，則後進先出法之期末存貨爲：

(1) $113,000 (2) $108,000 (3) $99,000 (4) $100,000。

( ) 37. 在物價上漲時期，LIFO會產生：

(1) 比FIFO高的淨利 (2) 淨利與FIFO一樣 (3) 比FIFO低的淨利 (4) 比平均成本法高的淨利。

( ) 38. 影響選擇存貨成本計算方法的因素不包括：

(1) 賦稅原因 (2) 資產負債表原因 (3) 損益表原因 (4) 永續盤存制與定期盤存制之差異。

(　　) 39. 全華公司購買了1,000個小零件，且期末存貨有200個小零件，單位成本爲$91，現時重置成本爲$80，在成本或市價孰低法下期末存貨成本爲：
(1) $91,000　(2) $80,000　(3) $18,200　(4) $16,000。

(　　) 40. 全華公司的期末存貨低估$4,000，此項錯誤對本年銷貨成本及淨利之影響各是：(1) 低估，高估 (2) 高估，低估 (3) 高估，高估 (4) 低估，低估。

(　　) 41. 下列哪一項會使存貨週轉率增加最多？
(1) 存貨金額增加　(2) 存貨金額不變，銷貨增加
(3) 存貨金額不變，銷貨減少　(4) 存貨金額減少，銷貨增加。

(　　) 42. 漢城公司的銷貨收入是$150,000，可供銷售商品成本爲$135,000，若讓公司之毛利率是30%，則用毛利法估計出之期末存貨成本爲：
(1) $15,000　(2) $30,000　(3) $45,000　(4) $75,000。

(　　) 43. 在永續盤存制下：
(1) 後進先出法下的銷貨成本會和定期盤存制一樣
(2) 平均成本是所有單位成本的平均值
(3) 在平均成本法下每次銷貨後要計算新的平均成本
(4) 先進先出法下的銷貨成本與定期盤存制一樣。

## 二、是非題

(　　) 1. 在永續盤存制之下，當進貨時應以借記進貨，當退貨時，應以貸記進貨退出。【88乙級檢定試題】

(　　) 2. 「存貨跌價損失」科目在損益表應列爲銷貨成本之減項或營業外之損失。而「備抵存貨跌價」，則在資產負債表上作爲存貨的抵減科目。【88乙級檢定試題】

(　　)3. 零售價法之成本率，如只計算加價不計減價，則成本率偏高。
【88乙級檢定試題】

(　　)4. 採永續盤存制，隨時可由帳上得知存貨數額，所以不需再作實地盤點。
【88乙級檢定試題】

(　　)5. 物價上漲時期，採後進先出法計價所求得的毛利率，較採先進先出法所求得之毛利率為低。
【89乙級檢定試題】

(　　)6. 物價上漲期間存貨計價若採先進先出法所產生之淨利將較後進先出法大。
【88乙級檢定試題】

(　　)7. 存貨計價由平均法改為後進先出法，係屬於會計報告主體變動。
【89乙級檢定試題】

(　　)8. 大同公司產製之電視機，撥交宿舍供員工觀賞，在大同公司帳上則應將視機由存貨轉出，改列為設備資產。
【89乙級檢定試題】

(　　)9. 現行一般公認會計原則規定，存貨應採成本與市價孰低法評價，但在極少數情況下，如過時、陳舊、損壞之存貨，應使用淨變現價值評價。
【89、90乙級檢定試題】

(　　)10. 成本與市價孰低法所稱的市價，係目前從市場購買該商品所需付出的重置成本。
【89、90乙級檢定試題】

(　　)11. 存貨損毀因於天災人禍，而無從盤點清查時，可用零售價法或毛利法估計損失之金額。
【90乙級檢定試題】

(　　)12. 前期期末存貨計價錯誤，會同時影響前期及本期之損益金額及存貨餘額。
【90乙級檢定試題】

(　　)13. 採用永續盤存制時，所有進貨、進貨運費及進貨退出及折讓等都應記入「存貨」科目。
【91乙級檢定試題】

( ) 14.存貨評價若發生錯誤，將會影響本期損益及資產之正確性，但不會影響下期損益及資產之正確性。 【91乙級檢定試題】

( ) 15.採用成本與市價孰低法評價存貨時，所謂市價係指現時售價。 【91乙級檢定試題】

( ) 16.採成本與市價孰低法作爲期末存貨評價時，會低估各年度之淨利。 【91、92乙級檢定試題】

( ) 17.長期工程合約價款或估計工程總成本如有變動時，應作爲會計估計變動處理。 【92乙級檢定試題】

( ) 18.當本期期末存貨低估時，將使本期淨利高估。 【92乙級檢定試題】

( ) 19.選擇存貨成本流動假設之目的，在於決定最能反映企業當期損益之方法，與存貨實之實體流程無涉。 【92乙級檢定試題】

( ) 20.存貨計價由平均法改爲後進先出法，係屬於會計報告主體變動。 【93乙級檢定試題】

( ) 21.採成本與市價孰低零售價法估計期末存貨成本，在計算成本比率及期末存貨零售價時均不減除「淨減價」。 【93乙級檢定試題】

( ) 22.存貨計價由平均法改爲後進先出法，係屬於會計報告主體變動。 【93乙級檢定試題】

( ) 23.物價上漲時期，採後進先出法計價所求得的毛利率，較採先進先出法所求得之毛利率爲低。 【93乙級檢定試題】

( ) 24.前期期末存貨計價錯誤，會同時影響前期及本期之損益金額及存貨餘額。 【94乙級檢定試題】

( ) 25.建設公司長期工程合約之在建工程是期末存貨。 【94乙級檢定試題】

(　　) 26. 在永續盤存制之下，當進貨時應借記進貨，當退貨時，應貸記進貨退出。　【94乙級檢定試題】

## 三、計算題

1. 【實地盤存制與永續盤存制分錄】

試就下列進銷資料，分別按「實地盤存制」與「永續盤存制」作成分錄

(1) 現購商品2,000件，每件購價$60，另付運費$5,000。

(2) 上述購貨因品質不佳，退出200件，收回現金如數。

(3) 賒銷商品1,200件，每件售價$80。

(4) 銷貨退回100件，扣抵貨款。

(5) 期末盤點，實際存量680件（盤虧20件）。

2. 【定期盤存制】

天天公司94年度存貨及進貨資料如下：

| | | | |
|---|---|---|---|
| 1/1 | 期初存貨 | 400單位 @$10.00 | $4,000 |
| 2/2 | 進　貨 | 1,500單位 @$11.00 | 16,500 |
| 4/20 | 進　貨 | 1,000單位 @$11.20 | 11,200 |
| 5/14 | 進　貨 | 2,000單位 @$11.60 | 23,200 |
| 11/30 | 進　貨 | 600單位 @$12.50 | 7,500 |
| 總　計 | | 5,500單位 | $62,400 |

期末存貨有800單位。

試作：

設天天公司採定期盤存制，試按下列方法求算存貨成本及銷貨成本。

(1)加權平均成本法　(2)先進先出法　(3)後進先出法。

3. 宏紳公司存貨按成本與市價孰低法評價，設每種商品之正常毛利率均為30%，存貨資料如下：

| 品 名 | 數量（件） | 歷史成本 | 單位<br>重置成本 | 單位<br>銷售費用 | 單位<br>單位售價 |
|---|---|---|---|---|---|
| A品 | 1,000 | $33 | $40 | $15 | $75 |
| B品 | 1,800 | 62 | 57 | 23 | 105 |
| C品 | 2,600 | 15 | 16 | 4 | 32 |
| D品 | 1,000 | 42 | 53 | 24 | 78 |

(1) 若採傳統成本與市價孰低法總額比較法期末存貨價值為多少？

(2) 若採修正成本與市價孰低法，則期末存貨價值又若干？

(3) 試作存貨評價科目。

4. 紅豆公司94年度進銷資料如下：

| | 成本 | 零售價 |
|---|---|---|
| 存貨(1/1) | $36,000 | $60,000 |
| 進貨 | 174,400 | 240,000 |
| 進貨費用 | 2,000 | - |
| 進貨退出 | (7,000) | (10,000) |
| 淨加價 | | 12,000 |
| 銷貨收入 | | 258, 000 |
| 銷貨退回 | | 12,000 |

試作按 (1)FIFO法零售價法列表計算期末存貨估計成本。

(2)LIFO法零售價法列表計算期末存貨估計成本。

(3)加權平均法零售價法列表計算期末存貨估計成本。

5. 宏衫公司於06年度之相關資料如下：

| 1/01 | 存貨 | 1,000單位@$100 |
|---|---|---|
| 1/15 | 銷貨 | 500單位@$200 |
| 1/30 | 進貨 | 2,000單位@$120 |
| 2/10 | 銷貨 | 750單位@$200 |
| 2/28 | 銷貨 | 400單位@$200 |

若宏衫公司採用永續盤存制。

試作：計算下列各方法之期末存貨成本

(1) 先進先出法。

(2) 後進先出法。

(3) 移動平均法。

6. 下列為博聰公司94年底有關存貨資料：

| | | 單位成本 | |
|---|---|---|---|
| 項目 | 數量 | 成本（先進先出） | 市價 |
| 1 | 100 | $ 42 | $ 46 |
| 2 | 70 | 60 | 36 |
| 3 | 60 | 100 | 120 |
| 4 | 85 | 250 | 270 |

試作：採成本與市價孰低法，按下列兩法計算之存貨價值：

(1) 個別項目比較法 (2)全體項目比較法。

7. 大立公司06年進銷資料如下：

| | 成　本 | 零售價 |
|---|---|---|
| 期初存貨 | $ 15,400 | $28,000 |
| 進　　貨 | 141,000 | 210,000 |
| 加　　價 | | 8,000 |
| 加價取消 | | 1,000 |
| 淨 減 價 | | 15,000 |
| 銷　　貨 | | 210,000 |
| 銷貨退回 | | 20,000 |
| 銷貨折讓 | | 8,000 |

若採成本與市價孰低零售價法，則該公司期末存貨之估計成本爲？

8. 木柵公司90年及91年有關資料如下：

| | 89年 | 90年 | 91年 |
|---|---|---|---|
| 物價指數 | 100% | 110% | 120% |
| 期末存貨成本 | $48,000 | $78,690 | ? |
| 期末存貨零售價 | $80,000 | ? | $ 114,000 |
| 成本率 | | 62% | 65% |

試作：

(1) 木柵公司以金額後進先出零售法計算之90年12月31日存貨零售價。

(2) 木柵公司以金額後進先出零售價法估計之91年12月31日存貨金額。

【94年度乙級檢定術科試題】

9. 柏大公司產銷四種商品，其存貨按成本與市價孰低法評價。每種商品之正常利潤率為20%。下列為該公司商品之有關資料：

| | | | 每 | 單 | 位 | |
|---|---|---|---|---|---|---|
| 類別 | 商品 | 數量 | 原始成本 | 重置成本 | 估計推銷費用 | 售價 |
| 甲 | A | 10,000 | $35 | $42 | $15 | $55 |
| 乙 | B | 12,000 | 47 | 45 | 21 | 75 |
| 甲 | C | 8,000 | 17 | 15 | 5 | 25 |
| 乙 | D | 15,000 | 45 | 46 | 26 | 80 |

試作：

(1) 編製一明細表，分別採a.逐項比較法，b.分類比較法，c.總額比較法列示存貨之成本與市價之選擇，包括市價之上限與下限、運用之市價、選用之成本市價孰低金額及存貨評價金額。

(2) 若期末預期未來售價不會下跌，則前述評價方法如何適用？試說明之。【90年度乙級檢定術科試題】

CHAPTER 4

Accounting

# 投資

一、投資之對象與分類

二、短期投資之會計處理

三、長期投資之會計處理

附錄 財務會計準則公報第34號「金融商品之會計處理」

# 一、投資之對象與分類

## (一) 投資對象

企業投資的對象以投資目的區分為短期投資與長期投資。短期投資又以標的物之不同而區分為：

1. 權益證券：包括普通股、認股證（權）以及不可贖回特別股。
2. 債務證券：指公債、公司債以及國庫券等。

長期投資則以標的物主要區分為：

1. 長期股權投資。
2. 長期債券投資。

除了債券、股票之投資外，企業也可投資不動產、可轉讓定期存單、商業本票、銀行承兌匯票等，有的係為了獲取投資標的物漲價的利益，有的則是為了賺取利息的報酬而投資。

## (二) 投資分類

企業會因應其不同的時期以及不同的需求，而進行不同投資。我國將投資分成兩類：1. 短期投資；2. 長期投資。前者係為短期理財之目的，可隨時在公開市場出售，不會影響企業正常營運活動的投資；後者則企業為長期目的，如累積資金便於償債或擴建廠房，或為控制被投資之公司，或想與其建立密切業務關係的投資。其短期投資與長期投資在性質、目的上之差異以下表彙整之：

短期投資與長期投資之差異

| 項目 | 短期投資 | 長期投資 |
| --- | --- | --- |
| 性質 | 屬流動資產 | 屬基金與長期投資 |
| 目的 | 1. 閒置資金的運用<br>2. 具變現性，於公開市場可隨時出售變現。<br>3. 不以控制被投資公司或與其建立業務關係爲目的。 | 1.營業及理財上的目的：<br>(1)意圖控制被投資公司或與其建立密切之業務關係。<br>(2)爲理財目的而運用長期資金以獲利。<br>2.不具變現性：<br>(1)無公開市場或明確市價，故不具隨時變現的能力。<br>(2)一旦出售，將影響公司之經營政策及效率。 |

# 二、短期投資之會計處理

## (一) 短期投資的定義

所謂短期投資又稱爲「有價證券」，通常係指投資於公債、公司債、商業票據、可轉讓存單、股票等。而且必須同時符合下列三項要件者：

1. 具有隨時可變現性

   投資對象爲公開市場可立即變現、出售者。如公債、公司債、國庫券、已上市公司之股票等。

2. 不以控制被投資公司或與其建立業務關係爲目的。

3. 與投資的時間長短無關

   短期投資既是一種閒置資金的運用，如果該年度並未發生重大突發性的現金需求，則該項投資即有可能繼續持有一年以上。

## (二) 短期投資之成本評價

短期投資之成本評價分為兩個階段，第一階段為短期投資之原始評價，第二階段為短期投資之續後評價，茲說明於下：

### 1. 原始評價

短期投資購入時應以成本作為入帳的基礎。所謂成本包括購入價格及因購入所發生的一切合理而必要的支出，如證券交易稅、證券商佣金、手續費等。但是，如果有價證券購買價格中附有應收利息或應收股利者，應將應收利息（自上次利息支付日至購買日間之利息）或應收股利排除於成本之外。

短期投資＝購入價＋附加成本－應收股利（利息）

### 2. 續後評價

期末時短期投資之續後評價計有三種方法：

(1) 成本法

短期投資在資產負債表上按成本計價，市價之變動僅作附註揭露即可，因成本較市價客觀，此法適用於市價不穩定時。

(2) 成本與市價孰低法

短期投資的評價乃依入帳成本或市價兩者較低者作為續後評價依據。

(3) 市價法

依市價的漲跌來認列損益。但依據一般公認會計原則，收益必須是在有交易的情況之下才能產生，所以此法違反了收益認列原則，故不為一般公認會計原則所採用。僅有少數特殊行業如：專業投資顧問公司才會採用，以作為基金管理人或投資顧問的操作績效。

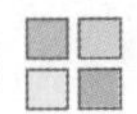

A. 若市價低於成本：成本應降低爲市價入帳

| | | |
|---|---|---|
| 短期投資跌價損失 | xxxx | |
| 　短期投資 | | xxxx |

B. 若市價高於或等於成本：成本應提高爲市價入帳

| | | |
|---|---|---|
| 短期投資 | xxxx | |
| 　短期投資漲價利益 | | xxxx |

## (三) 短期權益證券之會計處理

1. 取得時

短期權益證券的取得成本包括購入價格及因購入所發生的一切合理而必要的支出，如證券交易稅、證券商佣金、手續費等。但如果所購買之股票是在被投資公司宣告股利之後，且在除息日之前購入者，因可支領股利，是爲附息股，所以購買價格中會包括股利在內，購買時先支付給賣方，等股利發放日再收回，故此股利的部分不應列作取得成本。

【釋例】　富隆商店購入華夏公司普通股1,000股，每股面值$10，每股購價爲$40，另付手續費0.15%。

解

成本共計：$40×1,000股×（1+ 0.15%）= $40,060

| | | |
|---|---|---|
| 短期投資－股票 | 40,060 | |
| 　現金 | | 40,060 |

2. 收到股利時

若於股利宣告日後方購入附息股時，應將所含股息借記「應收股利」。其相關之會計處理彙整於下：

| 會計事件 | 會計分錄 |
|---|---|
| (1)被投資公司宣佈淨利或淨損 | 不作分錄 |
| (2)被投資公司分配股利： | |
| A. 現金股利除息日（宣告日） | 應收股利　xxxx<br>　　股利收入　xxxx |
| B. 若爲購入當年度所發放的現金股利，應作爲投資成本的回收 | 應收股利　xxxx<br>　　長期投資－股票　xxxx |
| C. 發放日 | 現金　xxxx<br>　　應收股利　xxxx |
| D. 股票股利 | 僅作備忘錄 |

3. 期末評價時

若成本高於市價，則應承認跌價損失，並列在損益表的「營業外費用」之項下，以後年度若市價上漲，則應於原認列損失之範圍內，作爲升值年度當期的收益。其相關之會計處理彙整於下：

| 會計事件 |
|---|
| (1) 期末評價： |
| A. 市價≧成本：不得承認升值利益，成本入帳，不作調整 |
| B. 市價＜成本：其差額則爲當期應承認之跌價損失，市價即爲該短期投資的新入帳成本。分錄如下：<br>未實現短期跌價損失（爲損益表之營業外費用）　xxxx<br>　　備抵投資跌價損失（爲短期投資－股票的減項）　xxxx |

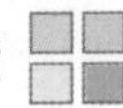

4. 出售時

出售股票之淨收入係以售價扣除手續費及稅捐後之淨得款數。若分批購入同一家公司之股票時，如果每次取得成本不相同，決定出售投資的「成本」可以採下列4種方法之一：

(1) 個別辨別法。
(2) 先進先出法。
(3) 加權平均法。
(4) 後進先出法。

【釋例】　短期權益證券之會計處理

以下是大興公司06年、07年的短期投資帳戶：（期末採成本與市價逐項比較法作評價）

06/1/1　以@$97買入甲公司債券，利率10%，面值$800,000，每年6/30及12/31付息。

3/1　以@$101價格加計利息買入乙公司債券$400,000，利率9%，付息日爲6/30及12/31。

6/30　收到甲、乙公司之債券利息。

11/1　以@$92加外利息買入丙公司債券，利率7%，面值$250,000，付息日爲6/30、12/31。

12/31　收到債券利息，債券市價如下：

| | 成　本 | 市　價 |
|---|---|---|
| 甲公司債券 | $ 97 | $ 94 |
| 乙公司債券 | 101 | 103 |
| 丙公司債券 | 92 | 88 |

07/4/1　按@$90外加利息賣出丙公司債券。　【乙級檢定試題】

解

| | | | |
|---|---|---|---|
| 06/1/1 | 短期投資－債券 | 776,000 | |
| | 　現金 | | 776,000 |

3/1 $400,000 × 0.09 × 2/12 = $6,000

| | | |
|---|---|---|
| 短期投資－債券 | 404,000 | |
| 應收利息 | 6,000 | |
| 　現金 | | 410,000 |

6/30 $800,000× 0.1 × 1/12 = $40,000
$400,000× 0.09 × 1/2 = $18,000
$40,000 ＋ 18,000 = $58,000

| | | |
|---|---|---|
| 現金 | 58,000 | |
| 　應收利息 | | 6,000 |
| 　利息收入 | | 52,000 |

11/1 $250,000 × 0.07 × 4/12 = $5,830

| | | |
|---|---|---|
| 短期投資－債券 | 230,000 | |
| 應收利息 | 5,830 | |
| 　現金 | | 235,830 |

12/31 $800,000 × 0.1 × 1/2 = $40,000
$400,000 × 0.09 × 1/2 = $18,000
$250,000 × 0.07 × 1/2 = $8,750
$40,000 ＋ 18,000 ＋ 8,750 = $66,750

| | | |
|---|---|---|
| 現金 | 66,750 | |
| 　應收利息 | | 5,830 |
| 　利息收入 | | 60,920 |

| | | |
|---|---|---|
| 短期投資未實現跌價損失 | 34,000 | |
| 備抵短期投資跌價損失 | | 34,000 |

期末評價：

| | 成本 | 市價 | 未實現跌價損失 |
|---|---|---|---|
| 甲公司 | $ 776,000 | $ 752,000 | $ 24,000 |
| 乙公司 | 404,000 | 412,000 | — |
| 丙公司 | 230,000 | 220,000 | 10,000 |
| | | | $ 34,000 |

07/4/1 $250,000 × 0.9 = $225,000

$250,000 × 0.07 × 3/12= $4,375

$225,000 ＋ 4,375 = $229,375

| | | |
|---|---|---|
| 現金 | 229,375 | |
| 備抵短期投資跌價損失 | 10,000 | |
| 短期投資 | | 230,000 |
| 利息收入 | | 4,375 |
| 短期投資出售利益 | | 5,000 |

## (四) 短期債務證券之會計處理

短期債務證券又稱為「非權益證券」，係指公司債、公債、商業票據及可調換之特別股等證券。其會計處理分為下列四個階段：

1. 取得時

指其取得價格及因購買而發生之一切合理且必要的支出，如經紀商手續費或稅捐。但如果所購買之債券包括利息在內，購買時須先支付給賣方，等利息發放日再收回，故此利息的部分不應列作取得成本。

【釋例】

大興公司於98年4/1購入台電公司債，面額$100,000，年息六厘，每年2/1及8/1付息，購價爲102.4%另加應付利息，另付手續費0.15%。

解

應計利息：$100,000×6%×2/12 = $1,000

付　　現：（$100,000×102.4% + 1,000）×（1 + 0.15%）= $103,555

| | | |
|---|---|---|
| 短期投資－債券 | 102,555 | |
| 應收利息 | 1,000 | |
| 　現金 | | 103,555 |

2. 收到利息時

若購買價格等同於債券面額時，企業僅需定期按票面利率認列利息收入即可，但若購買價格高於（或低於）債券面額時，便有溢價（或折價）的情形，此時便應計算債券投資之有效利率，再按各期期初債券投資帳面價值，求算各期實際利息收入，再與按票面利率所收取的利息差異，攤銷債券投資的溢價（或折價）。

3. 期末評價時

期末投資之評價，可採下列兩種：

(1) 成本評價法

市價波動不大時，應採此法，採此法時帳面價值不變，除非市價永久性下跌時，才調整帳面價值，以新市價爲成本。其分錄爲：

| | | |
|---|---|---|
| 短期投資跌價損失 | ×××| |
| 　短期投資 | | ××× |

(2) 成本與市價孰低法

我國對投資之會計處理仍採「穩健原則」，故短期投資應採「成本與市價孰低法」。若市價低於成本，則應認列「跌價損失」以作爲作爲當期損失，此科目列於損益表中「營業外費用」之項下。而在以後年度若短期投資期末市價高於成本而產生漲價時，應於原列損失之範圍內作爲當期收益。

跌價時：

短期投資未實現跌價損失　　xxxx

　　備抵跌價損失　　　　　　　　xxxx

升值時：

備抵跌價損失　　xxxx

　　短期投資未實現漲價利益　　　xxxx

4. 出售時

出售時，短期債券之「成本」可以從個別認定法、先進先出法、加權平均法以及後進先出法等四種方法擇一計算。由於短期債券採用成本與市價孰低法評價，故會產生「備抵跌價損失」此科目餘額，此科目餘額於投資出售時毋須沖銷，只需以「攤銷後成本」與售價比較，來計算出已實現的出售損益，至於「備抵跌價損失」此科目應有的餘額，則留至期末再行調整。

【釋例】 短期債務證券之會計處理

1、取得時：

94年5月1日大興公司將其短期閒置資金按102加計利息，購入金南公司面額$1,000公司債1000張，年利率9%。付息日在每年1月1日及7月1日，另外應支付經紀人手續費1.25%，則：

(1) 取得成本＝$1,000×1000×102/100×（1＋1.25％）＝$1,021,280
(2) 應計利息＝$1,000×1000×9%×4/12＝$30,000
(3) 取得分錄：

| | | 借 | 貸 |
|---|---|---|---|
| 5/1 | 短期投資—債券 | 1,021,280 | |
| | 應收利息 | 30,000 | |
| | 　現金 | | 1,051,280 |

2、收到利息報酬時：
大興公司在7月1日會收到利息，若其有效利率為8％，則付息日：
(1) 已賺取之票面利息：$1,000×1000×9％×2/12＝$15,000
(2) 實際利息收入：$1,021,280×8％×2/12≒$13,620
(3) 攤銷債券投資溢（折）價：$15,000－$13,620＝$1,380
(4) 付息日將收取整期利息：$1,000×1,000×9％×1/2＝$45,000
(5) 付息日收取利息分錄：

| | | 借 | 貸 |
|---|---|---|---|
| 7/1 | 現金 | 45,000 | |
| | 　應收利息 | | 30,000 |
| | 　利息收入 | | 13,620 |
| | 　短期投資—債券 | | 1,380 |

(6) 7月1日經分錄過帳後，短期投資—債券之帳面價值為$1,019,900。

(7) 期末如果尚未將該項短期投資出售，應調整已賺取之利息收益。

調整分錄：

| | | 借 | 貸 |
|---|---|---|---|
| 94/12/31 | 應收利息 | 45,000 | |
| | 　利息收入* | | 40,800 |
| | 　短期投資—債券 | | 4,200 |

＊利息收入＝$1,019,900×8％×6/12＝$40,800

95/1/1　現金　45,000

應收利息　45,000

3、期末估價時：

大興公司之債券投資在94年12月31日之市價爲101.5，即$1,015,000($1,000×1000×101.5/100＝$1,015,000)。與攤銷後成本$1,015,700($1,019,900－$4,200)比較，有跌價損失$700(41,015,700－$1,015,000＝$700)，其評價分錄：

94/12/31　短期投資未實現跌價損失　700

備抵跌價損失　700

若95年底市價爲$103，即$1,030,000($1,000×1000×103/100)。與成本$1,006,960〔＝$1,055,700－($1,000,000×9％－$1,015,700×8％)〕比較，有漲價$23,040，但只能在以前承認跌價損失$700之範圍內，承認漲價之利益$700。

95/12/31　備抵跌價損失　700

短期投資未實現漲價利益　700

4、出售時：

大興公司在06年10月1日將該短期投資出售500張，售價$104，但須支付手續費1.25%及證券交易稅3%。其出售短期投資時之處理爲：

(1) 應計利息＝$1,000×500×9％×3/12＝$11,250

06/10/1　應收利息　11,250

利息收入　10,200

短期投資—債券　1,050

(2) 出售短期投資淨收入＝$1,000×500×104/100×(1－1.25%－3%)－$11,250＝$517,790－$11,250 ＝$506,540

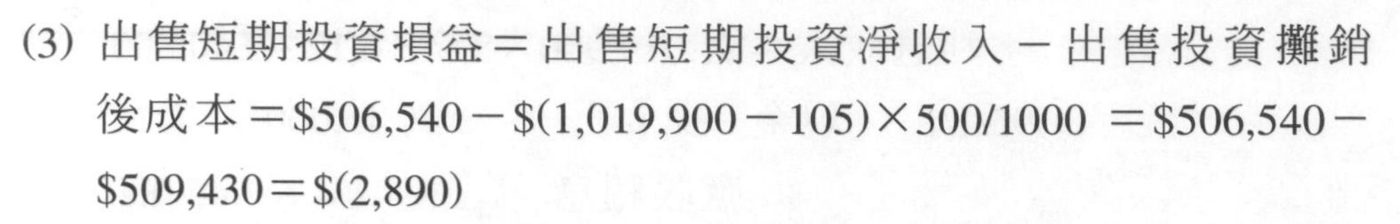

(3) 出售短期投資損益＝出售短期投資淨收入－出售投資攤銷後成本＝\$506,540－\$(1,019,900－105)×500/1000 ＝\$506,540－\$509,430＝\$(2,890)

| 日期 | 科目 | 借方 | 貸方 |
|---|---|---|---|
| 06/10/1 | 現金 | 517,790 | |
| | 出售短期投資損失 | 2,890 | |
| | 短期投資損失 | | 509,430 |
| | 應收利息 | | 11,250 |

# 三、長期投資之會計處理

## (一) 長期投資的定義

所謂長期投資，通常包括於投資債務證券與權益證券兩類。而且必須同時符合下列兩項要件者：

1. 其證券無公開市場或明確市價。
2. 投資之目的意圖控制被投資公司或與其建立密切業務關係者稱之。

## (二) 長期權益證券之會計處理

長期權益證券之會計處理有分爲下列四個階段：

1. 取得時

取得成本是以取得時之實際成本爲準，含購買價格及一切合理而必要之支出，如手續費。

長期投資成本＝購價＋佣金＋稅捐＋其他附加成本－應收利息－應收股利

會計分錄爲：

長期投資　　xxxx
應收股利　　xxxx
　現金　　　　xxxx

值得注意的是，若長期權益證券係採整批購入的方式，亦即購買兩種（含）以上之證券時，應將購價依相對市價分攤。若其一種證券無市價資料時，其價值應以全部購價扣除有市價證券之剩餘價值入帳。

2. 投資收益認列時

長期股權投資對投資收益認列之會計處理有二：一爲成本法，二爲權益法。

企業究竟應該採用成本法或者是權益法，依據會計原則委員會之規定，應視其表決權的大小以及對被投資公司是否有重大影響而定，規定彙整如下表：

| 表決權大小 | 對被投資公司之影響 | 會計處理方法 |
|---|---|---|
| 有表決權股份<20% | 無 | 1. 成本法（成本與市價孰低法）<br>2. 有反證時用權益法 |
| 有表決權股份20%～50% | 有重大影響力（除非有反證） | 1. 權益法<br>2. 有反證時用成本法 |
| 有表決權股份>50% | 有控制能力 | 權益法 |

投資公司若持有被投資公司普通股股權50％以上，而具有控制被投資公司之能力時，投資公司稱爲母公司，而被投資公司則稱爲子公司。會計報導應以編製合併財務報表之方式，將母子公司整體視爲一經濟個體(Economic Entity)，以表達整體之經濟活動的結果，提供整體性之會計資訊。

爲了便於了解，茲將兩種投資收益認列之會計處理方法分別表列如下：

(1) 成本法（或成本與市價孰低法）之會計處理：

| 會計事件 | 會計分錄 |
|---|---|
| A.被投資公司宣佈淨利或淨損 | 不作分錄 |
| B.被投資公司分配股利： | |
| a. 現金股利除息日 | 應收股利　xxxx<br>　股利收入　xxxx |
| b. 若是購入股票當年度發放的現金股利，應作爲投資的回收 | 應收股利　xxxx<br>　長期投資－股票　xxxx |
| c. 現金股利發放日 | 現金　xxxx<br>　應收股利　xxxx |
| d. 股票股利 | 僅作備忘錄 |

(2) 權益法之會計處理：

指投資公司與被投資公司爲相關同一經濟個體，故當被投資損益形成，即可同時承認損益。

| 會計事件 | 會計分錄 |
|---|---|
| A.被投資公司宣佈淨利（損）時，投資公司以持股比例承認損益 | 長期投資－股票　xxxx<br>　投資收益　xxxx<br><br>投資損失　xxxx<br>　長期投資－股票　xxxx |
| B.被投資公司分配股利： | |
| a. 現金股利除息日 | 不作分錄 |
| b. 若是購入股票當年度發放的現金股利，應作爲投資的回收 | 應收股利　xxxx<br>　長期投資－股票　xxxx |
| c. 發放日 | 現金　xxxx<br>　長期投資－股票　xxxx |
| d. 股票股利 | 僅作備忘錄 |

3. 期末評價時

(1) 成本法（或成本與市價孰低法）之會計處理：

A.期末評價：
a. 市價≧成本，不得承認升值利益，以成本入帳，不作調整。
b. 市價<成本：其差額則爲當期應承認之跌價損失。分錄如下：

未實現長期投資跌價損失（作爲股東權益之減項） xxxx
備抵長期投資跌價損失（作爲長期投資－股票的減項） xxxx

B.永久性跌價
已實現長期投資跌價損失 xxxx
長期投資－股票 xxxx

(2) 權益法之會計處理

A.期末評價：
當被投資公司低估資產或有未入帳商譽時
長期投資－股票 xxxx
投資收益 xxxx

B.永久性跌價：
已實現長期投資跌價損失 xxxx
長期投資－股票 xxxx

4. 出售時

出售股票時，應將出售價格和長期投資帳面價值之差額，列作「長期投資處分損益」，此科目係列在損益表上「營業外收入及費用」項下。

【釋例】 長期權益證券之會計處理

大義公司轉投資大信公司，於07年1月1日以每股56元購入大信公司流通在外60,000股的30%。07年8月1日，大信公司經股東大會同意發放現金股利每股2元，同年12月31日大信公司帳列稅後純益爲$120,000，每股市價爲50元；08年12月31日大信公司的帳上稅後純益爲$144,000，分配現金股利爲每股1.5元，每股市價爲

54元；09年12月31日該公司帳列稅後純益爲$180,000，每股市價爲60元。試分別以成本與市價孰低法及權益法作必要之分錄。

解

| | 成本與市價孰低法 | | | 權益法 | | |
|---|---|---|---|---|---|---|
| 07年<br>1/1 | 長期投資－普通股<br>　　現金 | 1,008,000 | <br>1,008,000 | 長期投資－普通股<br>　　現金 | 1,008,000 | <br>1,008,000 |
| 8/1 | 現金<br>　　長期投資－股票 | 36,000 | <br>36,000 | 現金<br>　　長期投資－股票 | 36,000 | <br>36,000 |
| 12/31 | 長期投資未實現跌價損失<br>　　備抵跌價損失－長期投資 | 72,000 | <br>72,000 | 長期投資－普通股<br>　　投資收益<br>＊100,000×30%=$30,000 | 36,000 | <br>36,000 |
| 08年<br>12/31 | 現金<br>　　投資收益<br>備抵跌價損失－長期投資<br>　　長期投資未實現跌價損失 | 27,000<br><br>72,000 | <br>27,000<br><br>72,000 | 長期投資－普通股<br>　　投資收益<br>＊120,000×30%=$36,000<br>現金<br>　　長期投資－普通股 | 43,200<br><br><br>27,000 | <br>43,200<br><br><br>27,000 |
| 09年<br>12/31 | 無分錄 | | | 長期投資－普通股<br>　　投資收益<br>＊150,000×30%=$45,000 | 54,000 | <br>54,000 |

## (三) 長期債務證券之會計處理

1. 取得時

長期債券投資亦是以取得時之實際成本入帳，並包含而發生之一切合理且必要的支出。若長期債券投資在兩付息日間取得，則應先支付上一付息日至取得日間之應計利息。

長期債券投資的取得成本若超過面額，則稱之為溢價；若取得成本低於面額，則稱之為折價。若有溢、折價的產生，表示市場利率與票面利率有差異而產生，在付息時應予調節，依照合理而有系統的方法攤銷。

成本公式：

長期投資成本＝購買＋佣金＋稅捐＋其他附加成本－應收利息

分錄如下：

| | | |
|---|---|---|
| 長期投資－債券 | xxxx | |
| 　　現金 | | xxxx |

| | | |
|---|---|---|
| 長期投資－債券 | xxxx | |
| 應收利息 | xxxx | |
| 　　現金 | | xxxx |

（若在兩付息日之間購入債券時，應有借記「應收利息」）

2. 收到利息時

長期債券投資有折、溢價之情形時，應按合理而有系統的方法，在債券流通期間攤銷溢、折價，以調節各付息日實際收到之利息金額。攤銷的方法有二：

(1) 平均法或直線法：

折（溢）價總值／債券續存期間＝每期折（溢）價攤銷額

或 票面利息－每期溢價攤銷額＝利息收入

或 票面利息＋每期折價攤銷額＝利息收入

【釋例】 大興公司於94年5月1日投資長期債券，其成本為$103,200，擬持有至到期日有40個月（自94年5月1日至97年9月1日），其投資溢價為$3,200（成本$103,200—面額$1,000×100）平均分攤於40個月，每個月$80($3,200÷40)。試以平均法作大興公司之溢價攤銷表及相關之分錄。

解 平均法

大興公司於94年9月1日之收取利息報酬：

1. 收到現金＝$1,000×100×9％×6/12＝$4,500
2. 應攤銷之溢價＝$80×4＝$320
3. 實際利息收入＝收取之利息收入$30,000－應攤銷之溢價$3,200＝$26,800

| | | 借 | 貸 |
|---|---|---|---|
| 94/9/1 | 現金 | 4,500 | |
| | 應收利息 | | 1,500 |
| | 長期債券投資 | | 320 |
| | 利息收入 | | 2,680 |

因為債券投資之溢、折價不另設科目，所有高於或低於面額的成本，均列在「長期投資投資」科目中。

94/12/31 調整應計利息分錄：

| | 借 | 貸 |
|---|---|---|
| 應收利息 | 3,000 | |
| 長期債券投資 | | 320 |
| 利息收入 | | 2,680 |

長期債券投資溢價攤銷表

平均法

| 付息日 | (1)<br>現金<br>（借記） | (2)<br>長期債券投資<br>（貸記） | (3)＝(1)－(2)<br>利息收入<br>（貸記） | (4)＝上期(4)－(2)<br>長期債券投資<br>帳面價值 | |
|---|---|---|---|---|---|
| 取得日 | | | | $103,200 | |
| 94/9/1 | $3,000* | $320 | $2,680 | 102,880 | |
| 95/3/1 | 4,500 | 480 | 4,020 | 102,400 | |
| 95/9/1 | 4,500 | 480 | 4,020 | 101,920 | |
| 96/3/1 | 4,500 | 480 | 4,020 | 101,440 | |
| 96/9/1 | 4,500 | 480 | 4,020 | 100,960 | |
| 97/3/1 | 4,500 | 480 | 4,020 | 100,480 | |
| 97/9/1 | 4,500 | 480 | 4,020 | 100,000 | (面額) |
| | | $3,200 | | | |

＊自取得日94年5月1日至94年9月1日四個月期。
(1)＝面額×票面利率×期間＝$100,000×9％×6/12＝$45,000
(2)＝每月攤銷溢價×月數＝$80×6＝$480

(2) 有效利息法：

將長期債券投資之期初餘額（即期初帳面價值）乘以市場有效利率，即可算出每期實際的利息收入，再和每期按票面利率所收取的現金利息金額比較，兩者間之差額即爲每期的溢、折價攤銷金額。

期初債券投資帳面值 × 有效利率＝利息收入
利息收入－票面利息＝該期折（溢）價攤銷金額

各列示折價攤銷表與溢價攤銷表如下：

折價攤銷表

| | A | B | C | D | E |
|---|---|---|---|---|---|
| 期次 | 利息收入＝上期E×實利率 | 票面利息＝票面金額×票面利率 | 公司債折價＝A－B | 未攤銷折價＝上期D－本期C | 帳面餘額＝上期E＋本期C |
| 0 | | | | | |
| 1 | | | | | |
| 2 | | | | | |
| 3 | | | | | |
| 4 | | | | | |
| 5 | | | | | |
| . | | | | | |
| . | | | | | |
| . | | | | | |
| . | | | | | |
| N | | | | | |

溢價攤銷表

| | A | B | C | D | E |
|---|---|---|---|---|---|
| 期次 | 票面利息＝票面金額×票面利率 | 利息收入＝上期E×實利率 | 公司債溢價＝A－B | 未攤銷溢價＝上期D－本期C | 帳面餘額＝上期E－本期C |
| 0 | | | | | |
| 1 | | | | | |
| 2 | | | | | |
| 3 | | | | | |
| 4 | | | | | |
| 5 | | | | | |
| . | | | | | |
| . | | | | | |
| . | | | | | |
| . | | | | | |
| N | | | | | |

【釋例】 有效利息法

大立公司94年5月1日以$102,878加計利息（包含手續費）之價格取得大勇公司發行之債券100張，作爲長期投資，債券面額$1,000，票面利率9％，每年3月1日及9月1日爲付息日，市場有效利率爲8％，到期日爲97年9月1日。大立公司採有效利息法攤銷折、溢價。試以有效利息法作大立公司之溢價攤銷表及相關之分錄。

解

95年5月1日取得分錄時：

| | | |
|---|---|---|
| 長期債券投資 | 102,878 | |
| 　應收利息 | | 1,500 |
| 　現金 | | 104,378 |

94年9月1日付息日之收取利息及攤銷溢價之分錄：

1.實際利息收入＝　期初債券投資帳面價值\$102,878×市場有效利率8％×期間4/12＝\$2,743

2.持有期間應收取現金利息額＝　面額\$100,000×票面利率9％×期間4/12 ＝\$3,000

3.本期應攤銷溢價額＝　應收取現金利息額\$3,000－實際利息收入\$2,743 ＝\$257（自5月1日到9月1日四個月溢價攤銷額）

| | 借 | 貸 |
|---|---|---|
| 現金 | 4,500 | |
| 　應收利息 | | 1, 500 |
| 　利息收入 | | 2, 743 |
| 　長期債券投資 | | 257 |

長期債券投資的帳面價值會隨著溢價的攤銷而逐漸減少，當債券到期時，溢價剛好攤銷完畢，長期債券投資之帳面價值等於其面額。

長期債券投資折價攤銷表
有效利息法

| 付息日 | (1)＝面額×4.5％<br>現金（借記） | (2)＝上期(4)×5％<br>利息收入（貸記） | (3)＝(2)－(1)<br>長期債券投資（貸記） | (4)＝上期(4)＋(3)<br>長期債券投資帳面價值 |
|---|---|---|---|---|
| 取得日 | | | | \$97,462 |
| 94/12/31 | \$4,500 | \$4,873 | \$373 | 97,835 |
| 95/06/30 | 4,500 | 4,892 | 392 | 98,227 |
| 95/12/31 | 4,500 | 4,911 | 411 | 98,638 |
| 96/06/30 | 4,500 | 4,932 | 432 | 99,070 |
| 96/12/31 | 4,500 | 4,954 | 454 | 99,524 |
| 97/06/30 | 4,500 | 4,976 | 476 | 100,000 (面額) |

請對照直線法分錄記載。

3. 期末評價時

(1) 應計利息的調整：

年終時，應將上次付息日至年終時之應計利息及應攤銷之折溢價調整入帳。

(2) 永久性跌價：

一般市價漲跌不調整，若是永久性跌價則承認損失。

| | | |
|---|---|---|
| 長期投資已實現跌價損失 | xxxx | |
| 長期投資－債券 | | xxxx |

4. 出售時

(1) 到期時出售：

則將長期債券投資之帳面價值加以轉銷，並將此帳面價值與售價相比較，認列出售損失或利益即可。

(2) 未當到期前出售：

則應計算至出售日之應計利息，並將折溢價攤銷至出售日，得出出售日之帳面價值，以此帳面價值與售價比較，計算出售損失或利益。

【釋例】 長期債務證券出售之會計處理

大立公司於96年8月1日出售該債券投資，售價扣除手續費及稅捐共得現金$119,400，試作應作之會計處理。

解

1. 調整應計利息及折價攤銷

96年8月1日應收利息＝$5,400×1/6＝$900
利息收入＝$5,945×1/6＝$991
長期債券投資攤銷額＝$545×1/6＝$91

其分錄：

| | | |
|---|---|---|
| 應收利息 | 900 | |
| 長期債券投資 | 91 | |
| 　利息收入 | | 991 |

2. 計算投資之帳面價值＝上一付息日帳面價值$118,884＋本期攤銷折價額$91＝$118,975

3. 出售損益＝出售債券所得淨額（＝實收現金－應收利息）－投資帳面價值＝$(119,400－900)－$118,975＝$118,500－$118,975＝$(475)爲出售損失

出售投資之分錄：

| | | |
|---|---|---|
| 現金 | 119,400 | |
| 出售長期債券投資損失 | 475 | |
| 　應收利息 | | 900 |
| 　長期債券投資 | | 118,975 |

「出售長期投資債券投資損失」應列於損益表「營業外收入及費用」之項下。

關於長期債券投資之相關分錄彙整如下：

| 交易事項 | 折價 | | 溢價 | |
|---|---|---|---|---|
| 1. 取得時： | | | | |
| 長期投資－債券 | xxxx | | xxxx | |
| 應付利息 | xxxx | | xxxx | |
| 現金 | | xxxx | | xxxx |
| 2. 收到利息時： | | | | |
| 現金 | xxxx | | xxxx | |
| 長期投資－債券（折） | xxxx | | － | |
| 應收利息 | | xxxx | | xxxx |
| 利息收入 | | xxxx | | xxxx |
| 長期投資－債券（溢） | | － | | xxxx |
| 3. 期末評價時： | | | | |
| 應收利息 | xxxx | | xxxx | |
| 長期投資－債券（折） | xxxx | | － | |
| 利息收入 | | xxxx | | xxxx |
| 長期投資－債券（溢） | | － | | xxxx |
| 4. 出售時： | | | | |
| (1)應收利息 | xxxx | | xxxx | |
| 長期投資－債券（折） | xxxx | | － | |
| 利息收入 | | xxxx | | xxxx |
| 長期投資－債券（溢） | | － | | xxxx |
| (2)現金 | xxxx | | xxxx | |
| 長期投資－債券 | | xxxx | | xxxx |
| 應收利息 | | xxxx | | xxxx |

# 附錄　財務會計準則公報第34號「金融商品之會計處理」

近年來，各類金融商品多元化的推陳出新，使得金融業的經營環境改變，面臨之風險種類也隨之增加。金融商品多元化替企業開闢了靈活的籌資管道，同時也爲會計增添了諸多挑戰，因此，爲能適當衡量及評價企業所持有之金融資產，美國財務會計準則委員會發布財會準則第133號公報「衍生性金融工具及避險業務會計」以建立衍生性金融商品及避險工具之會計與揭露準則，該公報將自2000年6月15日起生效，要求企業瞭解所有衍生性金融商品並以公平市價衡量之；此外，並須揭露持有或發行衍生性金融商品的目的、風險管理政策（包括項目說明、爲規避何種風險而持有）等。而國際會計準則委員會，更於1995年6月便率先發布第32號準則「金融工具：揭露及表達」，規定必須揭露金融工具期限、條件及會計政策、利率風險及信用風險、資產負債表內及表外金融工具之公平市價，且於1998年12月，又發布第39號準則「金融工具：認列及衡量」，要求揭露財務風險管理目標及政策，並於2001年開始實施。

長久以來，美國財務會計準則委員（FASB）因其深厚的歷史背景，使其在世界各國會計準則之發展上佔有舉足輕重之地位。但鑑於美國最近發生一連串財務報告舞弊案件，使得社會大眾質疑依美國一般公認會計原則下，所編製財務報表的公平性及眞實性，因而轉向具有廣泛性原則爲導向之國際會計準則（IAS），因此各國意圖將自身國家會計準則與國際會計準則接軌的情形有日益增多的趨勢。在這樣的歷史歷史背景之下，我國財務會計準則委員會近幾年來所公佈之財務會計準則公報，已改向國際會計準則（IAS）接軌，34號公報亦不例外，係以IAS 39號爲藍本。

34號公報係整合金融商品之所有會計處理，並且爲了與國際接軌而大幅變更現行實務，因此我國許多其它公報必須配合修正，例如本章節所提到的「短期投資」之會計科目，以及與其相關之「成本與市價孰低法」，均將在34號公報實施後成爲歷史名詞。

# 一、34號公報之介紹

34 號公報對財務會計處理的新規定重點有三項：(一) 以公平價值法取代成本市價孰低法；(二) 未實現利益或損失都要一起認列；(三) 預期交易也適用避險交易。受 34 號公報影響而須修正之公報估計至少在 10 號以上，約佔所有公報數量三分之一，而相關之公報解釋函更是不計其數，此項修訂之工程勢必將非常浩大。

## (一) 以公平價值法取代成本市價孰低法

1. 有活絡市場時—以公開報價爲公平價值

活絡市場之公開報價通常爲公平價值之最佳證據。若資產負債表日無公開市場報價且最近交易日及資產負債表日間經濟環境無顯著變動，則最近交易日之公開市場報價可視爲公平價值。

2. 無活絡市場時—以最近交易之市場交易爲公平價值

金融商品之市場若不活絡，則公平價值之最佳證據可藉由參考最近市場交易取得。最近市場交易後之經濟情況若發生變動，則該金融商品公平市價之變動，可參照類似金融商品當時之價格或利率而決定。若無法由前述方法決定金融商品之公平價值，宜以評價方法估計公平市價。

## (二) 避險會計之處理

由於各種財務風險性質之不同，其避險會計處理之分類依規定可分爲以下三種類型：

1. 公平價值避險：

係指規避以認列資產或負債、未認列確定承諾前揭項目經指定之一部份之公平價值變動風險，該價值變動應可歸因於某特定風險解將影響損益。例如發行人或持有人規避固定利率債券因利率變動而已公平價值變動之風險。

2. 現金流量避險：

係指規避現金流量變動之風險，該變動係因以認列資產或負債或預期交易之特定風險所引起，且該變動將影響損益。例如利用利率交換將浮動利率債務改變爲固定利率債務。

3. 國外營運機構淨投資避險：

係指規避國外營運機構淨投資之匯率變動風險。

## (三) 釋例

【公平市價避險】

大興公司於民國 95 年 10 月 1 日帳上有面額 $50,000,000 之債券（當時市場報價 101.20），屬備供出售之金融資產，大興公司預期將來之市場利率將上升，爲規避此債券公平價值下跌之風險，經由內部財務人員規劃，於民國 95 年 10 月 1 日放空 12 口六個月後到期之公債期貨，此公債期貨每單位標的債券面額 $5,000,000，當時之市場報價爲 116.32。有關此債券與公債期貨之相關資訊如下表：

| 項目 | 債券 | 公債期貨 |
|---|---:|---:|
| 金融商品面額 | $50,000,000 | $60,000,000 |
| 95.10.1 報價或成交價 | 101.20 | 116.32 |
| 95.12.31 報價或收盤價 | 98.58 | 113.72 |
| 報價差異數 | 2.62 | 2.60 |

大興公司避險交易避險有效性測試結果爲 $1,310,000/ $ 1,560,000=83.97% 或 $1,560,000/ $1,310,000=119.08%，測試結果介於 80％至 125％，屬避險有效。大興公司 95 年底之財務報表對於此避險交易之相關記錄如下：

95.12.31

| | | | |
|---|---|---|---|
| 本期損益 | 1,310,000 | | |
| 　　金融商品－債券 | | 1,310,000…………… | （1） |

期貨保證金　　　　1,560,000
　　本期損益　　　　　　　1,560,000……………（2）

(1) 認列債券公平市價變動數$1,310,000 (2.62*$50,000,000/100=$810,000) 於當期損益，本例之假設並未列入折溢價因素，實務運用若有折溢價者，應先予以攤銷後，再據以認列公平價值變動數及評估避險有效性。

(2) 認列保證金帳戶增加數$1,560,000（2.60*$60,000,000/100=$870,000）於當期損益。

## 二、34號公報之內涵

自從 34 號公報的發佈以後，凡是持有或發行金融商品之企業，都必須適用公平價值的會計處理方式，衍生性商品由表外資產負債改爲表內認列。

原本我國對於金融資產的會計處理係依據財務會計準則公報的 7 號以及 27 號公報，但因 34 號公報的發佈，已有所改變，將其比較如下表：

| 項目 | 舊有會計制度 | 第34號公報 |
| --- | --- | --- |
| 金融資產分類 | 1.短期投資<br>2.長期投資 | 1.交易目的<br>2.持有至到期日<br>3.備供出售 |
| 會計揭露 | 1.損益附註揭露<br>2.結算時損益才入帳 | 1.交易時即入帳<br>2.定期評估損益 |
| 評價方式 | 1.歷史成本爲原則<br>2.搭配成本市價孰低法<br>3.未實現利益：不得認列<br>4.未實現損失：提列跌價損失準備 | 1.交易目的：<br>公平市價法（列爲當期損益）<br>2.持有至到期：<br>攤銷後成本法<br>3.備供出售：<br>公平市價法（列爲股東權益變動） |
| 優點 | 分類與評價上較容易 | 1.提升金融商品之資訊透明度<br>2.財務報表能允當表達公司資產與負債價值 |

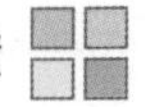

## 三、34號公報之影響

34 號公報發佈之後，所帶來的影響主要有下：

### (一) 決策者執行決策的挑戰

從決策者的角度來看，當金融商品的投資，目前的價格不錯有獲利時，若不及時實現，等到未來價格下跌，未實現利益縮水，決策者會立刻受到挑戰。

### (二) 投資者的多方考量

由投資者的立場來看，由於未實現利益也可入帳，企業帳上所顯示的利益會有一部分是屬於未實現，尚未落袋的部分，投資人在投資時必須考慮這個因素。

### (三) 金融商品分類的可操縱性

依據 34 號公報，金融商品的類型可分爲交易目的、持有至到期日、以及準備出售的金融資產，因公平價值變動產生的損失或利益，均須在財務報表中表達。也許有人質疑，公司將掌握更高操控空間，仍會重演過去爲了損益表現美觀，將長短投資互換的惡劣作帳手法。但基於公司投資時分類僅能選擇 1 次，往後不能再做變更，且上市上櫃公司需按證期會規定，2 日內需公佈資產取得處分，應不至於讓投機者有機可乘。

### (四) 股利的分配

當公司採取公平市價評估後，由於未實現收益必須實現在財報上，此時將塑造一個擁有股利可分配的環境，但如果過度分配股利，對於債權人相當不利。況且以市價評估後，有可能成爲有心人扭曲公司損益工具，造成盈餘虛增，而未實現收益提早認列，如何防範這部分差距所帶來的盈餘，必須先謹慎思考如何因應。

# 練習題

## 一、選擇題

(　　)1. 債券投資應如何入帳？
(1)按公平市價 (2)按成本 (3)按成本加應計利息 (4)以上皆非。

(　　)2. 大興公司以$35,000外加利息出售成本$28,000之債券投資，試問出售分錄應借記：(1)長期債券投資 (2) 長期債券投資及應收利息 (3)現金 (4) 長期債券投資、應收利息及出售利得。

(　　)3. 長期債券投資溢價攤銷時，應：
(1)借記長期債券投資 (2)借記利息收入 (3)貸記長期債券投資 (4)貸記長期債券投資溢價

(　　)4. 長期債券投資折價攤銷時，應：
(1)借記利息收入 (2)貸記利息收入 (3)貸記長期債券投資 (4)借記長期債券投資折價。

(　　)5. 長期債券投資與短期債券投資之折溢價。
(1)兩者均需攤銷 (2)兩者均不需攤銷 (3)前者需攤銷 (4)後者需攤銷。

(　　)6. 長期債券投資折價攤銷額為：
(1)利息費用減少 (2)利息費用增加 (3)利息收入減少 (4)利息收入增加。

(　　)7. 長期股票投資未實現跌價損失，應列為：
(1)非常損失 (2)營業損失 (3)營業外損失 (4)保留盈餘之減項。

(　　)8. 短期股票投資，收到股票股利時
(1)應貸記股本 (2)應貸記股票股利 (3)應借記短期投資
(4)不作分錄，但應重新計算每股成本。

(  )9. 聲寶公司以每股$21購入欣欣公司的每股面值$10之股票10,000股，作爲短期投資，購入時另外支付經紀人手續費$2,000，則短期投資之成本應爲
(1)$211,050 (2)$210,000 (3)$102,000 (4)$212,000。 【88乙級檢定試題】

(  )10.三富公司93年初成立，利用閒置資金購買Y公司股票$50,000、每股$100，及S公司股票$12,000、每股$60，作爲短期投資。93年底Y、S兩公司股票之市價分別爲$110及$55，94年底爲$90及$65，95年底爲$102及$50，則95年底調整後「備抵跌價損失－短期投資」帳戶之餘額爲
(1)$4,500 (2)$1,000 (3)$500 (4)$0。 【88乙級檢定試題】

(  )11.精碟公司95年2月1日購入矽統公司股票3,000股，作爲短期投資，成本爲$66,000，95年4月1日收到股票股利10%，95年9月1日出售矽統公司股票1,000股，每股售價$24，95年底矽統公司股票每股市價$18，95年12月31日短期投資之跌價損失爲
(1)$4,000 (2)$6,000 (3)$4,600 (4)$0。 【88乙級檢定試題】

(  )12.諾貝爾經濟學獎得主托賓（Tobin），曾把一公司資產市場價值對資產重估成本之比率稱爲Q比率，以下敘述何者最恰當？
【89乙級檢定試題】
(1)當Q比率小於1時，公司往往會想要投資
(2)當Q比率大於1時，公司透過合併取得資產較購買新資產便宜
(3)競爭力愈強的公司Q比率愈高
(4)Q比率較高的公司所在之行業競爭程度高，且有萎縮現象。

(  )13.購入日立公司所發行6厘公司債一批，面額450,000，作爲短期投資，該債券每年1月1日及7月1日各付利息一次，成交價爲票面額之110%，另按成交價交付1%之手續費，並加過期利息，則96年5月1日購入時，借記短期投資 (1)$50,000 (2)$55,550 (3)$56,500 (4)$56,550。
【89乙級檢定試題】

(　　)14.企業提撥償債基金準備的目的在於 (1)儲存足夠之現金，以便負債到期時足敷償債之需 (2)減少股東權益總數 (3)告訴股東股利的發放受到限制 (4)將賺到的錢留存在公司以備營業週轉之用。

【89乙級檢定試題】

(　　)15.中環公司95年4月1日購入威盛公司股票4,000股作爲短期投資，成本爲$64,000，95年7月1日收到現金股利$8,000，95年10月1日出售威盛公司股票2,000股，每股售價$15，則中環公司出售分錄中應有
(1)出售短期投資損失$2,000 (2)出售短期投資損失$26,000
(3)出售短期投資利益$2,000 (4)出售短期投資利益$0。

【89乙級檢定試題】

(　　)16.南亞公司擬於3年內分期擴充辦公室自動化電腦設備，每年約需百萬元資金，若於96年初一次撥足「自動化設備基金」俾供96、97、98年底各支付$1,000,000之需，資金成本年利1分，每年複利一次，則應於96年初提存若干？(1)$2,727,270 (2)$2,486,860 (3)$2,379,290 (4)$2,248,680。

【89乙級檢定試題】

(　　)17.公司對長期股票投資採用權益法處理時，下列哪一種是適當的處理方法？ (1)被投資公司宣告現金股利時，投資公司須記錄投資收益 (2)被投資公司有純益時，投資公司即須記錄投資收益 (3)被投資公司宣告股票股利時，投資公司即須記錄投資收益 (4)投資公司於會計期間終了時，應採「成本與市價孰低法」評估長期股票投資之價值。

【89、90乙級檢定試題】

(　　)18.東芝公司本年7月1日購入甲公司年息1分2厘公司債10張，每張面額$10,000，每年2/1及8/1付息，每張購價$12,000（已含應計利息），另付手續費合計$1,000，則買入債券之總成本爲
(1)$110,000 (2)$111,000 (3)$115,000 (4)$116,000。

【90乙級檢定試題】

(　　)19.依照我國現行一般公認會計原則，短期權益證券投資應按下列何法評價？
(1)市價法 (2)成本法 (3)成本與市價孰低法 (4)淨變現價值法。
【90乙級檢定試題】

(　　)20.公司於本年3月10日購入每股面額$10之普通股10,000股，以每股$12買入，另付手續費等$1,500，同年5月3日收到現金股利$5,000，該股票本年底每股市價$11，則年底資產負債上備抵短期投資跌價應為
(1)$5,000 (2)$6,500 (3)$10,000 (4)$11,500。【91乙級檢定試題】

(　　)21.投資公司與被投資公司間的逆流交易，其未實現損益之銷除 (1)不論投資公司對被投資公司是否具有控制之能力，一律按約當持股比例銷除 (2)不論投資公司對被投資公司是否具有控制之能力，一律全部銷除 (3)若投資公司對於被投資公司不具有控制能力，則按期末之持股比例銷除 (4)若投資公司對於被投資公司具有控制能力，則全部銷除。【90乙級檢定試題】

(　　)22.本年初以$400,000購入金山公司普通股30,000股作為長期投資，金山公司普通股發行並流通在外共100,000股，其本年純益$80,000，發放現金股利$50,000，期末市價每股$12，則期末該長期投資之帳面價值為 (1)$400,000 (2)$360,000 (3)$385,000 (4)$409,000。
【90乙級檢定試題】

(　　)23.欣榮公司於本年初購入A公司股票2,000股，每股$25，B公司股票4,000股，每股$15，及C公司股票2,000股，每股$20作為短期投資，6月中旬曾收到三家公司之現金股利，分別為A公司每股$2，B公司每股$1，C公司每股$2，若年底市價分別為A公司每股$22，B公司每股$15，C公司每股$15，則年底損益表上應認列多少損益？
(1)股利收入$12,000 (2)未實現跌價損失$4,000 (3)$0 (4)未實現跌價損失$16,000。【90、92乙級檢定試題】

( ) 24. 以下各情況中，何者表示投資公司對被投資公司不具重大影響力？(1)投資公司持有被投資公司普通股股權百分比爲最高者 (2)投資公司及其子公司派任於被投資公司之董事，合併超過被投資公司董事總席次半數者 (3)投資公司派任有經理者 (4)投資公司依合資經營契約規定擁有經營權者。【91乙級檢定試題】

( ) 25. 長期股權投資之上市公司股票採成本與市價孰低法評價時，下列敘述何者正確？a.應採逐項比較法、b.長期投資未實現跌價損失不列入損益計算、c.備抵長期投資跌價列爲長期投資之減項、d.若市價在以後年度回升，應在備抵長期投資跌價貸方餘額範圍內轉回 (1)a、b、c (2)a、b、d (3)b、c、d (4)a、c、d。【91乙級檢定試題】

( ) 26. 基隆公司長期股權投資均爲上市公司股票，近三年來成本與市價資料如下：

| | 成　本 | 市　價 |
|---|---|---|
| 94年 | $200,000 | $160,000 |
| 95年 | 250,000 | 240,000 |
| 96年 | 300,000 | 360,000 |

則96年底評價分錄應貸記 (1)備抵跌價損失$10,000 (2)備抵跌價損失$60,000 (3)長期投資未實現跌價損失$60,000 (4)長期投資未實現價損失$10,000。【91乙級檢定試題】

( ) 27. 七星公司投資八德公司，經於88年取得該公司之現金股利$200,000，所得稅率爲25%。則七星公司88年度該項投資收益申報所得稅時應申報
(1)$200,000 (2)$160,000 (3)$150,000 (4)$0。【92乙級檢定試題】

( ) 28. 甲公司86年初購入其子公司流通在外股份40%（具重大影響力），計50,000股，每股$25，手續費0.2%，該子公司於同年5月發放現金股利每股$2，年底每股市價$24，該年度淨利$600,000，則甲公司86年

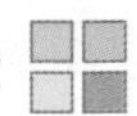

度帳上，何者爲誤？ (1)長期股權投資之購入成本$1,252,500 (2)投資收入$240,000 (3)年底未實現長期股權投資跌價損失$52,500 (4)年底長期股權投資帳面餘額$1,392,500。 【92乙級檢定試題】

(　　)29.「長期投資未實現跌價損失」科目，在財務報表上應列作 (1)營業外支出 (2)長期投資之減項 (3)股東權益的加項 (4)股東權益的減項。 【92乙級檢定試題】

(　　)30.企業提撥$300,000之償債基金，並指撥同額之償債基金準備，若負債計有$280,000，到期以償債基金償還後，則帳列償債基金及償債基金準備之餘額各有多少？ (1)前者$20,000，後者$300,000 (2)前者$0，後者$300,000 (3)前者$20,000，後者$0 (4)兩者均爲$0。

【92乙級檢定試題】

(　　)31.明仁公司於04年2月10日以$140,000購入中興公司10%普通股5,000股作爲長期投資，中興公司同年7月20日發放現金股利$60,000，當年度淨利$40,000，每股市價$25，05年7月30日發放現金股利$50,000，當年度淨利$80,000每股市價$26，則05年底明仁公司「長期投資」科目餘額若干？ (1)$130,000 (2)$133,000 (3)$134,000 (4)$140,000。

【93乙級檢定試題】

(　　)32.下列有關長期股票投資之敘述何者正確？ (1)持股比例20%以上，具有重大影響力者，其評價方法應採成本法 (2)持股比例在50%以上，具有控制權者應採權益法，並編合併報表 (3)持有特別股40%之權益者，應採權益法評價 (4)「長期投資未實現跌價損失」應列爲營業外費用。 【93乙級檢定試題】

(　　)33.中台公司某年2月1日購入中庸公司股票3,000股，作爲短期投資，成本爲$66,000，4月1日收到股票股利10%，9月1日出售中庸公司股票1,000股，每股售價$24，年底中庸公司股票每股市價$20，則中台公司當年應認列之短期投資跌價損失為 (1)$8,000 (2)$6,000 (3)$4,000 (4)$0。【93乙級檢定試題】

( )34. 列何者非為短期投資之必要條件？ (1)投資標的具公開市場可隨時出售變現 (2)管理當局不意圖持有投資一年或一營業週期（較長者為準）以上 (3)管理當局不以控制被投資公司為目的 (4)管理當局不以與被投資公司建立業務關係為目的。【93乙級檢定試題】

( )35. 佑祥公司於01年1月2日取得佑佳公司25%股權，投資成本相當於取得之股權淨值，若佑祥公司採用權益法處理，01年12月31日投資帳戶餘額為$850,000，且已知佑佳公司01年度淨利為$600,000，發放現金股利$400,000，當年度無公司間交易發生，則佑祥公司取得投資之成本為：(1)$800,000 (2)$900,000 (3)$950,000 (4)$1,000,000。【94乙級檢定試題】

( )36. 南亞公司5月1日購入台電公司6%公司債100張，每張面額$100,000，每年8月1日付息一次，購價為每張$100,500（含應計利息），另付佣金共$2,000，則該項長期投資成本為 (1)$9,552,000 (2)$9,602,000 (3)$9,802,000 (4)$9,952,000。【94乙級檢定試題】

## 二、是非題

( )1. 一般公認之會計原則規定短期權益證券投資，期末評價時應按成本與市價孰低法之個別成本與個別市價相比較。【88乙級檢定試題】

( )2. 長期股權投資如採權益法處理者，則於收到被投資公司的現金股利時，資產總額不變。【88乙級檢定試題】

( )3. 短期債券投資若有溢、折價之情形，應定期攤銷調整利息收入。【88乙級檢定試題】

( )4. 甲公司於本年初帳列「短期投資」－－大同公司股票$20,000，「備

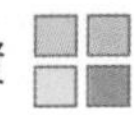

抵短期投資跌價損失」$3,000，今日甲公司以$18,000出售此股票，則應認列$1,000之出售投資利益。【88乙級檢定試題】

(　　)5. 企業專款提撥以供特定用途之現金，不可列入流動資產中。【89、90乙級檢定試題】

(　　)6. 長期股權投資之處理採用權益法者，其股利收入必歸於收到現金之年度。【89、92乙級檢定試題】

(　　)7. 長期股權投資若採權益法處理者，則於收到被投資公司之現金股利時，資產總額不增反減。【89乙級檢定試題】

(　　)8. 為投資而購入有價證券時，所支付之手續費、佣金應列為佣金支出。【89乙級檢定試題】

(　　)9. 為投資而購入有價證券，所支付的手續費，應列為投資成本之附加成本。【89、90乙級檢定試題】

(　　)10. 長期股權投資對投資公司有控制能力者，在一般情況下，投資公司應另編合併報表。【90乙級檢定試題】

(　　)11. 欣欣公司於97年6月以$200,000購買小巧公司的股票，小巧公司係一小型未上市公司，欣欣公司宜將此投資列為短期投資。【90乙級檢定試題】

(　　)12. 公司取得盈餘轉增資之股票股利時，應列為投資收益處理。【90乙級檢定試題】

(　　)13. 權益證券投資所產生的未實現跌價損失，不論係屬長、短期投資者，均應該列入損益表中。【90乙級檢定試題】

(　　)14. 短期投資跌價損失應列入當期損益計算；而備抵短期投資跌價則應列在股東權益項下。【90乙級檢定試題】

(　　) 15.若購買債券作爲短期投資，附於買價的應計利息，應借記投資帳戶。【90乙級檢定試題】

(　　) 16.權益證券投資所產生之未實現跌價損失，不論係屬長、短期投資者，均應列入損益表中。【90乙級檢定試題】

(　　) 17.若投資公司對被投資公司有控制能力，則公司間逆流交易之未實現損益應全部銷除。【91乙級檢定試題】

(　　) 18.將長期投資轉列爲短期投資時，若成本高於市價時，則應基於穩健原則，認列「長期投資已實現跌價損失」。【91乙級檢定試題】

(　　) 19.短期投資之入帳成本應包括買價、手續費及佣金。【91乙級檢定試題】

(　　) 20.長期股權投資採用成本法處理時，收到股票股利不必作分錄，只需註記增加之股數即可；而在權益法下，收到股票股利需作爲長期投資的減少。【91乙級檢定試題】

(　　) 21.在我國證券市場就效率市場假說（簡稱EMH）而言係屬弱式效率市場。【91乙級檢定試題】

(　　) 22.長、短期投資互轉時，跌價損失應改作爲股東權益之減項。【92乙級檢定試題】

(　　) 23.投資公司收到被投資公司所發放之股票股利時（即盈餘或資本公積轉增資配股），不必作正式分錄。【92乙級檢定試題】

(　　) 24.根據成本原則，公司債投資成本應包含經紀人佣金及應計利息。【92乙級檢定試題】

(　　) 25.投資公司收到被投資公司所發放之股票股利時（即以盈餘或資本公積轉增資配股），不必作正式分錄。【92乙級檢定試題】

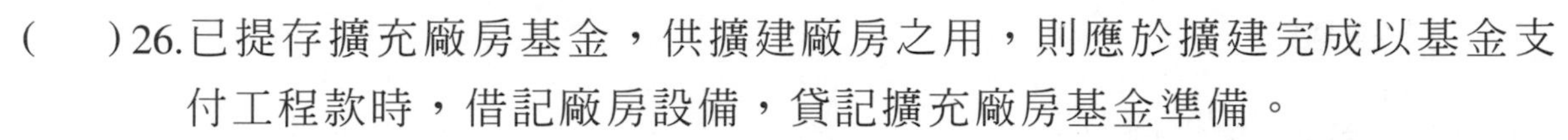

(　　) 26. 已提存擴充廠房基金，供擴建廠房之用，則應於擴建完成以基金支付工程款時，借記廠房設備，貸記擴充廠房基金準備。

【92乙級檢定試題】

(　　) 27. 長、短期投資互轉時，跌價損失應改作爲股東權益之減項。

【92乙級檢定試題】

(　　) 28. 長期股權投資出售時，應按股票之成本及售價計算損益入帳，至於「長期投資未實現跌價損失」及「備抵跌價損失」餘額，則於期末評價時再行調整。　【93乙級檢定試題】

(　　) 29. 若投資公司對被投資公司有控制能力，則公司間逆流交易之未實現損益應全部銷除。　【93乙級檢定試題】

(　　) 30. 長期債券投資之折價採利息法攤銷時，利息收入及債券投資帳面餘額皆逐年遞增。　【94乙級檢定試題】

(　　) 31. 股份有限公司負責人係指其董事長。　【94乙級檢定試題】

(　　) 32. 爲投資而購入有價證券，所支付的手續費，應列爲投資成本之附加成本。　【94乙級檢定試題】

(　　) 33. 短期債券投資應按面額調整未攤銷溢、折價評價，並以每期收到之利息（按票面利率）加折價之攤銷或減溢價之攤銷作爲利息收入。

【94乙級檢定試題】

(　　) 34. 若購買二十年後到期之公司債，則該筆債券投資即屬於長期投資。

【94乙級檢定試題】

## 三、計算題

1. 以下為兩種獨立情況：

   (1) 大興公司於95年5月15日以每股$15取得大勇公司200,000股普通股中的18%。在同年6月28日大勇公司發放$70,000股利。12月31日該公司列報今年淨利$252,000；且每股市價$13。該公司股票被分類為備供出售者。

   (2) 大立公司於94年1月1日以每股$11取得大新公司流通在外40,000股普通股的35%，對該公司造成相當程度的影響，而在同年6月15日該公司發放現金股利$28,000，12月31日大新公司列報今年淨利$98,000。

   試作上述兩家公司應有之分錄。

2. 大灣公司於95年3月15日購入大港公司面值$10，售價$26，股票60,000股，佔其發行股數1/20，作為短期投資。12月31日，每股市價$25，大港公司95年度稅後淨利$3,500,000。96年4/30大灣公司股東會決議宣告95年度盈餘分配：現金股利：每股$1；股票股利：8%（當日市價$20），並於5/25發放，試作上述兩家公司應有之分錄。

3. 96/9/1宏達公司購入下列股票意圖在短期內賺取差價。

   宏紳公司股票4,000股@35

   鼎勝公司股票8,000股@25

   12/31宏紳每股市價@33；鼎勝股票@24

   97/2/4出售宏紳公司股票5,000股@28

   97/4/16收到現金股利，宏紳$2，鼎勝$1

   97/12/31宏紳每股市價@29；鼎勝股票@28

   試分別按(1)經常交易者(2)備供出售者做相關之會計處理。

4. 板橋公司有關下列權益證券投資的交易如下：

95年2月2日以現金$86,000加上手續費$800取得永和公司普通股8,000股，佔永和公司股權2%。

7月2日收到永和公司現金股利，每股$0.8。

9月1日出售永和公司普通股3,000股，收到$72,000，減去手續費$300。

96年2月1日收到永和公司現金股利，每股$1。試作：所有交易事項。

5. 華頓公司有下列債券投資：

96/1/1以現金$80,000加上手續費$700購得50張10%，每張面額$1,000之安興公司之債券，利息於每年7/1及1/1支付。同年7/1收到安興公司之債券利息，亦在當天出售20張債券收到$30,000，扣除手續費$300。

試作：所有交易分錄；並作12/31應計利息調整。

6. 大應公司有關短期投資的交易事項如下：

(1) 95年7月10日購入上市的小林公司股票60,000股，每股$25，手續費$3,250。

(2) 95年8月20日購入上櫃的寶島公司股票100,000股，每股$30，手續費$5,200。

(3) 95年9月30日收到小林公司及寶島公司股票股利分別為20%及30%，每股面額$10，市價依序為$25及$32。

(4) 95年12月份的平均收盤價：小林公司$23，寶島公司$22。

(5) 96年5月8日出售小林公司股票22,000股，每股$25，手續費$825，證券交易稅$1,650。（單位成本計算至小數第二位，以下四捨五入）

(6) 96年8月8日收到之現金股利計小林公司每股$1.50，寶島公司每股$1.80。

(7) 96年12月份之平均收盤價為小林公司$24，寶島公司為$25。

試作：上列交易事項的必要分錄。

7. 宏圖公司於95年1/1以$478,900購入中壢公司之公司債，面額$500,000，九厘，每年6/30、12/31付息，98年底到期，當時市場利率10%，至96年3/1因財務調度而全部出售該債券，售價為98%，另加應計利息，另付經紀佣金及稅捐0.35%（債券溢、折價採利息法攤銷，利息與攤銷合併作分錄，元位以下四捨五入）

   試分別：(1) 作為短期投資　(2) 作為長期投資，試作95/1/1至96/3/1應有之分錄。

8. 漢城公司96年中曾購入下列債券作為短期投資：

   中華公司債　$450,000

   政府公債　$200,000

   96/12/31債券市價：中華公司債$420,000，政府公債$215,000。

   97/12/31債券市價：中華公司債$380,000，政府公債$195,000。試作期末評價分錄。

9. 遠東電信97年8/1曾購入下列債券作為短期投資：

   (1) 遠紡公司債成本$103,000，面額$100,000，年息6%，每年10/1付息一次。

   (2) 亞聯公司債成本$98,000，面額$100,000，年息8%，每年3/1及9/1各付息一次。

   97年底市價：遠紡公司債$100,500，亞聯公司債$99,900，均已含應計利息。

   98年底市價：遠紡公司債$110,050，亞聯公司債$103,000，均已含應計利息。

試作：(1) 97年底應收利息之調整，及期末評價分錄。

(2) 98年3/1、9/1及11/1收取債息分錄。

(3) 98年底應收利息之調整，及期末評價分錄。

10.以下為兩種獨立情況：

(1) 聯強公司於06年3月15日以每股$12取得千祥公司200,000股普通股中的15%。在同年6月30日千祥公司發放$84,000股利。12月31日該公司列報今年淨利$146,400；且每股市價$11。該公司股票被分類為備供出售者。

(2) 佳佳公司於06年1月1日以每股$13.2取得宏紳公司流通在外30,000股普通股的30%，對該公司造成相當程度的影響，而在同年6月15日該公司發放現金股利$39,600，12月31日宏紳公司列報今年淨利$103,200。試作上述兩家公司應有之分錄。

11.全華公司於95年2月10日購入原味公司面值$10，售價$19.2，股票60,000股，佔其發行股數1/10，作為短期投資。12月31日，每股市價$18，原味公司95年度稅後淨利$2,000,000。96年4/30原味公司股東會決議宣告95年度盈餘分配：現金股利：每股$0.6；股票股利：8%（當日市價$18），並於5/25發放。

12.96/9/1宏達公司購入下列股票意圖在短期內賺取差價。

台積電公司股票4,000股@42

東鋼公司股票8,000股@30

12/31每股市價台積電@39.6；東鋼股票@28.8

97/2/4出售東鋼公司股票5,000股@33.6

97/4/16收到現金股利，台積電$2.4、東鋼$1.2

97/12/31每股市價台積電@34.8；東鋼股票@33.6

試分別按(1)經常交易者(2)備供出售者做相關之會計處理

13.權達公司有關下列權益證券投資的交易如下：

95年2月2日　以現金$91,200加上手續費$600取得永新公司普通股6,000股，佔永新公司股權2%。

7月2日　收到永新公司現金股利，每股$1.2。

9月1日　出售永新公司普通股3,000股，收到$50,400，減去手續費$360。

96年2月1日　收到永新公司現金股利，每股$1.2。

試作：所有交易事項。

14.漢亞公司有下債券投資：

96/1/1以現金$60,000加上手續費$600購得50張10%，每張面額$1,200之合洋公司之債券，利息於每年7/1及1/1支付。同年7/1收到合洋公司之債券利息，亦在當天出售20張債券收到$27,600，扣除手續費$360。

試作：所有交易分錄；並作12/31應計利息調整。

15.南科公司96年3月1日奉准發行年利率12%之債券10年期公司債，面額$4,800,000，每年3/1，9/1各付息一次，該公司債於96/5/1始出售得款$4,772,160。同祥公司於隔年11/1以$486,720買下南科公司面額$480,000債券，作爲長期投資。

試作同祥公司有關之分錄（採直線法攤銷）。

16.勝霖公司於93年5月10日以$2,160,000購入上市之漢霖公司有表決權之股票50,000股（占漢霖公司流通在外股數之20%）作爲長期投資，相關資料如下：

(1) 93年5月20日漢霖公司發放現金股利每股$1.80。

(2) 93年度漢霖公司列報正常淨利$1,200,000、非常損失$120,000。93年底每股市價$39.6。

(3) 94年5月18日漢霖公司發放現金股利每股$0.72及股票股利10%。

(4) 94年度漢霖公司列報正常淨損$216,000。94年底每股市價$37.2。

(5) 95年3月1日勝霖公司改變投資意圖，轉爲短期投資（備抵帳戶依GAAP留待年底調整），每股市價$36。

試作相關分錄。

17. 西藏公司於91年初購入東常公司面額$120,000之公司債作爲長期投資，每年底付息一次，10年期，已知下列有關資料：

| | 現金利息 | 利息收入 | 長期投資帳面價值 |
|---|---|---|---|
| 91年初 | – | – | $125,119 |
| 91年底 | $4,200 | ? | 124,673 |
| 92年底 | ? | ? | 124,213 |

請問：(1) 西藏公司對長期債券投資溢價採何種攤銷方法？

(2) 票面利率爲何？發行日市場利率爲何？

(3) 93年底利息收入及長期投資帳面價值各爲何？

(4) 設於94年7/1以$124,800含息價將公司債全部出售，試作出售分錄。

18. 虹彩公司有關短期投資的交易事項如下:

(1) 07年7月10日購入上市的展昭公司股票60,000股，每股$30，手續費$2,700。

(2) 07年8月20日購入上櫃的廣大公司股票100,000股，每股$36，手續費$5,400。

(3) 07年9月30日收到展成公司及廣明公司股票股利分別爲20%及30%，每股面額$10，市價依序爲$22及$29。

(4) 07年12月份的平均收盤價：展昭公司$25.8，廣大公司$26.4。

(5) 08年5月8日出售展昭公司股票22,000股，每股$30，手續費$990，證券交易稅$1,980。（單位成本計算至小數第二位，以下四捨五入）

(6) 08年8月8日收到之現金股利，展昭公司每股$1.80，廣大公司每股$2.16。

(7) 08年12月份之平均收盤價爲展昭公司$28.8，廣大公司爲$30。

試作：請列示上列交易事項的必要分錄。

19. 漢唐公司於93年1/1以$694,680購入明隆公司之公司債，面額$720,000，九厘，每年6/30、12/31付息，96年底到期，當時市場利率10%，於94年3/1因財務調度而全部出售該債券，售價爲98%，另加應計利息，另付經紀佣金及稅捐0.45%（債券溢、折價採利息法攤銷，利息與攤銷合併作分錄，元位以下四捨五入）

試分別：(1) 作爲短期投資　(2) 作爲長期投資，作成自93/1/1購入至94/3/1全部應有分錄。

20. 大漢商店購入華展公司普通股1,000股，每股面值＄10，每股購價爲$48，另付手續費0.15%。

試作相關分錄。

21. 高餐商店於98年4/1購入聯電公司債，面額$120,000，年息六厘，每年2/1及8/1付息，購價爲102.4%另加應付利息，另付手續費0.15%。

試作相關分錄。

22. 台南公司短期投資資料如下：

98/3/5　購入台朔公司股票10,000股，成本$486,000。

4/2　收到台朔公司現金股利（台朔公司97年度盈餘分配者），每股$2.4。

99/4/6　收到台朔公司現金股利（台朔公司98年度盈餘分配者），每股$3.6。

5/1　收到台朔公司股票股利12%。

試作相關分錄。

23. 漢霖商店於98年4/1購入台積電公司債，面額$120,000，年息六厘，每年2/1及8/1付息，曾於4/1借記短期投資－債券$123,066及應收利息$1,200。

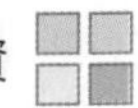

8/1　收到債券利息。

12/31　調整應收利息。

試作相關分錄。

24.益群公司曾於97年中，購入下列股票作為短期投資。

台電公司普通股　5,000股@$84　$420,000

皇田公司普通股　3,000股@$48　$144,000

97年12/31股票市價：台電股@$72　皇田@$54

98年12/31股票市價：台電股@$72　皇田@$50.4

99年12/31股票市價：台電股@$96　皇田@$60

試作相關分錄。

25.宏紳公司97年中曾購入下列債券作為短期投資

台積電公司債　$360,000

建華公債　$120,000

97/12/31債券市價：台積電公司債$336,000，建華公債$126,000。

98/12/31債券市價：台積電公司債$372,000，建華公債$103,200。

試作相關分錄。

26.紅茶商店97年8/1曾購入下列債券作為短期投資：

(1) 遠企公司債成本$123,600，面額$120,000，年息6%，每年10/1付息一次。

(2) 新光公司債成本$117,600，面額$120,000，年息7.2%，每年3/1及9/1各付息一次。

97年底市價：遠企公司債$120,960，新光公司債$118,800，均已含應計利息。

98年底市價：遠企公司債$124,560，新光公司債$120,000，均已含應計利息。

試作：(1) 97年底應收利息之調整，及期末評價分錄。

(2) 98年3/1、9/1及10/1收取債息分錄。

(3) 98年底應收利息之調整，及期末評價分錄。

27.達人公司98年初，短期投資－股票之資料如下：

短期投資－股票

| 借方 | 貸方 |
|---|---|
| 1/1 聯電3,000@84 $252,000<br>新光1,000@48 48,000 | |

備抵短期投資跌價

| 借方 | 貸方 |
|---|---|
| | 1/1 72,000 |

2/9 達人公司售出聯電股票2,000股，售價@$90，另付手續費0.15%及交易稅0.15%。試作出售分錄。

28.達人公司98年初，「短期投資－債券」之資料如下：

台積電公司債$360,000六厘，3/1及9/1付息，建華公債$120,000六厘，5/1及11/1付息，帳列「備抵短期投資跌價」$25,200。

2/1 售出全部台積電公司債，得款$369,600已含應計利息。

3/1 售出全部建華公債，得款$119,040另加應計利息。

試作出售分錄。

CHAPTER 5

Accounting

# 固定資產、遞耗資產與無形資產

一、固定資產、遞耗資產與無形資產之意義

二、固定資產之成本及其折舊處理

三、遞耗資產之成本及其折耗處理

四、無形資產之成本及其攤銷處理

五、無形資產之會計處理

附錄 財務會計準則公報第35號「資產減損之會計處理」

# 一、固定資產、遞耗資產與無形資產之意義

1. 固定資產

又稱為財產、廠房及設備，乃企業為長期營業使用目的，而取得之資產。固定資產又分為永久性資產與折舊性資產兩類。

(1) 永久性資產：指土地。

(2) 折舊性資產：則包括房屋、機器設備、租賃改良物、辦公設備…等。

綜觀固定資產之類型，其特性可歸納如下：

(1) 具有實體存在。

(2) 供營業使用。

(3) 具有長期性。

(4) 非以出售為目的。

(5) 具有未來經濟效益者。

2. 遞耗資產

又稱為天然資源，乃經由大自然的運行而產生，而透過開採、砍伐等過程，而取得的資產，例如煤礦、森林…等。

上述兩者（固定資產與遞耗資產）又統稱為有形營業用資產。

3. 無形資產

是指無實體存在，但卻具有未來經濟效益，且效益年限超過一年以上的資產稱之。計可分為可個別辨認者，如專利權、版權、商標權及特許權等；以及不可個別辨認者，如商譽。

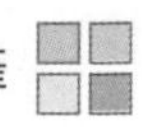

# 二、固定資產之成本及其折舊處理

## (一) 固定資產之成本

應以取得時或建造時所花費之實際成本為入帳基礎，這裡所指的成本係指取得一項固定資產達到可供使用狀態下的一切合理且必要之支出。

1. 現購：

資產成本＝購價＋附加費用（如佣金、運費、安裝費、試車費等）。

【釋例】 大興公司在94年7月1日購入新機器$200,000，另支付運費$5,000及佣金費用$2,000及運送期間的保險費$3,900還有安裝費$3,000，然在運送路途中闖了紅燈被開罰單$3,000，此時該機器成本為多少？

解 $200,000＋$5,000＋$2,000＋$3,900＋$3,000＝$213,900

2. 賒購：

資產成本＝購價－現金折扣＋附加費用（若未取得折扣當作損失或利息費用）。

【釋例】 大興公司賒購定價$60,000辦公設備，以八折成交，付款條件為2/10，n/30，另在搬運過程不慎打破；其辦公室另外的印表機設備維修花了$1,500，試問該辦公設備成本為多少？

解 $60,000×0.8×（1－2％）＝$47,040

3. 分期付款購買：

資產成本＝現購價。若分期付款購買金額＞現購價，此差額表示有利息費用的存在。

【釋例】 大興公司以分期付款方式買了一部機器，支付頭期款$12,000，隨後連續半年每個月需支付$5,000，然該機器目前的現購價爲$38,000，但除此之外必須另付安裝費$500，則該機器成本爲$38,500。

4. 以現金以外之資產交換取得：

如發行證券取得，則需以兩者較客觀明確者爲準，若兩者皆有公平市價，則上市公司以「股價」計算；未上市公司以「固定資產市價」計算，若兩者皆無公平市價，若兩者均無市價，可採公正第三人之鑑定價格。

【釋例】 甲公司以商品存貨交換乙公司之辦公設備，存貨成本$600,000，正常售價$1,000,000，辦公設備之定價$1,100,000，則甲公司借記辦公設備之成本爲$1,000,000才對。

5. 捐贈取得：受贈資產以「公平市價」入帳。

【釋例】 是非題：

(　) 根據成本原則，捐贈資產並無成本，故不必入帳，或以象徵性之金額如一元入帳。 【81年普考】

您認爲答案是什麼？答案是錯的，因爲受贈資產以「公平市價」入帳。

6. 自建資產：

資產成本＝直接材料＋直接人工＋變動製造成本＋建造期間利息資本化部份。若自建固定資產成本，大於外購的公平市價，則必須以公平市價入帳。

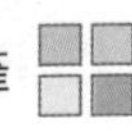

【釋例】 大興公司自建房屋，其中花費建造價格$400,000，支付給設計師設計費$5,000、建築執照費$4,000、監工費$3,000以及建造期間的利息支出$2,600；然若該建築物是外購則需要花費$420,000，這時候大興公司的建築物成本應該以多少入帳？

解 自建資產成本＝$400,000＋$5,000＋$4,000＋$3,000＋$2,600＝$414,600，此數額小於外購的公平市價$420,000，所以應該以$414,600入帳。

7. 資產交換：

資產的交換可分為相異資產交換或相似資產交換兩種情形。

(1) 相異資產交換：

表示以性質不相同的資產交換，例如機器與卡車互換。在這種情形之下，共有四項帳務處理原則：

A.以公平市價作為入帳原則。

B. 視為同時賣出且買入。

C. 要認列全部損益，不論有無現金收付，因獲利過程已完成。

D. 新資產成本＝新資產公平市價＝舊資產公平市價＋付現（或－收現）。

【釋例】 交換相異資產

例如：甲乙兩公司分別交換相異資產：

| | 甲（機器） | 乙（卡車） |
|---|---|---|
| 成本 | $30,000 | $20,000 |
| 累計折舊 | 8,000 | 6,000 |
| 公平市價 | 36,000 | 27,000 |
| 現金（收現） | (15,000) | 9,000 |

解 甲公司之帳務處理如下：

| | | |
|---|---|---|
| 運輸設備 | 27,000 | |
| 累計折舊 | 8,000 | |
| 現金 | 15,000 | |
| 　機器 | | 30,000 |
| 　資產交換利得 | | 10,000 |

乙公司之帳務處理如下：

| | | |
|---|---|---|
| 機器 | 36,000 | |
| 累計折舊 | 6,000 | |
| 　運輸設備 | | 20,000 |
| 　現金 | | 9,000 |
| 　資產交換利得 | | 13,000 |

(2) 相似資產交換：

表示以性質類似資產交換，例如機器換機器。在這種情形之下，共有四項帳務處理原則：

A. 原則上以帳面價值入帳，但帳面價值不得大於公平市價。

B. 交換損失應全部入帳，交換利益只有在部份收現時入帳，如下表所示：

a. 無現金收付或付現時：

損失時→全數認列， 新資產成本＝舊資產公平市價＋付現（基於穩健原則）

利益時→不承認，新資產成本＝舊資產帳面價值＋付現

b. 收現時：

損失時→全數認列，新資產成本＝舊資產公平市價－收現（基於穩健原則）

利益時→當現金少於公平價值之25%，按收現比例認列。

總利益＝舊資產公平市價－舊資產帳面價值

應認列之利益＝總利益×收現數／舊資產公平市價

利益時→當現金佔公平價值25%以上，視為現金交易，雙方均應認列全部利益，按公平市價入帳。

以25%作為基準點，係由於1986年美國財務會計準則委員會之「新興問題研議小組」(Emerging Issues Task Force，EITF)所發佈之第86-29號報告中規定，若資產抵換中其現金收現數已超過其換出資產的公平市價25%以上者，則將此交易視為貨幣性交易(monetary transaction)，雙方均應認列利益。

【釋例】　交換相似資產

當現金佔公平價值25%以上：

丙丁兩公司分別交換相似資產：

| | 丙機器 | 丁機器 |
|---|---|---|
| 成本 | $30,000 | $20,000 |
| 累計折舊 | 8,000 | 6,000 |
| 公平市價 | 36,000 | 27,000 |
| 現金（收現） | (15,000) | 9,000 |

解　丙公司之帳務處理如下：

| | 借 | 貸 |
|---|---|---|
| 機器（新） | 27,000 | |
| 累計折舊 | 8,000 | |
| 現金 | 15,000 | |
| 　　機器 | | 30,000 |
| 　　資產交換利得 | | 20,000 |

丁公司之帳務處理如下：

| | | |
|---|---|---|
| 機器 | 23,000 | |
| 累計折舊 | 6,000 | |
| 　運輸設備 | | 20,000 |
| 　現金 | | 9,000 |

## (二) 固定資產之折舊處理

固定資產中除了土地此永久性資產外，其他的固定資產都會隨著時間的消逝，因使用而效用遞減，此類固定資產稱爲折舊性資產。企業爲了能賺取營業收入而必須使用的固定資產，因此根據配合原則，企業亦應以合理而有系統的方法，將固定資產成本分攤到各使用期間，此種分攤的程序稱爲折舊。而折舊提列的方法主要有下列幾種：

1. 平均法：

又稱爲直線法，是指依固定資產之估計使用年限，每年提相同的折舊額。

計算公式如下：

每期折舊額＝（成本－殘值）／估計使用年限

殘值即表示預計在使用年限到期時，處分該資產可得的淨收入，我國稅法規定以成本除以估計使用年限加一年當作殘值。使用年限即表示預計該資產貢獻服務之年限。

【釋例】 平均法

大興公司06/7/1買下一部機器，成本$300,000，耐用年限5年，殘值$20,000。

解　則每年底依直線法提列折舊為：
（\$300,000－\$20,000)/5＝\$56,000；
然由於7/1才購入所以只能提列\$56,000×1/2＝\$28,000

2. 工作時間法：

此法是假設資產的效用會隨著工作時間而減少。

計算公式如下：

每單位工作時間折舊額＝（成本－殘值）／估計總工作時間

【釋例】　工作時間法

如上例該機器的工作時數可用100,000小時，而06年共使用15,000小時。

解　則其每小時折舊額為(\$300,000－\$20,000)/100,000＝\$2.8
06年的折舊額為\$2.8×15,000＝\$42,000

3. 生產數量法：

指依可折舊成本除以固定資產之估計總生產量而得之。

計算公式如下：

每單位產量折舊額＝（成本－殘值）／估計總生產量。

【釋例】　生產數量法

如上例該機器的估計總生產量為50,000單位，而06年共生產10,000單位，而每單位折舊額為(\$300,000－\$20,000)/ 50,000＝\$5.6
06年折舊額\$5.6×10,000＝\$56,000

4. 定率餘額遞減法：

係指依固定資產之估計使用年數，由公式求出折舊率，其公式如下：

$$r=1-\sqrt[n]{s/c}$$

其中r表示折舊率，c表成本，s表估計殘值，n表示估計年限

折舊額＝期初資產帳面價值×折舊率

【釋例】 06年初購買機器乙批，成本$100,000，預估使用4年，殘值$10,000，定率餘額遞減法，其折舊額如下：

折舊率＝$1-\sqrt[4]{10{,}000/100{,}000}=1-0.562=0.438$

各年度的折舊額如下：

| 年度 | 期初資產帳面價值 | 折舊率 | 折舊額 |
|---|---|---|---|
| 06年 | $100,000 | 0.438 | $43,800 |
| 07年 | ($100,000－$43,800) | 0.438 | $24,616 |
| 08年 | ($100,000－$43,800－$24,616)<br>＝($100,000－$68,416)＝$31,584 | 0.438 | $13,834 |
| 09年 | ($31,584－13,834)＝$17,750＊ | 0.438 | $ 7,745* |

* 由於殘值$10,000，所以應調整最後一年的折舊額爲$7,750，亦即最後一年應保留殘值後，計算折舊額，不能用乘的，只能減。還有必須注意殘值若爲$0，應假設爲$1，計算折舊額時，切記不可（成本－殘值）

5. 倍數餘額遞減法：

此種方法爲直線法折舊率的兩倍。

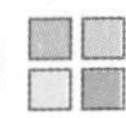

【釋例】　倍數餘額遞減法

大興公司06/7/1買下一部機器，成本$300,000，耐用年限5年，殘值$20,000。則每年底依直線法提列折舊為：

如上例直線法1/5＝20%，所以倍數餘額遞減法＝40%。

則06年折舊額為$300,000×40%×1/2＝$60,000。

6. 年數合計法：

其折舊率＝年數的倒數／年數的合計。折舊額＝（成本－殘值）×折舊率

【釋例】　年數合計法

如上例：折舊率＝5/(1＋2＋3＋4＋5)＝1/3
06年折舊額＝($300,000－$20,000) ×1/3 ×1/2＝$46,667

# 三、遞耗資產之成本及其折耗處理

## (一) 遞耗資產之成本

遞耗資產又稱為「折耗資產」以及「天然資源」，其取得成本為達到可開採狀態之一切合理且必要之支出。包括購買價格、購買之附加支出、開發成本以及探勘成本。將遞耗資產之相關成本整理如下表：

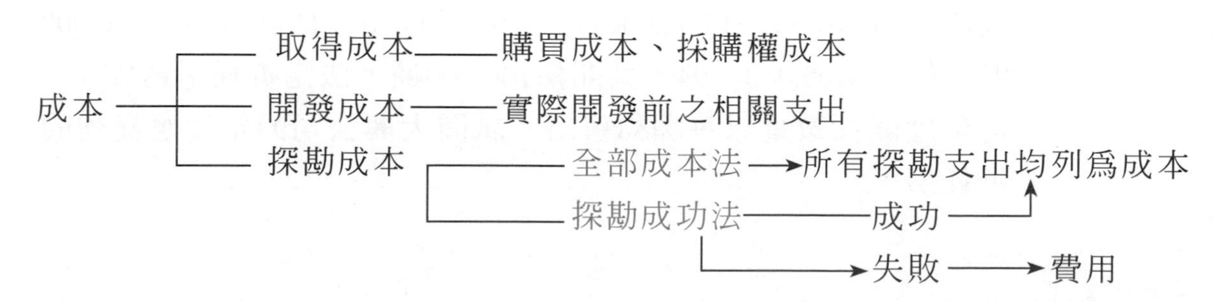

1. 全部成本法

指不論是否探勘成功，所有探勘支出，皆可認列爲遞耗資產成本。

2. 探勘成功法

指唯有探勘成功，所有探勘支出，方可認列爲遞耗資產成本；若探勘失敗，則所有探勘支出便列爲當期費用。

## (二) 遞耗資產之折耗處理

遞耗資產會因持續開採而耗竭，所以應於估計開採或使用年限內，以合理而有系統的方式，按期提列折耗，以符合配合原則。遞耗資產提列折耗的分錄如下：

折耗　　　　　×××（費用類）
　　累計折耗　　　　×××（天然資源的減項）

折耗金額之計算計有二種方法，分別說明如下：

1. 成本折耗法：

計算公式如下：

每單位應提折耗＝（成本－殘值）／估計總蘊藏量

當年度應提折耗額＝每單位應提折耗×當年度開採量

【釋例】　成本折耗法

大興公司94/1/1以$1,000,000買入一座鐵礦山，估計可開採450,000噸，殘值$100,000，94年共開採100,000噸，法定折耗率爲12％，當年度開採數量以每噸$8售出。試問大興公司94年度應提列的折耗爲：

解　($1,000,000－$100,000)/ 450,000噸＝$2（噸）

開採100,000噸：$2×100,000＝$200,000

折耗分錄爲：

| 94/12/31 | 折耗 | 200,000 | |
|---|---|---|---|
| | 累計折耗 | | 200,000 |

2. 法定折耗法：

稅法上，不同的遞耗資產便規定有不同之法定折耗率。企業可就開採或出售產品之收入總額，依規定的遞耗資產折耗率，按年提列之，但每年的折耗金額，不得超過該資產當年度未減除折耗額前之收益額的50%，其累計折耗額不得超過該資產之成本。

【釋例】　法定折耗法

如上例：當期應提折耗額＝當期收益× 法定折耗率

$8×100,000＝$800,000（當期收益）
$800,000×12％（法定折耗率）＝$96,000（當期應提折耗額）

折耗分錄爲：

解

| 94/12/31 | 折耗 | 96,000 | |
|---|---|---|---|
| | 累計折耗 | | 96,000 |

值得特別注意的是，當開採遞耗資產時免不了需要購置一些開採設備，開採設備則與「折舊費用」有關，而非「折耗費用」，在此列出開採設備提列折舊時所需的相關知識：

1. 該開採設備只用於此天然資源之開採不能移作他用，則取天然資源開採年數或開採設備之耐用年限較短者。

2. 若此開採設備能移作他用，則以開採設備之耐用年限。
3. 開採設備亦可採生產數量法提折舊。

# 四、無形資產之成本及其攤銷處理

## (一) 無形資產之成本

1. 若為向外購入者：

   成本＝購價＋使資產達到可使用狀態前之一切合理且必要支出

2. 若為自行研發者：

   (1) 若為不可辨認之無形資產，則不得入帳。

   (2) 若為可辨認之無形資產，則應以申請登記之相關支出列為成本。

## (二) 無形資產之攤銷處理

無形資產應以合理而有系統的方式，按期提列攤銷費用。提列攤銷的方式係採平均法，而由法定年限與經濟年限較短者作為攤銷年限。提列攤銷的年限我國最長不得超過 20 年，美國則不得超過 40 年。

無形資產的攤銷分錄為：

| | | |
|---|---|---|
| 各項攤銷 | ×××× | |
| 　無形資產 | | ×××× |

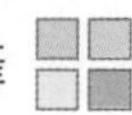

# 五、無形資產之會計處理

## (一) 專利權

1. 專利權成本

(1) 自行發展取得：

在研發過程的支出列為「研究發展費用」，至於申請專利之相關支出才列為「專利權」。

(2) 外購：

則以支付代價作為「專利權」成本。

2. 期末攤銷

| | | |
|---|---|---|
| 專利權攤銷 | ××× | |
| 　專利權 | | ××× |

3. 專利權有訴訟時

(1) 勝訴：訴訟支出列為「專利權」

(2) 敗訴：訴訟支出應列為「訴訟費用」，且要沖銷先前所認列的專利權。

值得注意的是，如為保護原專利權而另購入專利權時之攤銷，則以新專利權之攤銷年限及原專利權之攤銷年限較短者作攤銷分錄。

【釋例】 專利權

大興公司96/1/1以$200,000買入一專利權，該專利權法定年限為12年，經濟年限為5年。98/1/2該專利權與他人發生訴訟由法院判決勝訴，支付法律費用$30,000，同年7/1購入另一專利權$75,000，為了保護上一專利而買下，其新專利權法定年限10

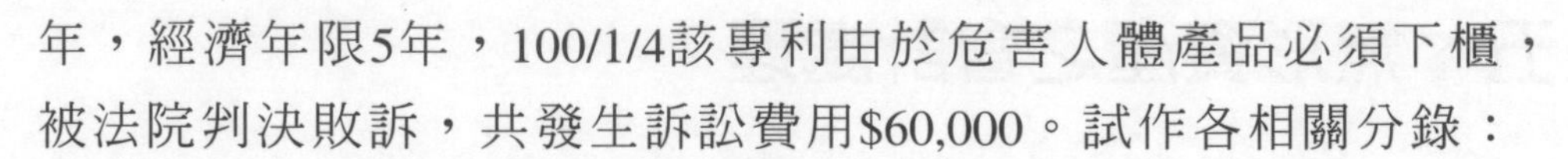
年，經濟年限5年，100/1/4該專利由於危害人體產品必須下櫃，被法院判決敗訴，共發生訴訟費用$60,000。試作各相關分錄：

解

| 日期 | 科目 | 借方 | 貸方 |
|---|---|---|---|
| 96/1/1 | 專利權 | 200,000 | |
| | 現金 | | 200,000 |
| 96/12/31 | 專利權攤銷 | 40,000 | |
| | 專利權 | | 40,000 |
| 97/12/31 | 專利權攤銷 | 40,000 | |
| | 專利權 | | 40,000 |
| 98/1/2 | 專利權 | 30,000 | |
| | 現金 | | 30,000 |
| 98/7/1 | 專利權 | 75,000 | |
| | 現金 | | 75,000 |
| 98/12/31 | 專利權攤銷 | 80,000 | |
| | 專利權 | | 80,000 |

(200,000/5)＋(30,000/3)＋(75,000/2.5)＝80,000

| 日期 | 科目 | 借方 | 貸方 |
|---|---|---|---|
| 99/12/31 | 專利權攤銷 | 80,000 | |
| | 專利權 | | 80,000 |
| 100/1/4 | 訴訟費用 | 60,000 | |
| | 現金 | | 60,000 |
| | 專利權失效損失 | 65,000 | |
| | 專利權 | | 65,000 |

## (二) 商標權

1. 意義：

為一企業產品的標示圖樣或文字，法定年限為10年，期滿可延長，每次均為10年。

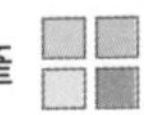

2. 取得時：

商標權取得時之分錄如下：

| | | |
|---|---|---|
| 商標權 | ××× | |
| 　　現金 | | ××× |

3. 攤銷時：

商標權攤銷時之分錄如下：

| | | |
|---|---|---|
| 各項攤銷 | ××× | |
| 　　商標權 | | ××× |

## (三) 特許權

1. 意義：

政府特許某種行業的經營或允許其可使用某種技術及經銷某種產品的權利，例如政府核准其煙酒專賣；希爾頓飯店、麥當勞等。通常需於開始時一次支付一筆特許權費，日後再每年繳交一筆年費，其攤銷年限是依契約或估計之經濟年限攤銷，其最長不超過20年。

2. 取得時：

特許權取得時之分錄如下：

| | | |
|---|---|---|
| 特許權 | ××× | |
| 　　現金 | | ××× |

每年支付年費時，列爲當期費用

| | | |
|---|---|---|
| 權利金 | ××× | |
| 　　現金 | | ××× |

3. 攤銷時：

特許權攤銷時之分錄如下：

各項攤銷　　××× 
　　特許權　　　×××

## (四) 版權

1. 意義：

表示對文學、藝術、學術音樂或電影等創作或表演權利等。其個人著作、錄影、錄音、電影等法定攤銷年限為30年，所得稅查核準則規定15年，製版人版權是以10年。

2. 取得時：

版權　　　　××× 
　　現金　　　　×××

3. 攤銷時：

各項攤銷　　××× 
　　版權　　　　×××

## (五) 電腦軟體成本

1. 電腦軟體成本

(1) 自行發展取得：

以是否建立技術可行性做為判斷的基準，在建立技術可行性以前所發生的成本應列為研究發展費用，在建立技術可行性以後至完成產品母版所發生的成本則應列為電腦軟體成本。

所謂建立技術可行性即為確定產品能按設計之規格生產所必須之各項規劃、設計、編碼及測試均已完成時，技術可行性才算確立。技術可行性建立前，因對產品未來經濟效益之不確定性極高，故應當「費用」處理；但於技術可行性建立後，對產品未來經濟效益較具

確定性，於是自此階段到完成產品母版階段所有的支出，則可列爲電腦軟體成本。

(2) 外購：

則以支付代價作爲「電腦軟體成本」。

2. 攤銷時：

電腦軟體成本攤銷時之分錄如下：

各項攤銷　　　　　×××
　電腦軟體成本　　　　　×××

3. 攤銷方式：

以「收益百分比法」或「直線法」，兩者取較大者。

(1) 收益百分比法＝本期收益／本期及以後各期之收益

(2) 直線法＝1／剩餘使用年限

## (六) 商譽

1. 意義：

商譽是指與企業有關的所有有利特質的價值，亦即是企業具有賺取超額利潤的能力，而且商譽是與企業融合爲一體時才存在。依據客觀性原則，自行發展的商譽不能入帳，商譽是必須經由購併才能入帳的，而其購買成本爲超過淨資產公平市價的部份。根據美國稅法規定其商譽是不用作攤銷，但如果確定其價值已下降時必須加以沖銷。

2. 商譽價值的求算：

(1) 先求算平均淨利，必須將過去的非常損益剔除：
公式＝（過去年度累計淨利＋非常利益或損失－非常利得）／年數，
通常以五年作基準。

(2) 再求算正常利潤：

正常利潤＝淨資產公平市價×同業正常報酬率

(3) 超額利潤＝平均淨利－正常利潤

其商譽價值的求算方式可依據

(1) 平均淨利倍數法：

商譽＝平均淨利 × 倍數

(2) 平均淨利資本化法：

商譽＝（平均淨利／正常利潤）－ 淨資產

(3) 超額利潤倍數法：

商譽＝超額利潤 × 倍數

(4) 超額利潤資本化法：

商譽＝超額利潤／超額利潤率

3. 取得時：

| | | |
|---|---|---|
| 商譽 | ××× | |
| 　　現金 | | ××× |

4. 沖銷時：

| | | |
|---|---|---|
| 非常損失 | ××× | |
| 　　商譽 | | ××× |

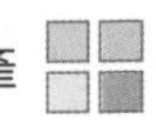

# 附錄　財務會計準則公報第35號「資產減損之會計處理」

我國財務會計準則公報第 35 號「資產減損之會計處理」，已於民國 93 年 7 月 1 日公佈，會計年度結束日期在民國 94 年 12 月 31 日（含）以後之財務報表均適用之，並得提前適用之。該公報主要是參考國際會計準則 36 號公報及美國會計準則 121 與 142 號公報，將企業的固定資產、無形資產、閒置資產、依權益法認列損益的長期投資、商譽等會計科目，列入評價範圍，只要帳面價值高過可回收金額，就必須在財報上提列資產減損。續後年度資產價值如有回升，除商譽外，亦可於原認列損失範圍內認列回升利益。

## 一、35號公報的介紹

我國財務會計準則公報第 35 號「資產減損之會計處理」主要係在處理下列之會計事項：

### (一) 辨認可能減損之資產

1. 資產可能發生減損之跡象：

   可包括兩種資訊來源：

   第一、外來資訊：

   包括資產市場價值大幅下跌、產業經營環境產生不利之重大變動、市場要求之報酬率提高及企業股價小於其淨資產帳面價值等。

   第二、內部資訊：

   包括資產有實體毀損或過時之證據、資產使用之範圍或方式有不利之重大變動及內部報告所顯示資產之經濟績效將不如原先預期等。

2. 商譽則無論是否有減損跡象：企業每年應定期做減損測試。

## (二) 辨認現金產生單位

企業在辨認資產所屬現金產生單位時，應考量各種因素，包括管理當局如何監督企業之營運（例如依生產線、經營業務、個別區域或其他方式），或管理當局如何作成繼續經營或處分企業資產及營運之決策。

## (三) 衡量資產可回收金額

淨公平價值及使用價值兩者取高者→可回收金額；淨公平價值 = 資產售價－處分成本，使用價值 = 未來現金流量之折現值。

## (四) 折現率：原則上係採下列二者之一

1. 類似資產於當時市場交易所隱含之報酬率。
2. 其他企業若僅持有與受評資產具類似服務潛能及風險之資產，其加權平均資金成本。

## (五) 損失迴轉

1. 商譽減損損失不得迴轉。
2. 商譽以外之資產，損失迴轉上限＝不考慮減損損失情況下，資產按原折舊或攤銷方法計提後之帳面價值。

# 二、35號公報之內涵

會計準則第 35 號公報從 94 年 1 月 1 日正式實施，由 94 年上市櫃公司第一季財報開始適用。該公報的精神，主要是將企業的固定資產、無形資產、閒置資產、依權益法認列損益的長期投資、商譽等會計科目，列入評價範圍，只要帳面價值高過可回收金額，就必須在財報上提列資產減損。

主要受到衝擊的廠商，包括：

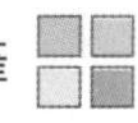

1. 曾經併購過其他公司的廠商：

   例如在併購其他公司時，以高出市價搶親，將馬上面臨提列商譽損失。

2. 大量資本支出的電子廠：

   一些設備價值折舊快的電子公司，還有曾付出高額專利權利金的公司，如半導體業，也有資產減損壓力。

3. 轉投資多的廠商：

   轉投資多的廠商，若把較差的資產塞給子公司美化帳面，也面臨揭醜的壓力。

## 三、35號公報之影響

原本，實務界在處理財報時，會特別把焦點集中於長期投資、存貨以及應收帳款此三大領域，但自從財務會計準則第三十五號公報正式從94年1月1日起實施後，凡企業財報上固定資產、無形資產、閒置資產、依權益法認列損益的長期投資、商譽等會計科目，都將列入評價範圍，公司可能因資產減損而產生巨幅損失的傳聞，早已在實務界中不脛而走。

原本，還有不少實務界人士認爲三十五號公報是仿效香港的精神，每年重新評價，不論是資產增值或折價都忠實反映在帳上，實際上卻不然。公報只規範資產減損的部分，也就是說，只有資產減損才要入帳，資產增值並不在規範中，上市如果要將資產重估入帳，須自行申請重估，和三十五號公報沒有關係。

就因爲三十五號公報的重點在於「資產減損」，在94年實施的第一年，只有提列損失的分，不可能有損失回轉的甜頭，對股價的衝擊「只有利空，沒有利多」，當然，如果上市公司能因此更加透明財務資訊，對投資人來說「短空長多」也是項好消息。

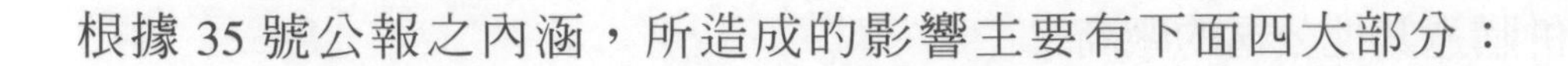

根據35號公報之內涵，所造成的影響主要有下面四大部分：

## (一) 商譽高估的部分

「雖然35號公報在資產評價上留有轉圜的空間，只有『商譽』一定跑不掉，每年都要做減損測試的項目」，多位會計師異口同聲的提醒，只要財報上掛有商譽的帳目，就一定依照公報的精神，比較帳列金額與可回收金額，如有必要，會一次提列商譽的價值減損，而且一經提列損失，就永遠沒有回轉的機會。

沒有實體的商譽，是資產減損的頭號殺手，最常見的情況發生在購併案，像2000年全球性的科技泡沫，爲了爭取市場或技術，很多大型購併案的價格都殺紅了眼，用遠遠超過購買公司資產價值的價格來購併，帳上的商譽動輒百億美元。

最有名的例子就是美國線上（AOL）買下時代華納，帳上的商譽高達1280億美元，最後還是在2002年一舉提列損失542億美元的虧損，是美國公司史上最大規模的單季淨損。

## (二) 資產虛增的部分

實務界指出，只要是資產虛增的公司，都將成爲35號公報的「受害者」，尤其是產能利用率低，且資產價值低落的公司，財報出來，恐怕將「醜態畢露」，冒出許多出人意表的數字。

比如網路泡沫時代大量買進機械設備的科技公司，當初買進的資產均所費不貲，如今不但市價可能已經滑落，使用效益在技術日新月異下也可能無法產生應有的效益，卻仍舊掛在帳上，價值已有高估的嫌疑，因此市價遠低淨值的公司應抱持保留的態度。

至於資本支出爲主的產業，如晶圓代工、面板、封測、DRAM等，以及帳上掛著高額權利金等無形資產的科技公司，也是被列入「觀察名單」的族

群之一，例如生產 DRAM 的茂德，向茂矽及英飛凌購買的專利權，價值高達 48 億元，茂矽如今等於是個空殼，茂德與英飛凌仍在纏訟，該項專利權到底值多少？第一季季報可見眞章。

## (三) 轉投資高估的部分

權益法入帳的長期投資和子公司，則是企業獲利另一個可能遭受挑戰的地方，根據 35 號公報的流程，如果被投資公司資產產生減損，則投資公司必須調整長投科目，其中，最可能發生的例子即是台北 101 大樓的投資股東。

由於 101 大樓建置的時點在景氣高峰，成本相對偏高，如果 101 大樓未來所創造的收益不能大過資產價值，恐有減損的必要，而以權益法投資的股東自然就必須調整長投科目。

據了解，持股比率大於 20%、適用權益法的只有中聯信託一家，由於去年 101 以每股六元增資，較原始股東每股十元的成本低了不少，中聯信託雖然沒有參加六元的增資，但原始投資該如何評價也引起重視。

還有，過去許多公司爲了掩飾企業本身的虧損，將過時資產塞到子公司，或者利用子公司購併其他公司，商譽則掛子公司帳上，或者過去溢價投資的部分已不具經濟效益，如今 35 號公報開始適用，成爲企業無法遁形的照妖鏡。

## (四) 減損回沖有操縱損益疑慮

除了上述的影響外，未來 35 號公報對景氣循環類股損益的波動將更爲劇烈，例如過去中國對原物料需求尚未上來前，塑化、鋼鐵、航運等傳統產業的設備不但老舊，且利用率偏低，假設當時財報採用三十五號公報的準則作帳，恐怕這些公司的獲利都要再打折或加深虧損。

然而隨著近年來這些原物料產能供不應求，這些資產價值也會跟著扶搖直上，由於35號公報針對過去認列的資產減損金額如果價值回升允許有沖回利益（商譽除外），對公司的每股盈餘會有加成的效果，表現在股價上自然有煽風點火的功用，也因此，35號公報對景氣循環股將有助漲助跌的效果。

但35號公報同意企業可以在過去減損範圍內回沖利益，卻讓某些市場人士詬病，認爲將使得公司容易去操縱損益，一位實務界人士就指出，現在許多上市櫃公司早已打定趁今年景氣不佳時用最保守的方式「超額」認列資產減損的數字，等到明年景氣回暖時再行沖回，讓明年的獲利數字「更加好看」。

由於35號公報只能在過去減損的範圍內回沖利益，因此今年起開始適用的企業財報將只有減損的份，對股市的衝擊可說是影響深巨，不過在企業將資產價值調整至貼近市價後，將使得財務透明度和資產經營效率上大大提升，有助於企業長期的發展，對股東反而是有利的，若以一句話總結其影響，「短空長多」將是最好的注解。

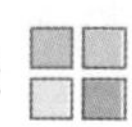

# 練習題

## 一、選擇題

(　　)1. 依我國現行稅法規定，營利事業購買固定資產，其耐用年限不及幾年及支出金額$60,000以下者列為費用
(1)1年 (2)2年 (3)3年 (4)4年。

(　　)2. 下列支出有哪幾項不屬資本支出 (1)建築物 (2)汽車大修 (3)油漆廠房 (4)購入土地支付代書費。

(　　)3. 遞耗資產之提列折耗處理通常採用 (1)直線法 (2)法定折耗法 (3)年數合計法 (4)生產數量法。

(　　)4. 天然資源被開採，使其數量及價值逐漸減少，在會計上稱為 (1)折舊 (2)折耗 (3)攤銷 (4)損耗。

(　　)5. 專為某一研究計劃而購入之設備，可用5年應將此設備列為 (1)設備資產 (2)無形資產 (3)研究發展成本 (4)其他費用。

(　　)6. 期末時，將該年度應負擔之著作權轉為當期費用，此程序稱為
(1)折舊 (2)折耗 (3)攤銷 (4)損耗。

(　　)7. 我國一般公認會計原則規定，無形資產的攤銷年限不得超過 (1)10年 (2)20年 (3)30年 (4)40年。

(　　)8. 當估計折舊有變動時：
(1) 應更正前期折舊 (2) 當期與未來各期的折舊均應修改
(3) 只修改未來各期折舊 (4) 以上皆非。

(　　)9. 固定資產之增添是：
(1) 收益支出 (2) 借記「維修費用」科目 (3) 借記「進貨」科目
(4) 資本支出。

(　　) 10.交換相似資產時：

(1) 不立即認列利得或損失 (2) 利得立即認列，損失則否

(3) 損失立即認列，但利得則否 (4) 利得和損失都須立即認列。

(　　) 11.下列敘述何者爲眞？

(1) 因爲無形資產缺乏實體，故只須在財務報表附註中揭露

(2) 商譽應列爲股東權益的減項

(3) 主要資產總額可列在資產負債表中，而各資產明細則揭露在財務報表附註中

(4) 無形資產一般均與固定資產及自然資源結合，列示於「財產、廠房及設備」之中。

(　　) 12.朝陽公司新購之房地產共計支付價款$480,000，房屋市價$50,000，土地市價$450,000，購入後舊屋就立即拆除，並支付拆除費$30,000，拆除後之殘料售得$3,000，則此項之交易應借記

(1)土地507,000 (2)土地459,000，建築物48,000 (3)土地432,000，建築物750,000 (4)土地450,000，建築物77,000。 【88、92乙級檢定試題】

(　　) 13.諾貝爾書局94年初購入著作權$800,000預計經濟效益之年限8年，95年初因受侵害支付訴訟費$160,000，並獲得賠償$90,000，則95年應攤銷

(1)$70,000 (2)$110,000 (3)$100,000 (4)$170,000。 【88乙級檢定試題】

(　　) 14.設備成本$20,000，估計可用4年，殘值$500，使用屆滿將予以報廢，則將產生報廢損益

(1)損失$500 (2)利益$500 (3)損失$4,875 (4)$0。 【88乙級檢定試題】

(　　) 15.大漢煤礦成本$120,000，估計蘊藏量爲20,000噸，又估計開採完畢後土地殘值爲$20,000，可開採4年，假設第一年開採3,000噸，則第一年底應提折耗額爲

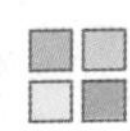

(1)$35,000 (2)$10,000 (3)$15,000 (4)$30,000。　【88乙級檢定試題】

(　　) 16. 以成本$60,000，市價$50,000，預估可用5年，殘值$10,000之機器（已使用2年），交換同性質之機器，市價$40,000並收到貼補現金差額，則交換之損益為 (1)利益$2,000 (2)利益$10,000 (3)損失$10,000 (4)不認列損益。　【88、92乙級檢定試題】

(　　) 17. 豪哥公司92年初購入房屋，成本$500,000，經估計可用20年，無殘值，該公司採直線法提折舊，使用至97年初方發現該屋尚可用10年，殘值$20,000，則97年之折舊額為
(1)$35,500 (2)$37,500 (3)$39,444 (4)$45,000。【88、92乙級檢定試題】

(　　) 18. 下列方法：甲、直線法，乙、工作時間法，丙、生產數量法，丁、定率遞減法，戊、變率遞減法，己、倍率遞減法之中，屬於加速折舊的方法有
(1)丁戊己 (2)甲乙丙 (3)甲丙戊 (4)乙丁戊。　【89乙級檢定試題】

(　　) 19. 三采公司接受某機構捐贈房地產一處，查該房屋成本$150,000，已提折舊$50,000，土地成本$250,000，另悉該房屋市價$200,000，土地市價$300,000，三采公司為該捐贈支付過戶登記費$5,000，則該交易應記之捐贈資本金額為 (1)$500,000 (2)$495,000 (3)$350,000 (4)$150,000。　【89乙級檢定試題】

(　　) 20. 自建資產之成本應包括 (1)分攤之銷管費用 (2)材料之營業稅 (3)建造期間應資本化之利息 (4)自製成本高於公平市價之差額。
【89、90乙級檢定試題】

(　　) 21. 福元公司92年初以$121,000購置機器一部，預估可用8年，殘值$9,000，採直線法提列折舊，96年初發現機器尚可使用6年，殘值$8,000，則該公司97年度折舊費用為
(1)$14,000 (2)$9,500 (3)$11,200 (4)$8,800。　【89乙級檢定試題】

(　　) 22. 七星公司於94年初取得成本$600,000，估計可用10年，殘值$40,000之機器，於94年7月初正式啓用，至97年初支付$80,000機器大修，估計可再使用10年，殘值不變，則97年底調整後，帳列累計折舊金額爲 (1)$114,000 (2)$110,000 (3)$80,000 (4)$121,000。

【89、91乙級檢定試題、常考題】

(　　) 23. 已經報廢之機器設備，留待未來出售者，其在資產負債表上應列作 (1)流動資產 (2)閒置資產 (3)固定資產 (4)長期投資。

【89、91乙級檢定試題】

(　　) 24. 台北公司95年初購入一項專利權$320,000，法定年限尚有10年，惟估計經濟效益僅有8年，97年初爲維護專利權支付訴訟費$60,000，並獲勝訴，則97年之專利權攤銷額爲
(1)$40,000 (2)$45,000 (3)$50,000 (4)$55,000。　　【89乙級檢定試題】

(　　) 25. 何嘉仁商店最近5年平均利潤爲$30,000，資本額爲$150,000，一般同業正常報酬率10%，若以平均利潤資本化法估算，則商譽價值爲
(1)$120,000 (2)$150,000 (3)$180,000 (4)$200,000。【89乙級檢定試題】

(　　) 26. 嘉義公司自91至93年間進行新產品研究，至93年底研究成功，3年間共付研究發展經費$600,000，94年初申請專利計付登記費$54,000，法定年限10年，預估經濟效益年限6年，則95年底調整後「專利權」餘額 (1)$36,000 (2)$60,000 (3)$436,000 (4)$460,000。

【89乙級檢定試題】

(　　) 27. 以本公司證券交換取得固定資產時，則固定資產成本之入帳原則爲 (1)以資產市價爲優先考慮 (2)以證券市價爲優先考慮 (3)以兩者市價中較客觀明確者爲準 (4)以專家之評定價格爲優先考慮。

【89乙級檢定試題】

(　　) 28. 依我國稅法規定，下列何項不得辦理資產重估價？

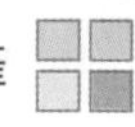

(1)油井 (2)專利權 (3)長期股票投資及長期債券投資 (4)商譽。
【90乙級檢定試題】

(　　)29.下列何者可依資產重估價辦法辦理重估價？
(1)土地 (2)存貨 (3)無形資產 (4)未攤銷費用。　【90乙級檢定試題】

(　　)30.大大公司93年初購入專利權$800,000，當時法定年限尚餘10年，預計經濟效益8年，96年初因環境變更，該項專利已失去價值，則96年初借記專利權損失
(1)$500,000 (2)$550,000 (3)$600,000 (4)$700,000。【90乙級檢定試題】

(　　)31.無形資產的評價應採 (1)成本價值 (2)目前公平市價 (3)收益資本化價值 (4)淨變現價值。　【90乙級檢定試題】

(　　)32.購置機器，定價$450,000，8折成交，並支付運費$12,000，關稅$20,000，安裝試車費$3,000及運送途中不慎碰撞之修復費$30,000，則該機器之入帳成本為 (1)$395,000 (2)$425,000 (3)$485,000 (4)$515,000。　【90乙級檢定試題、常考題】

(　　)33.景美公司自3月1日起，每月月初投入$80,000興建一棟房屋自用，該屋於6月1日完工。計算資本化之利息金額時，年累積支出平均數為
(1)$20,000 (2)$40,000 (3)$80,000 (4)$160,000。　【90乙級檢定試題】

(　　)34.94年10月1日小美公司以舊機器，交換同類新機器，舊機器成本$70,000，帳面價值$28,000，交換日市價$30,000，新機器標價$80,000，小美公司另外尚須支付現金$40,000，則取得新機器成本為
(1)$80,000 (2)$28,000 (3)$70,000 (4)$68,000。　【90乙級檢定試題】

(　　)35.萱萱公司以公平市價$300,000之舊卡車（成本$400,000，帳面價值$250,000）換入一輛較小型的新卡車，並另收現金$25,000，則萱萱公司所作的抵換分錄中，新卡車的成本及應承認之損益應為

(1)$225,000、損失$50,000 (2)$229,167、利益$4,167 (3)$229,167、利益$50,000 (4)$275,000、利益$50,000。 【90乙級檢定試題】

( ) 36.某資產成本$12,000，可用4年，殘值$2,000，按年數合計法計提折舊，則第2年底之帳面價值為 (1)$2,000 (2)$5,000 (3)$7,000 (4)$12,000。 【90乙級檢定試題】

( ) 37.96年7月1日三陽公司支付天藍公司$60,000購入版權，估計效益年限5年，則96年應攤銷費用若干？
(1)$12,000 (2)$6,000 (3)$3,000 (4)$1,500。 【91乙級檢定試題】

( ) 38.95年屏東公司開發某一產品，預計96年上市，公司為該產品花費下列成本：

| | |
|---|---|
| 研發部門成本 | $400,000 |
| 研發耗用之原物料 | 100,000 |
| 研究顧問費 | 120,000 |

公司估計該成本98年可全部回收，則該年度應認列多少研究發展費用？
(1)$0 (2)$620,000 (3)$500,000 (4)$120,000。 【91乙級檢定試題】

( ) 39.固定資產帳面價值去年底為$1,000,000，本年底為$1,800,000，本年出售資產之帳面價值$300,000，本年提列折舊$400,000。試問本年度之固定資產購置支出若干？ (1)$1,500,000 (2)$800,000 (3)$900,000 (4)$700,000。 【91乙級檢定試題】

( ) 40.興中公司96年1月3日購進機器一部，該機器估計可用8年，殘值$30,000。該機器採年數合計法提列折舊，98年度折舊費用為$65,000。試問該機器之取得成本為若干？
(1)$360,000 (2)$390,000 (3)$420,000 (4)$468,000。 【91乙級檢定試題】

(　　) 41. 若公司97年7月20日購入機器$1,100,000，稅法規定耐用年數10年，採平均法折舊，97年度折舊爲
(1)$110,000 (2)$100,000 (3)$50,000 (4)$41,667。　【91乙級檢定試題】

(　　) 42. 在下列各資產：甲、土地改良，乙、租賃權益，丙、租賃改良，丁、廠房設備之中，期末應該計提折舊的有
(1)甲乙丙 (2)甲丙丁 (3)甲乙丁 (4)乙丁。　【91乙級檢定試題】

(　　) 43. 某公司於97年12月1日以成本$3,000,000、累計折舊$2,000,000，機器一台交換新設備，交換時並取得現金$300,000，新設備市價爲$1,200,000。試依換入者爲性能相似之機器，計算其成本爲
(1)$600,000 (2)$800,000 (3)$1,000,000 (4)$1,200,000。
【91乙級檢定試題】

(　　) 44. 中華公司本年初將一部舊機器抵換一部同型的新機器，新舊機器有關資料如下：
舊機器：原始成本$12,000，帳列累計折舊$8,000，中古市場行情價$3,500。
新機器：定價$20,000，現金價$18,000，抵換應補貼現金$15,000。
試問新機器應入帳成本爲
(1)$15,000 (2)$18,000 (3)$19,000 (4)$20,000。　【91乙級檢定試題】

(　　) 45. 木柵公司96年7月1日自國外購入機器，購價$170,000，另付運費、關稅及保險費共$20,000，估計可用五年，殘值爲$40,000，若按年數合計法計提折舊，則98年度應提折舊
(1)$50,000 (2)$25,000 (3)$35,000 (4)$30,000。　【91乙級檢定試題】

(　　) 46. 甲公司接受捐贈土地，市價$450,000，公告現值$360,000，並支付過戶登記費$30,000及整地支出$20,000，則應借記土地成本爲
(1)$360,000 (2)$410,000 (3)$450,000 (4)$500,000。　【92乙級檢定試題】

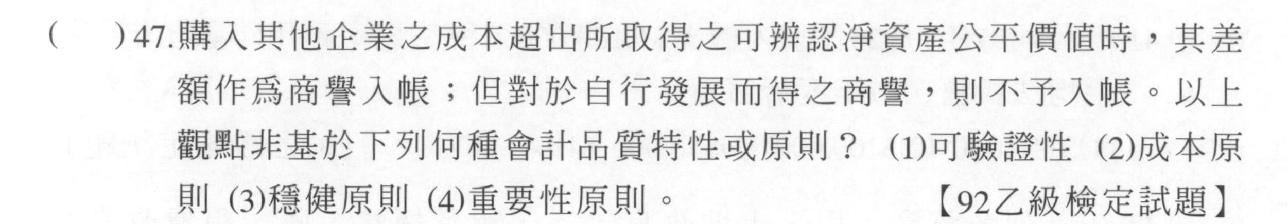

(　　) 47. 購入其他企業之成本超出所取得之可辨認淨資產公平價值時，其差額作爲商譽入帳；但對於自行發展而得之商譽，則不予入帳。以上觀點非基於下列何種會計品質特性或原則？ (1)可驗證性 (2)成本原則 (3)穩健原則 (4)重要性原則。【92乙級檢定試題】

(　　) 48. 遞延費用應
(1)不予資本化，發生時作費用處理
(2)資本化，並按估計之未來受益期間攤銷
(3)資本化，並在不超過20年之受益期間內攤銷
(4)資本化，除非顯然已無價值，否則不攤銷。【92乙級檢定試題】

(　　) 49. 固定資產成本包括 (1)進口關稅 (2)違約罰款 (3)營業稅 (4)交際費。【92乙級檢定試題】

(　　) 50. 某企業專案建造一項資產，於X年1月1日、3月1日、4月1日爲該項建造工作分別支出$500,000、$300,000及$400,000。若該資產於同年7月1日完工，則其六個月之累積支出平均數爲 (1)$200,000 (2)$800,0000 (3)$900,000 (4)$1,200,000。【92乙級檢定試題】

(　　) 51. 我國稅法所規定的折舊方法？ (1)年數合計法 (2)倍數餘額遞減法 (3)報廢法 (4)平均法。【92乙級檢定試題】

(　　) 52. 固定資產帳面價值去年底爲$1,000,000，本年底爲$1,800,000，本年出售資產之帳面價值$300,000，本年提列折舊$400,000。試問本年度之固定資產購置支出若干？ (1)$1,500,000 (2)$800,000 (3)$900,000 (4)$700,000。【92乙級檢定試題】

(　　) 53. 固定資產帳面價值去年底爲$1,000,000，本年底爲$1,800,000，本年出售資產之帳面價值$300,000，本年提列折舊$400,000。試問本年度之固定資產購置支出若干？ (1)$1,500,000 (2)$800,000 (3)$900,000 (4)$700,000。【93乙級檢定試題】

(　　) 54. 甲公司無條件接受土地損贈，其土地之會計記錄應依 (1)捐贈公司的原帳面價值 (2)捐贈時之公平市價 (3)該土地之歷史成本 (4)由稅捐機關評定其價值。【93乙級檢定試題】

(　　) 55. 仙台公司購進機器一部，定價$125,000，按八折成交，付款條件爲2/10，N/30，該公司對上項欠款，有半數在折扣期間內付款，另有半數在折扣期限後付款。此外，尙支付機器搬運費$500，裝置費$1,000，試車費$500，運輸途中損壞修理費$250，試問該機器帳列取得成本應爲若干元？ (1)$101,250 (2)$126,000 (3)$100,250 (4)$100,000。【93乙級檢定試題】

(　　) 56. 中華公司本年初將一部舊機器抵換一部同型的新機器，新舊機器有關資料如下：舊機器：原始成本$12,000，帳列累計折舊$8,000，中古市場行情價$3,500。新機器：定價$20,000，現金價$18,000，抵換應補貼現金$15,000。試問新機器應入帳成本爲 (1)$15,000 (2)$18,000 (3)$19,000 (4)$20,000。【93乙級檢定試題】

(　　) 57. 某資產成本$12,000，可用4年，殘値$2,000，按年數合計法計提折舊，則第二年底之帳面價値爲 (1)$2,000 (2)$5,000 (3)$7,000 (4)$12,000。【94乙級檢定試題】

(　　) 58. 已提足折舊之固定資產，如尙可繼續使用，則 (1)應改列其他資產，並將殘値按原折舊方法繼續提列折舊 (2)依重估剩餘耐用年限，將殘値按原折舊方法繼續提列折舊 (3)應改列其他資產，惟不得再提列折舊 (4)重新計算折舊數額，更正前期損益。

【94乙級檢定試題】

(　　) 59. 購入定價$100,000之機器乙部，商業折扣20%，付款條件2/10、N/20，第8天付款半數，第20天付清餘額，另支付運費$10,000，運送途中不愼損壞之修理費$3,000，安裝費$6,000，則該機器成本爲 (1)$94,400 (2)$95,200 (3)$96,000 (4)$98,200。【94乙級檢定試題】

## 二、是非題

(　)1. 傢具店購入桌椅應列爲固定資產。【88乙級檢定試題】

(　)2. 機器大修，估計僅能延長機器之使用年限，而不增加其價值，則應以資產成本列帳，每年可多提折舊費用。【88乙級檢定試題】

(　)3. 凡支出的結果並不能增加資產之價值，而僅能獲取收入者，所支出者則稱爲收益支出。【88、92乙級檢定試題】

(　)4. 若依我國稅法的規定，固定資產在採平均法提列折舊時，其殘價的預計方式應爲

$$\frac{\text{固定資產之實際成本}}{\text{耐用年限}+1}=\text{殘值。}$$

【88乙級檢定試題】

(　)5. 研究發展部門，其研究人員的獎金與紅利，應在損益表之上列報爲研究發展費用。【88乙級檢定試題】

(　)6. 租賃的會計處理可分爲營業租賃與融資租賃。【88乙級檢定試題】

(　)7. 聲寶公司產製之電視機，撥交娛樂中心供員工觀賞，在聲寶公司帳上則應將該電視機由存貨轉出，借記設備資產科目。

【89乙級檢定試題】

(　)8. 於土地周圍築一圍牆，其成本應以「土地改良」之帳戶入帳。

【89、90乙級檢定試題】

(　)9. 固定資產的成本，減除累計折舊後的餘額，稱爲帳面價值。

【89乙級檢定試題】

(　)10. 資本支出誤作收益支出，將使本期淨利少計，而下期淨利多計。

【89乙級檢定試題】

(　)11. 會計人員將可用55年之鋼筋水泥架構房屋一棟，按加強磚造房屋之

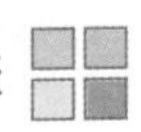

耐用年限35年提列折舊，2年後再改按55年提列折舊，此種情況應作爲會計估記之變更處理。【89乙級檢定試題】

(　)12.將天然資源的成本在其開採年限內合理之分攤，稱之折耗。
【89乙級檢定試題】

(　)13.無形資產一旦因敗訴、法令禁止、科技革新或經濟環境改變，而發現其經濟效益消失，仍按原定攤銷年限繼續攤銷。
【89乙級檢定試題】

(　)14.處分固定資產損失應列爲營業外費用；而處分固定資產利益依我國財務會計準則公報之規定應直接列入資本公積。
【89、91乙級檢定試題、常考題】

(　)15.有利於產品製造的專利權，其攤銷費用應作爲產品成本的一部分。
【89、92乙級檢定試題】

(　)16.處分固定資產損失應列爲營業外費用；而處分固定資產利益依我國財務會計準則公報之規定應直接列入資本公積。
【89、91乙級檢定試題】

(　)17.依資產重估價辦法規定，遞耗資產不得辦理重估價。
【90乙級檢定試題】

(　)18.企業在籌備開辦期間所產生之各項支出應資本化列入開辦費，以後不攤銷。【90乙級檢定試題】

(　)19.無形資產攤銷時之分錄爲借記「該無形資產科目」，貸記「各項攤銷」。【90乙級檢定試題】

(　)20.依我國稅法規定，營利事業之固定資產修繕或購置，其耐用年限不及二年或支出金額不超過$60,000者，得以當年度費用入帳。
【90乙級檢定試題】

(　　) 21. 購進土地時，如連同購進待拆除之舊屋，其總成本應作爲取得土地之成本處理。【90乙級檢定試題】

(　　) 22. 按年分攤之折舊爲固定成本，而以生產數量法計提之折舊則屬變動成本。【90乙級檢定試題】

(　　) 23. 凡是屬企業所有之土地，均視爲固定資產之一部分，而無須提列折舊。【91乙級檢定試題】

(　　) 24. 依所得稅法之規定，固定資產採定率遞減法提折舊者，其殘值爲成本的十分之一。【91乙級檢定試題】

(　　) 25. 報稅時採用直線法提列折舊之企業，帳上仍可採用加速折舊法。【91乙級檢定試題】

(　　) 26. 土地改良支出若具永久性者，應列爲土地成本；若不具永久性者，則應以「土地改良物」入帳，並分期攤銷。【91乙級檢定試題】

(　　) 27. 開立長期不附息應付票據，購入固定資產時，應將該項票據面額，按公平市場利率折算之現值，作爲固定資產的成本。【91乙級檢定試題】

(　　) 28. 無形資產之攤銷年限，應以法定或約定年限與經濟效益之年限中較短者爲準。【91乙級檢定試題】

(　　) 29. 無形資產例如商譽、商標權、專利權、著作權、特許權等，都應分別列示，向外購買之無形資產，應該按實際成本予以入帳；自行發展之無形資產，其屬不能明確辨認者，例如商譽，不得入帳。【91乙級檢定試題】

(　　) 30. 固定資產在發生意外災害之非常修理費用，應作爲資本支出。【91乙級檢定試題】

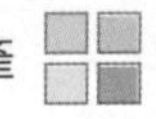

(　　)31.依我國財務會計準則公報之規定，已無使用價值之固定資產，應按其淨變現值或帳面價值之較低者轉列適當科目，其無淨變現價值者，應將成本與累計折舊沖銷，差額轉入損失。

【91乙級檢定試題】

(　　)32.凡長期性資產，不論有形或無形，亦不論其用途爲何，均應列爲固定資產。【92乙級檢定試題】

(　　)33.不同類固定資產之交換，只有交換損失可入帳，交換利益不可入帳。【92乙級檢定試題】

(　　)34.換修工廠屋頂可使用多年，故列爲資本支出。【92乙級檢定試題】

(　　)35.依我國專利法規定專利之法定年限新式樣爲5年，新發明專利權爲10年，新型專利權爲15年。【92乙級檢定試題】

(　　)36.處分固定資產利益，於轉列資本公積時，不得減除當年度處分固定資產之損失。【92乙級檢定試題】

(　　)37.按年分攤之折舊爲固定成本，而以生產數量法計提之折舊則屬變動成本。【93乙級檢定試題】

(　　)38.我國稅法規定，開辦費屬遞延借項，應分年攤銷，每年攤提金額不得超過原額25%。【93乙級檢定試題】

(　　)39.依資本租賃契約所承租的資產應列爲固定資產。

【93乙級檢定試題】

(　　)40.無形資產即使因敗訴、法令禁止、科技革新或經濟環境改變，而發現其經濟效益消失，仍應按原定攤銷年限繼續攤銷。

【93乙級檢定試題】

(　　)41.固定資產的成本，減除累計折舊後的餘額，稱爲帳面價值。

【93乙級檢定試題】

(　　)42.報稅時採用直線法提列折舊之企業，帳上仍可採用加速折舊法。
【93乙級檢定試題】

(　　)43.採定率遞減法計提折舊，應假設其殘值至少爲$1，否則將在使用資產的第一年全數提盡折舊。
【94乙級檢定試題】

(　　)44.不同類固定資產之交換，只有交換損失可入帳，交換利益不可入帳。
【94乙級檢定試題】

(　　)45.於土地周圍築一圍牆，其成本應以「土地改良」帳戶入帳。
【94乙級檢定試題】

## 三、計算題

1. 全華公司於93年至97年間進行新產品的研究，至97年研究成功，五年中共支付研究發展費用$4,560,000，98年初將此研發成果申請專利並支付登記費$720,000，此專利有10年經濟效益，99年初因該產品被仿冒，經訴訟判決勝訴，共支付訴訟費用$27,000，惟由於競爭激烈縮短其經濟年限至101年止。

   試作相關分錄。

2. 長榮公司於95年1/1購入運輸卡車20輛，每輛成本$1,000,000，估計可用年限五年，殘值每輛$100,000，採集體折舊法及直線法計提折舊，該公司於96年底出售卡車4輛，得款$722,000，於97年初又購入卡車2輛，每輛成本$850,000，殘值每輛$110,000，98年初將所有卡車出售以每輛$200,000價格賣出。

   試作相關分錄。

3. 06年8月1日誠意公司和平民公司交換資產，誠意公司的資產爲“資產A”,平民公司的資產爲“資產B”，。下列爲有關資料：

| | 資產A | 資產B |
|---|---|---|
| 原始成本 | $950,000 | $1,000,000 |
| 累計時折舊（交換日） | 450,000 | 500,000 |
| 交換日的公平市價 | 600,000 | 800,000 |

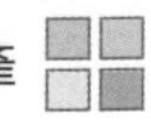

| | | |
|---|---|---|
| 誠意公司支付的現金 | 220,000 | |
| 平民公司收到的現金 | | 220,000 |

試作：

(1) 假設資產A及資產B為不同種類

(2) 如其為同種類請個別記錄誠意公司和平民公司之分錄。

4. 06年初大漢公司以$600,000取得某項產品的專利權，其剩餘法定年限為12年，預計經濟耐用年限為6年。此外，在07年因該項專利權而發生訴訟，並於1月份經法院判決勝訴。其因此產生的訴訟費用為$30,000。爾後，由於此產品有害大眾健康，大漢公司於09年回收該產品。

   試作：06、07、08、09年所有與專利權相關分錄。

5. 玲家公司於06年5月購買機器一部，計支付三筆價款：

   | | |
   |---|---|
   | 5月1日 | $1,000,000 |
   | 5月10日 | 600,000 |
   | 5月15日 | 400,000 |

   該機器於6月1日安裝完成，正式啟用。該公司有下列負擔利息之借款：

   為購買該機器於5月初借款$500,000，年利率12%

   5月前借入短期借款$400,000，年利率15%

   5月前借入長期借款$600,000，年利率8%

   試計算該機器資本化之利息。

6. 全華公司民國04年發生下列研究發展成本：

   | | |
   |---|---|
   | 研究發展計劃耗用材料 | $1,000,000 |
   | 購入研究發展計劃用設備，可用於其他計劃 | 2,000,000 |

   （該項設備耐用年限5年）

| | |
|---|---:|
| 研究發展計劃有關人員薪資 | 2,000,000 |
| 支付研究發展顧問費 | 320,000 |
| 可合理分攤予研究發展計劃之間接成本 | 200,000 |

試問應列入民國04年損益項目的研究發展成本有多少？

7. 河川公司新開發一種套裝軟體，依據一般公認會計原則所資本化之成本為$2,000,000，自03年開始行銷，當年度之銷貨收入為$1,000,000，以後年度之估計銷貨收入為；04年：$1,200,000，05年：$1,800,000，06年：$2,000,000，07年：$800,000，08年：$400,000。預計至08年底及無價值。

   試作：依據一般公認會計原則計算各年度之攤銷額及攤銷分錄。

8. 下列何者應包括於廠房及設備資產成本（含成本之減項）：

   (1) 發票價格
   (2) 標價
   (3) 運費
   (4) 已取得之現金折扣
   (5) 未取得之現金折扣
   (6) 安裝成本
   (7) 試車成本
   (8) 舊機器買入使用前之翻修
   (9) 建築前土地的填平成本
   (10) 街道改良的工程受益費
   (11) 新購土地之欠繳地價稅
   (12) 清除原有建築物以供新建的成本
   (13) 建築期間的保險費

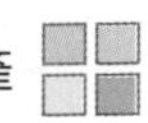

(14) 公司創業階段的虧損

(15) 建築期間的利息

9. 和平公司民國07年12月31日之淨資產公平市價爲$100,000，預估未來每年可獲致純益$18,000。

試作：按下列假設分別計算商譽價值。

(1) 盈餘按15%資本化計算企業價值

(2) 淨資產之正常報酬率爲12%，以六年之超額盈餘計算商譽。

(3) 淨資產之正常報酬率爲10%，超額盈餘按20%資本化計算商譽。

(4) 淨資產之正常報酬率爲13%，預期超額盈餘將持續五年，商譽按現值法評價，折現率爲15%。（5年，利率15%之每元年金現值爲3.784）

10. 全華公司於03年5月1日購進機器乙部，成本$1,220,000，估計可用10年，殘值爲$120,000。08年4月1日出售該機器得款$300,000。

假設該公司係採：

(1) 年數合計法。

(2) 雙倍定率餘額遞減法。

試作成該公司於08年4月1日補提折舊及出售資產的必要分錄。

11. 全成公司08年7月1日購入機器乙部$20,000,000，因安裝時不慎發生人爲損壞，支付修理費$300,000，誤借記機器科目，該機器耐用年限3年，殘值爲成本的十分之一，採直線法提列折舊，若該錯誤分別於下列時點發現，則應作之更正分錄爲何？

(1) 08年底調整後結帳前。

(2) 09年初。

(3) 10年底結帳後。

Note

# part II

# 負債篇

CHAPTER 6

Accounting

# 流動負債與長期負債

一、負債的意義與分類

二、流動負債

三、或有負債

四、長期負債

# 一、負債的意義與分類

## (一) 意義

所謂負債，係指企業因過去所發生之交易，而須於未來移轉資產或提供勞務來償還的義務，因而犧牲未來的經濟效益。

## (二) 種類

負債按到期日的長短，可分爲流動負債以及長期負債兩類。

1. **流動負債**

   係指將於一年內或一營業週期內（以較長者爲準）以流動資產或新的流動負債償還之負債。例如：應付帳款、應付票據、應付薪資…等。若其他有非因營業活動而產生，但將於一年內或一營業週期內（以較長者爲準）到期者，亦屬於流動負債之範圍。

2. **長期負債**

   凡不須於一年內或一營業週期內（以較長者爲準）以流動資產或新的流動負債償還之負債即屬於長期負債。例如：長期借款、應付公司債…等。

# 二、流動負債

## (一) 流動負債的內容

流動負債的內容，分爲負債確定者與負債不確定者兩類，以下列之架構圖顯示之：

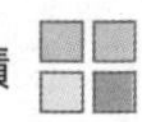

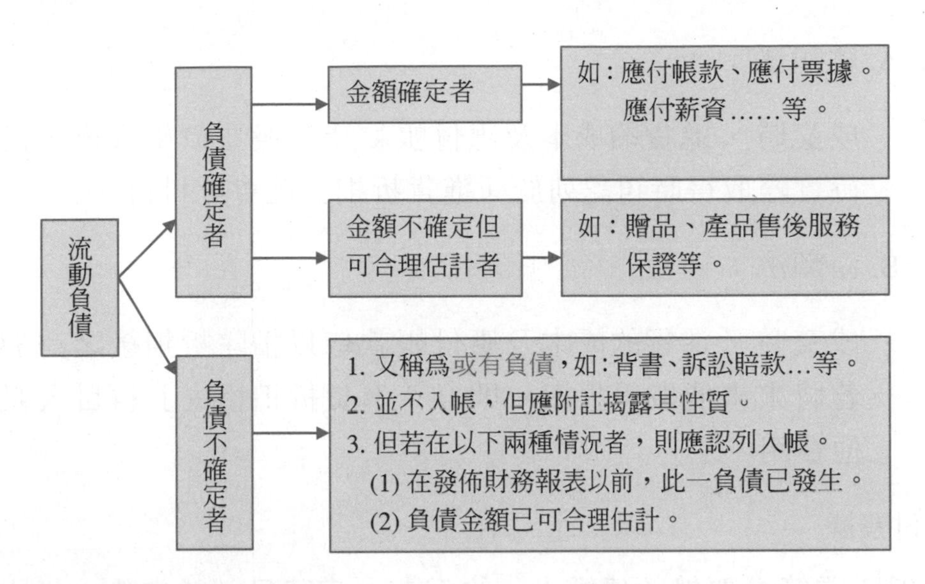


## (二) 金額確定的流動負債種類

### 1. 銀行透支

銀行透支係指企業於銀行存款，但當企業存款不足而在一定的金額內，則由銀行代墊，以避免企業遭到退票。企業若在同一銀行有同性質的存款，則可與透支抵銷，以淨額列示，但若不爲同一銀行，則不可抵銷。

### 2. 短期借款

短期借款係指一年內或一營業週期內（以較長者爲準），分因營業活動而產生之借款，以供企業短期周轉之用。

### 3. 應付帳款

企業因賒購商品、勞務、原料等而產生之負債。

(1) 入帳時間

凡商品的所有權已移轉至我方時，便可承認進貨及應付帳款。

(2) 成本評價

進貨時常有折扣產生，最常見的有「現金折扣」。「現金折扣」之認列方式計有「總額法」及「淨額法」兩種。

A. 總額法：

成交時，進貨的成本及應付帳款皆以發票價格入帳，而進貨折扣待實際取得時再認列於「進貨折扣」此會計科目。

B. 淨額法：

成交時，進貨的成本及應付帳款皆以扣除折扣後之淨額入帳，倘若將來未能取得折扣，則以「進貨折扣損失」科目入帳，視爲其他費用。

4. 應付票據

係指企業簽發票據給債權人，約定在一定時日（通常是一年內）無條件支付與對方的債務憑證。包括附息及不附息應付票據，詳細說明如下：

(1) 附息票據

【釋例】 票面利率＝市場利率（票據面額＝現值）

大興公司06/7/31向銀行貸款$30,000，開出3個月本票一張$30,000，附息年利10%。試作：借款與到期還款分錄。

解

| | 日期 | 科目 | 借方 | 貸方 |
|---|---|---|---|---|
| (1) | 07/31 | 現金 | 30,000 | |
| | | 應付票據 | | 30,000 |
| (2) | 10/31 | 應付票據 | 30,000 | |
| | | 利息費用 | | 750 |
| | | 現金 | | 30,750 |

【釋例】　票面利率≠市場利率

大立公司於06/7/1日開具本票一紙，面額$30,000，附息8%向大漢公司調借現金8個月，市場利率9%，試作相關分錄。

解　到期值＝$30,000×（1＋8％×8/12）＝$31,600

現值＝到期值／（1＋實際利率×期間）

＝$31,600 /（1＋9％×8/12）＝$29,811

全期實際利息＝到期值－現值＝$31,600－$29,811＝$1,789

折價＝面額－現值＝$30,000－$29,811＝$189

| | | 借 | 貸 |
|---|---|---|---|
| (1) 7/31 | 現金 | 29,811 | |
| | 應付票據折價 | 189 | |
| | 應付票據 | | 30,000 |
| (2) 12/31 | 利息費用 | 1,341* | |
| | 應付票據折價 | | 141 |
| | 應付利息 | | 1,200** |

*29,811×9%×6/12

**30,000×8%×6/12應付票據折價爲應付票據的減項。

| | | 借 | 貸 |
|---|---|---|---|
| (3) 07/3/1 | 應付票據 | 30,000 | |
| | 應付利息 | 1,200 | |
| | 利息費用 | 448 | |
| | 現金 | | 31,600 |
| | 應付票據折價 | | 48 |

(2) 不附息票據

【釋例】 不附息票據

若大興公司向銀行貸款，開出6個月本票一張$30,000，不附息，當時市場利率6%，則應以折現值入帳，試作相關分錄。

解 票據折價＝票面到期值－[到期值／（1＋利率×期間）]

$30,000－【$30,000 /（1＋6%×6/12）】＝$874

| 科目 | 借方 | 貸方 |
|---|---|---|
| 現金 | 29,126 | |
| 應付票據折價 | 874 | |
| 　應付票據 | | 30,000 |

5. 存入保證金

企業因營業需要，向顧客收取押金或保證金，以作爲損害賠償之擔保者，稱爲存入保證金，存入保證金應於退還之期限內，列於流動負債或長期負債項下。

6. 長期負債一年內到期之部分

應屬於流動負債，但有二個例外：

(1) 已提列償債基金之長期負債。

(2) 將以償還一年內到期之負債者。

7. 應付現金股利

指本期已宣告，但尚未發放之股利，此項目不包括股票股利。

(1) 宣布發放現金股利時：

| 科目 | 借方 | 貸方 |
|---|---|---|
| 保留盈餘 | ×× | |
| 　應付股利 | | ×× |

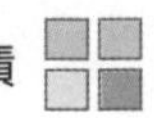

(2) 正式發放現金時：

| | | |
|---|---|---|
| 應付股利 | ×× | |
| 　現　金 | | ×× |

8. 應計負債

此負債係指已經發生但尚未記錄的負債，應於期末加以調整之。例如應付薪資、應付財產稅…等等。

9. 預收收入

係指企業未提供商品或勞務前，便收取款項之負債。

10.應付營業稅

我國係屬加值型營業稅，係根據營業額之多寡來計算營業稅，詳細的會計處理請參照稅務會計等相關書籍，其基本分錄如下：

| | | |
|---|---|---|
| 營業稅費用 | ×× | |
| 　應付營業稅 | | ×× |

11.代扣款項

企業代政府所扣繳之所得稅、保險費…等等，所以給員工薪資時分錄如下：

| | | |
|---|---|---|
| 員工薪資 | ×× | |
| 　現金 | | ×× |
| 　代扣所得稅 | | ×× |
| 　代扣保險費 | | ×× |

12.應付所得稅

企業於次年度向國庫繳所得稅，但每年之所得稅費用早已發生，故於當年底時須先估計應付所得稅入帳，以免高估淨利。

## (三) 金額不確定的流動負債種類

負債之金額若於當年度無法確知，那麼期末時，便須先以估計的方式認列其負債。通常估計之負債有二種：

1. 產品售後服務保證

係指企業銷售產品時附有售後服務保證，在保證期間內因正常使用而損壞或產品有瑕疵，則由企業免費修理或更換。由於售後服務保證係因銷售產品而連帶發生，故無論其實際支付修理費是何時，銷售年度須估計可能產生之修理費，才符合成本與收入配合原則。其會計處理計有保證費用計提法及保證收益計提法兩種：

(1) 保證費用計提法：

本法於每年底就銷售產品之保固期限，估計修理費用，借記「產品售後服務保證費用」，貸記「估計售後服務保證負債」。

(2) 保證收益計提法：

本法係將銷售視爲同時出售「產品」以及「售後服務」。眞正的銷售收入係由銷貨中減除估計的修理費用，而估計的修理費用係以「未實現售後服務保證收入」入帳。當實際發生修理費用時，再將「未實現售後服務保證收入」轉入「已實現售後服務保證收入」。「未實現售後服務保證收入」依保證期間之長短，分別列爲流動負債或長期負債。

【釋例】 保證費用計提法與保證收益計提法

勞力士錶公司於06年共銷售一萬隻錶，每隻售價$400,000，售後服務保證期間爲一年。根據以往的實際經驗，每隻錶平均保證成本約爲售價之0.5％。相關分錄如下：

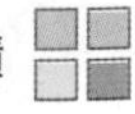

解 (1) 保證費用計提法

銷售時

| | | |
|---|---|---|
| 現金 | 4,000,000,000 | |
| 銷貨收入 | | 4,000,000,000 |

期末估計服務保證負債

| | | |
|---|---|---|
| 產品服務保證費用 | 20,000,000 | |
| 估計產品保證負債 | | 20,000,000 |

實際發生修理費時再沖轉「估計產品保證負債」。

(2) 保證收益計提法

| | | |
|---|---|---|
| 應收帳款 | 4,000,000,000 | |
| 銷貨收入 | | 3,980,000,000 |
| 未實現服務保證收入 | | 20,000,000 |

修理時：

| | | |
|---|---|---|
| 服務保證負債 | ××× | |
| 現金 | | ××× |
| 未實現服務保證收入 | ××× | |
| 服務保證收入 | | ××× |

2. 贈品

企業爲刺激銷售量，常以贈送贈品作爲促銷手段，要求顧客將瓶蓋、貼紙等寄回公司，即可兌換贈品。此「贈品費用」應列爲「銷售費用」，於產品銷售當期認列，所以於銷售當年底時，必須估計顧客可能寄回兌獎的比例，分別認列爲「贈品費用」及「估計應付贈品」。

【釋例】 贈品

大興公司06年5月1日舉辦贈品活動，顧客集滿空盒五個即能換取金幣一枚。根據以往經驗有80％會寄回空盒換贈品，購進金幣總數10,000個，每個$2,000，該公司銷售20,000個單位，已收到顧客寄回12,000個。

解

| | | | |
|---|---|---|---|
| 1. 購入贈品時 | 贈品存貨 | 20,000,000 | |
| | 　現金 | | 20,000,000 |
| 2. 期末認列贈品費用 | 贈品費用 | 6,400,000 | |
| | 　估計贈品負債 | | 6,400,000 |

20,000/5×$2,000×80％＝6,400,000

3. 兌換贈品時

| | | |
|---|---|---|
| 估計贈品負債 | 4,800,000 | |
| 　贈品存貨 | | 4,800,000 |

(12,000÷5)×$2,000＝4,800,000

3. 兌換券

有一種專營點券贈品的公司，以出售類似郵票而有不同面額的點券給零售商或製造商，此種點券亦是促銷手法之一。其會計處理與上述雷同。

## 三、或有負債

係指負債是否發生尚不確定的負債。或有負債的特性有三：

1. 該負債係存在於過去。
2. 該負債最後的結果尚不確定。
3. 該負債最後的結果，有賴於未來事項的發生與否來加以證實。

較常見之或有負債主要有下：

### (一) 應收票據貼現

在票據未到期前，貼現人仍對貼現票據有到期償還的責任，此負債是否發生，在票據到期前均不能確定，故對貼現人而言係一種或有負債。

## (二) 債務保證

企業爲其他公司之債務作保，在保證期間內，其責任尚未解除，企業仍負有償債責任，爲一種或有負債。

## (三) 積欠累積特別股利

爲一種或有負債，但在累積特別股利未宣發告發放前，不必入帳處理，但仍須附註揭露。

## (四) 未解決的訴訟案件

若確定可能敗訴，則應認列爲估計負債入帳；但若敗訴的可能性不大，則僅須在報表上附註說明即可。

或有負債之詳細處理方式，以下表詳細說明之：

| 或有負債發生之可能性 | 金額是否可合理估計 | |
|---|---|---|
| | 能合理估計者 | 不能合理估計者 |
| 很有可能 | 應估計入帳 | 毋須估計入帳，但應附註揭露其情形 |
| 有可能 | 毋須估計入帳，但應附註揭露其情形 | 毋須估計入帳，但應附註揭露其情形 |
| 極不可能 | 毋須估計入帳，亦不須揭露其情形 | 毋須估計入帳，亦不須揭露其情形 |

由上表可知，或有負債乃依其發生的「可能性」及「金額能否合理估計」來決定是否要入帳或者是揭露，其可能性之說明如下：

1. 很有可能：係指事項未來發生或不發生的機率相當大。
2. 有可能：係指事項未來發生或不發生的機率介於「很有可能」或「極不可能」之間。
3. 極不可能：係指事項未來發生或不發生的機率相當小。

# 四、長期負債

## (一) 長期負債的內容

凡不須於一年內或一營業週期內（以較長者為準）以流動資產或新的流動負債償還之負債即屬於長期負債。例如：應付公司債、長期應付票據、長期借款…等等。其中又以應付公司債及長期應付票據最為常見，故本節針對此兩項特別說明之。

## (二) 應付公司債

係指企業為了籌措資金，以債務證券的方式，約定於特定日期支付本金，並分期支付一定利息給債券持有人的負債。

1. 公司債的發行

(1) 付息日發行：

若公司債於付息日發行，則公司債的發行價格等於所支付本金與利息之有效利率（實利率）的折現值。公司債的發行價格與票面價格是否一致，端視票面利率與市場利率是否一致而定，其關係如下表：

| 情況 | 影響 | 名稱 |
|---|---|---|
| 票面利率＞市場利率 | 發行價格＞票面價格 | 溢價發行 |
| 票面利率＝市場利率 | 發行價格＝票面價格 | 平價發行 |
| 票面利率＜市場利率 | 發行價格＜票面價格 | 折價發行 |

所謂票面利率，又稱名義利率或名目利率，係指公司債票面上所載之利率；而所謂市場利率，又稱有效利率、實利率、公平利率等係指公司債實際發行時，投資人所願意接受的投資報酬率，該利率亦是用來計算公司債實質價值之利率。

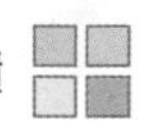

(2) 付息日與付息日間發行：

若公司債在付息日與付息日間發行，則須計算已過期之利息。其相關會計處理如下所示：

| 平　價　發　行 | 溢　價　發　行 | 折　價　發　行 |
|---|---|---|
| 借：現金（售價）<br>　貸：應付公司債（面值） | 借：現金（售價）<br>　貸：應付公司債（面值）<br>　　　公司債溢價 | 借：現金（售價）<br>　　公司債折價<br>　貸：應付公司債（面值） |

【釋例】　公司債在付息日與付息日間發行

大興公司之公司債於9/1發行，而付息日於每年的6/30及12/31，則發行價格須再加上7/1～9/1兩個月之利息，而持有者12/31領利息時，事實上只領四個月利息，若大興公司折價發行則分錄：

| | | |
|---|---|---|
| 現金 | ××××| |
| 公司債折價 | ×××× | |
| 　應付公司債 | | ×××× |
| 　利息費用 | | ×××× |

2. 折溢價的攤銷

公司債面額與發行價格之差額係爲折溢價金額，折溢價金額須於公司債存續期間加以攤銷。當溢價發行公司債時，所多收取的現金係用來彌補未來的利息支出，但利息按票面利率支付，事實上利息費用並沒這麼多，此即爲溢價攤銷，使未來利息支出減少。反之，折價發行時，係未來利息支出增加。攤銷方法有兩種：

(1) 直線法：

即將折溢價總額，平均分配於各期，每期攤銷之金額均相同。

折（溢）價總值／債券總期數＝每期折（溢）價攤銷額

(2) 有效利息法（實利率法）：

根據公司債發行時實際之市場利率，來計算每期之利息費用。

折價攤銷表

| | A | B | C | D |
|---|---|---|---|---|
| 期次 | 票面利息＝<br>票面金額×票面利率 | 利息費用＝<br>上期D×實利率 | 折價攤銷＝<br>B－A | 帳面餘額＝<br>上期D＋本期C |
| 0 | | | | |
| 1 | | | | |
| 2 | | | | |
| 3 | | | | |
| 4 | | | | |
| 5 | | | | |
| . | | | | |
| . | | | | |
| N | | | | |

溢價攤銷表

| | A | B | C | D |
|---|---|---|---|---|
| 期次 | 票面利息＝<br>票面金額×票面利率 | 利息費用＝<br>上期D×實利率 | 溢價攤銷＝<br>A－B | 帳面餘額＝<br>上期D－本期C |
| 0 | | | | |
| 1 | | | | |
| 2 | | | | |
| 3 | | | | |
| 4 | | | | |
| 5 | | | | |
| . | | | | |
| . | | | | |
| N | | | | |

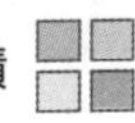

3. 公司債發行成本

(1) 成本種類：

公司債發行時，必須支付的成本計有印刷費、廣告費、印花稅、簽證費……等等，這些成本應在公司債存續期間，作合理而有系統的分攤。

(2) 報表表達：

公司債發行成本應以單獨的會計科目列帳，再逐期轉為「公司債發行費用」，期末公司債發行成本尚有餘額時，則於財務報表上列為「遞延資產」。

【釋例】 公司債發行成本

彰化公司96年7月1日發行面值$1,000,000，利率8%，5年期之公司債，每年6月30日及12月31日各付息一次，當時市場利率9%，發行價格$960,437，另支付發行費用$24,390，溢（折）價採利息法攤銷，發行成本逐期攤入利息費用，則96年度利息費用為
(1)$40,000 (2)$40,456 (3)$45,835 (4)$46,248。

【89乙級檢定試題】

解 $960,437×4.5%＝$43,339

$24,390÷10＝$2,439

$43,339＋$2,439＝$45,835

~您答對了嗎？~

4. 公司債之償還

公司債的償還分為到期償還與提前償還兩者，茲分別說明於下：

(1) 到期償還：

此時公司債的面值會等於帳面價值，故其會計分錄爲：

| | | |
|---|---|---|
| 應付公司債 | ××××| |
| 　現　金 | | ×××× |

(2) 提前償還：

係指公司債未到期日前，便以現金或新的債務償還之公司債。通常提前清付之方式有下列三種：

A. 自公開市場買回註銷：

【釋例】 大興公司之公司債面值爲$200,000，未攤銷溢價爲15,000，未攤銷發行成本爲5,000，提前由公開市場買回註銷的價格爲$250,000，試作其分錄。

解

| | | |
|---|---|---|
| 應付公司債 | 200,000 | |
| 公司債溢價 | 15,000 | |
| 非常損益－提前清償債務 | 40,000 | |
| 　現金 | 250,000 | |
| 　遞延公司債發行成本 | | 5,000 |

B. 贖回權利的行使：

贖回價格若超過公司債之淨帳面價值時，則贖回公司債損失應列爲非常損失，反之，有利益則列爲非常利益，處理方式與自公開市場買回註銷的方式相同。

C. 舉借新債償還舊債：

若公司債到期前，企業發行新債來償還公司債，亦屬於提前清

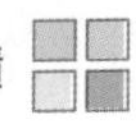

償之一種。以新債之現值為收回價格，以此收回價格再與舊債之淨帳面價值相比較則得出提前清償之損益，此損益亦列為非常損益。

【釋例】 舉借新債還舊債

大興公司發行十年期公司債$1,030,000，面額$1,000，償還即將到期之債務$1,000,000。試作相關分錄。

解

| 科目 | 借 | 貸 |
|---|---|---|
| 現金 | 1,030,000 | |
| 　應付公司債（新） | | 1,000,000 |
| 　公司債溢價 | | 30,000 |
| 應付公司債 | 1,000,000 | |
| 　現金 | | 1,000,000 |

5. 可轉換公司債

係指公司債持有人可於規定期間內，按轉換比例將公司債轉換為普通股，而公司債持有人亦由債權人的角色轉換為股東。企業為了吸引投資者購買公司債，便可選擇發行可轉換公司債，讓公司債持有人在規定時間內，按一定比例轉換成普通股，採用此種方式可使發行公司以低於市場利率的情況發行公司債，日後若投資者轉換成普通股，亦可加強發行公司的資本內容，健全公司財務。

可轉換公司債的相關會計處理方法計有公平市價法與帳面價值法兩種，分述如下：

(1) 公平市價法：

係將投入資本以普通股之公平市價入帳，再將其與轉換日的債券帳面價值比較，並承認轉換損益。實務上係依股票或公司債兩者之公平市價較為明確者入帳，並認列轉換損失，其會計處理如下：

應付公司債　　　×××（帳面價值）
公司債溢價　　　×××（帳面價值）
公司債轉換損失　×××（市價＞帳面價值時）
　　股　　本－普通股　　　　×××（市價）
　　資本公積－普通股溢價　　×××（市價）
　　公司債轉換利益　　　　　×××（市價＜帳面價值時）

(2) 帳面價值法：

係將投入資本以轉換日的債券帳面價值入帳，其中「股本」部分按股票面值乘以轉換股數，其餘則列入「資本公積」，不承認轉換損益，其會計處理如下：

應付公司債　　　×××
公司債溢價　　　×××
　　股　　本－普通股　　　　×××
　　資本公積－普通股溢價　　×××
（資本公積＝公司債帳面價值－股本面額）

## (三) 長期應付票據

長期應付票據與應付公司債的內涵相似，均需要還本付息，但票據期限通常較公司債爲短。長期應付票據計可分爲「附息票據」及「不附息票據」兩種，茲分別說明如下：

1. 附息票據

係指票據上附有利率者，此時票據面值等於現值，利息費用等於票據面額乘以票面利率。

2. 不附息票據

係指票據上不附有利率者，此時票據之面額等於到期值，內含利息在內，所以應以票據之折現值入帳，票據面值與現值之差額則以「應付票據折價」入帳，列爲應付票據之抵銷科目，隨著時間轉爲利息費用。

【釋例】　附息票據以及不附息票據

大興公司於8/1持$100,000票據向銀行融資九個月。試依下列三狀況作適當的會計處理。

解

(1) 附息18%：

| | | |
|---|---|---|
| 現金 | 100,000 | |
| 　應付票據 | | 100,000 |

(2) 附息6%，但市場利率9%，須計算其現值：

$100,000×(1＋0.06×9/12) = $104,500..........................到期值

$104,500÷(1＋0.06×9/12) =$97,892..............................現值

$100,000－97,892 = $2,108..............................................折價

| | | |
|---|---|---|
| 現金 | 97,982 | |
| 應付票據折價 | 2,108 | |
| 　應付票據 | | 100,000 |

(3) 不附息票據，其利息實隱含於票據面值中（市場利率9%）

$100,000÷（1＋0.09×9/12）= $93,677..........................現值

$100,000－93,677 = $6,323..........................................折價數

| | | |
|---|---|---|
| 現金 | 93,677 | |
| 應付票據折價 | 6,323 | |
| 　應付票據 | | 100,000 |

# ▶ 練習題

## 一、選擇題

(　　)1. 長期負債將於一年內即將到期，然公司已指撥償債基金準備，試問應將此負債列為 (1)流動負債 (2)長期負債 (3)流動資產 (4)以上皆非。

(　　)2. 流動負債是以何項目作為支付工具 (1)現金及預收貨款 (2)預付帳款及應付帳款 (3)流動資產及舉借流動負債。

(　　)3. 簽發本公司之票據，向銀行貼現則發生 (1)或有負債 (2)估計負債 (3)長期負債 (4)流動負債。

(　　)4. 負債尚未確定發生，但有可能發生也可能不發生稱為 (1)估計負債 (2)流動負債 (3)或有負債 (4)長期負債。

(　　)5. 流動負債是指一年內或一個營業週期內，何者為準？ (1)較短者 (2)較長者。

(　　)6. 下列何者為應計負債？ (1)抵押借款 (2)應付薪資 (3)即將到期公司債 (4)應付股票股利。

(　　)7. 代收勞保費是屬於 (1)流動資產 (2)基金及投資 (3)流動負債 (4)其他負債。

(　　)8. 下列何者為估計負債 (1)估計產品保證負債 (2)應付薪資 (3)預收租金 (4) 抵押借款。

(　　)9. 持應收票據向銀行貼現產生 (1)流動負債 (2)估計負債 (3)遞延負債 (4)或有負債。

(　　)10. 開立附息短期票據購買機器設備，不應以何者作為入帳基礎 (1)面值 (2)現值 (3)到期值。

(　　) 11. 漢家公司發行面額$100,000，利率14%，五年期的公司債，付息日爲6/30及12/31。公司以109,854出售債券，當時市場利率12%。第一次付息日記錄借利息費用爲多少？設採用利息法攤銷折溢價
(1)$6,000 (2)7,689.80 (3)6,591.20 (4)13,182.50。

(　　) 12. 合理公司在93年1月1日發行$497,000，10%，三年期的抵押票據，每年付現$200,000，年底付款，問第三年的利息費用爲多少？
(1)$18,630 (2)$16,567 (3)$34,670 (4)$49,740。

(　　) 13. 哈日公司發行十年期，到期值$300,000之公司債。如果折價發行，指的是？(1)票面利率大於市場利率 (2)市場利率大於票面利率
(3)票面利率等於市場利率 (4)兩種利率間並無關係。

(　　) 14. 何種債券爲無擔保的債券？ (1)無記名 (2)有記名 (3)無抵押 (4)可贖回。

(　　) 15. 公司預計發行面額$200,000，利率10%的公司債，市場利率爲8%，則債券預計售價將：(1)按面額出售 (2)溢價發行 (3)折價發行。

(　　) 16. 應付公司債溢價帳戶在資產負債表列爲 (1)流動資產 (2)流動負債
(3)長期負債 (4)以上皆非。

(　　) 17. 於發行時訂有贖回條款者稱 (1)可轉換 (2)定期 (3)分期 (4)可贖回債券。

(　　) 18. 公司債折價攤銷時應貸記 (1)利息費用 (2)利息收入 (3)應付公司債
(4)應付公司債折價。

(　　) 19. 公司債折、溢價及公司債發行成本應自何時攤銷起？
(1)每年年底 (2)實際出售日 (3)公司股東大會決議 (4)總經理決定。

(　　) 20. 分期還本公司債之折、溢價攤銷，通常採用「債券流通法」按期攤銷，因此折、溢價攤銷額將逐期 (1)遞增 (2)遞減 (3)不變 (4)不一定。

(　　)21.賒購商品之定價$10,000，商業折扣20%，付款條件3/10、2/20、n/30，如該店於第9天付現$2,910，第18天付現$3,920，則該店應付帳款之餘款為 (1)$6,830 (2)$3,170 (3)$1,000 (4)$3,000。

【88乙級檢定試題】

(　　)22.估計負債的特徵是 (1)金額尚未確定，且未實際發生 (2)金額已經確定，但尚未實際發生 (3)金額已確定，責任也已確定 (4)金額未確定，但責任已確定。【88乙級檢定試題】

(　　)23.下列何者非屬估計負債？ (1)應付員工獎金紅利 (2)估計應付贈品 (3)估計產品售後服務保證負債 (4)估計應付禮券。

【88乙級檢定試題】

(　　)24.味全公司於97年7月1日簽發三年期、不附息、面額$300,000之本票，向他人借得現金$213,534，當時市場利率12%，則98年底此應付票據之帳面價值為 (1)$239,158 (2)$253,508 (3)$267,857 (4)$258,000。

【89乙級檢定試題】

(　　)25.或有負債之認列，係基於 (1)成本原則 (2)客觀性原則 (3)穩健原則 (4)收益實現原則。【90乙級檢定試題】

(　　)26.下列何者非屬流動負債？ (1)銀行透支 (2)應付現金股利 (3)應收帳款貸餘 (4)應付股票股利。【91乙級檢定試題】

(　　)27.某成衣批發商開出90天期應付票據向銀行告貸$1,500,000增補存貨，俾利因應春季訂單。下列哪一種現金來源係一般銀行所期待用來償債之財源？ (1)將債務轉給另外債權人 (2)將存貨和應收帳款變現 (3)未來12個月間所累積的盈餘 (4)變賣非流動（固定）資產。

【91、92乙級檢定試題】

(　　)28.下列何者屬流動負債？ (1)積欠特別股股利 (2)估計服務保證負債 (3)應付股票股利 (4)或有損失準備。【92乙級檢定試題】

(　　) 29. 即將於一年以內到期，準備以「償債基金」償還的長期負債，在期末報表上應列為 (1)流動負債 (2)長期負債 (3)估計負債 (4)償債基金之減項。【92乙級檢定試題】

(　　) 30. 巧達公司於01年1月1日發行面額$5,000,000，利率10%，每半年付息一次之十年期公司債，發行當時市場利率為12%，發行時公司債折價為$573,495，則在利息法下，01年7月1日應攤銷之應付公司債折價為：(1)$15,590 (2)$28,675 (3)$31,181 (4)$84,410。【93乙級檢定試題】

(　　) 31. 新名公司於01年1月1日按95之價格發行5%之分期償還公司債，該公司債到期情形為：02年12月31日到期$1,000,000，03年12月31日到期$1,000,000，04年12月31日到期$1,000,000。若公司債於每年6月30日及12月31日各付息一次，新名公司按流通額法分攤公司債折價，則04年應認列之利息費用為：(1)$50,000 (2)$75,000 (3)$66,667 (4)$33,333。【93乙級檢定試題】

(　　) 32. 下列何者非屬流動負債？(1)銀行透支 (2)應付現金股利 (3)應收帳款貸餘 (4)應付股票股利。【94乙級檢定試題】

(　　) 33. 下列五項：預收貨款、公司債溢價、存入保證金、應付現金股利、應付員工獎金，屬於流動負債者，計有 (1)一項 (2)二項 (3)三項 (4)四項。【94乙級檢定試題】

## 二、是非題

(　　) 1. 有可能發生之或有損失，金額若無法合理估計，會計處理為不預計入帳，但應該揭露其存在及性質。【88乙級檢定試題】

(　　) 2. 統一公司估計其產品保證費用為每年銷貨淨額之2%，95年初產品保證負債餘額為$30,000，當年度銷貨淨額$2,000,000、支付產品保證費$25,000，則95年底其產品保證負債之餘額為$45,000。【89乙級檢定試題】

(　　)3. 會計上對於產品售後保證服務成本，在銷售年度即予估計認列，是符合穩健原則。【89、90乙級檢定試題、常考題】

(　　)4. 編製資產負債表時，凡將於一年內到期之長期負債均應轉列為流動負債。【90、91乙級檢定試題、常考題】

(　　)5. 凡不需動用流動資產償還的負債，稱為長期負債。【91乙級檢定試題】

(　　)6. 銀行透支在資產負債表上應列為銀行存款之減項。【92乙級檢定試題】

(　　)7. 一般營業人於銷售商品時，向顧客收取的營業稅款，應以銷項稅額列帳，屬流動負債。【92、93乙級檢定試題】

(　　)8. 公司某一支票帳戶因期末適逢假日，部分已簽發支票金額尚未補存，致該帳戶出現貸餘。此一餘額仍應列為流動負債「銀行透支」項下。【93、94乙級檢定試題】

(　　)9. 公司債到期，如欲以新債抵換舊債，則即將到期之公司債仍列為長期負債。【93乙級檢定試題】

(　　)10. 一般企業負債比率高，對其營業風險（營業槓桿度）並無影響。【93乙級檢定試題】

(　　)11. 應付公司債折價之攤銷將使帳上認列之利息費用大於付現數。【94乙級檢定試題】

## 三、計算題

1. 全華公司95年底帳列各科目與名稱如下：

應付帳款借餘$24,000、應付票據$54,000、短期借款$54,000、應付費用$30,000、應付現金股利$38,400、長期負債一年內到期部分$56,400、預收收入$27,600、其他應付款$32,400及應付公司債$240,000，請計算95年底之流動負債爲何？

2. 全成公司94年10月銷售冰箱2,000台，每台售價$24,000，該產品保固期爲一年，估計每台維修成本爲$180，而損壞率3%，至94年底止實際發生維修費用$200,400，試依(1)保證費用計提法(2)保證收益計提法。作相關分錄。

3. 花王清潔公司在其清潔劑包裝袋中附贈一張贈品券，集滿十張贈品券可要求兌換贈品，95年花王清潔公司以每個$60價格購入2,000個贈品，並以每袋$180價格賣出30,000袋清潔劑。估計贈品券兌換率大約60%，95年共有15,000張贈品券向公司要求兌換贈品，試作95年之相關分錄。

4. 萬事達卡公司提供贈獎活動，顧客可以集滿10個瓶蓋另附回郵6元，寄回代理商處即可換取蔡依琳照片，百事可樂每瓶$48，公司購買簽名照每張成本$36，郵資每件$6，由顧客負擔，94年及95年的贈獎活動如下：

| | 94年 | 95年 |
|---|---|---|
| 購買簽名照數量 | 100,000 | 150,000 |
| 飲料銷售瓶數 | 2,000,000 | 2,400,000 |
| 瓶蓋實際寄回數量 | 600,000 | 800,000 |
| 預計次年會寄回瓶蓋數量 | 550,000 | 670,000 |

試作94年及95年贈獎活動之相關分錄。

5. 大興公司於06年1月1日按面值發行1000張10年期債券，年息9％，面額$1,200，每年7/1，1/1支付利息，試作06年度相關分錄。

6. 科技公司於94年1月1日發行$120,000，5年期債券，年息10%，按92.639%出售，每年6/30，12/31支付利息，試作93年度相關分錄採直線法攤銷。

7. 南寧公司95年1月1日發行三年期公司債$1,800,000，每年6/30，12/31支付利息，票面利率8%，當時市場利率9%，試作利息法折溢價攤銷表及96年相關分錄。

8. 志玲公司95年1月1日發行三年期公司債$1,800,000，每年6/30，12/31支付利息，票面利率9％，當時市場利率8%，試作利息法折溢價攤銷表及95年相關分錄。

9. 大華公司於95年初發行五年期的分期公司債，該公司債面額$1,200,000，年利率6%，每年年底付息一次，並償還本金$240,000，按面額97%發行，請作分期攤銷表及97年償債分錄。

10. 漢城公司向大立公司賒購商品，定價$180,000，以85折成交，付款條件2/10、N/60。漢城公司於折扣期間內償付1/3貨款，其餘貨款於30天期滿開具三個月附息8%票據償付。

試分別依 (1)淨額法，(2)總額法，作漢城公司及大立公司之有關分錄。

解

(1) 漢城公司：

| | 總　額　法 | 淨　額　法 |
|---|---|---|
| | | |
| | | |
| | | |

(2)大立公司：

| | 總　額　法 | 淨　額　法 |
|---|---|---|
| | | |
| | | |
| | | |

11.全華公司06年度部分之交易事項如下：

(1) 現銷商品$960,000，加5%營業稅。

(2) 上述銷貨附帶保證免費維修一年，估計服務費約爲收入之6%，本年度已實際支付維修費$43,200。

(3) 自國外進口商品，以美金計價爲US$18,000，當時匯率爲1：33.2，另外營業稅5%。

(4) 償付進口貨款，當時匯率爲1：32.40。

(5) 隨貨贈送贈品券，每張點券可兌換價值$12之贈品，估計有6,000 張贈品券會寄回兌換贈品，本年度已收回4,000張贈品券。

(6) 本年度曾預估暫繳所得稅稅款$78,000，年終結算後，預計全年應納所得$120,000，已估計入帳。

(7) 宣告並分配現金股利$60,000。

試作：上述交易之分錄

12.以下交易為高雄公司92年度1月份部分交易：（銷售交易均附售後服務一年期，期初未作回轉分錄）

1/5 現銷商品$36,000，另附加5%之營業稅。

1/9 折扣期限內償付應付帳款$36,000，獲取折扣2%，另逾折扣期限償付應付帳款$24,000。

1/12 運交商品給已預付貨款6,000之顧客，售價為$24,000，另附加營業稅5%，餘款暫欠。

1/15 繳付上年度營業稅$6,480。

1/16 向遠東銀行借入$36,000，開具6個月期不附息票據，面額$39,240交付銀行。

1/20 賒銷500單位新產品，每單位售價$48。

1/20 現購商品$42,000，另付營業稅5%。

1/21 向國泰銀行借款$18,000，開具面額$18,000，附息12%，4個月期之票據，交付銀行。

1/25 現銷商品價格$12,000，另附加5%之營業稅。

1/31 4個月票據於91年9月30日開立，附息12%，面額$24,000，本日到期，如數付現。

1/31 提列估計服務保證費用，為銷貨金額之6%。

1/31 統計本月份營業稅額。

試作：上列應有之分錄。

13.全錄公司於92年5月1日發行三年期公司債，面額$1,440,000，票面利率7%，市場利率8%，每半年付息一次，當日宏紳公司將該債券全數購入作為長期投資。

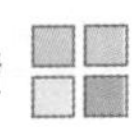

試作：

(1) 計算公司債發售價格。

(2) 依利息法編製攤銷表。

(3) 分別就發行及購買雙方，作92年度有關分錄。（依利息法攤銷）

14. 高大公司在88年1月1日以$1,479,000售出票面金額$1,440,000，利率7%之三年期公司債，於每年6月30日及12月31日付息，當時市場利率為6%。

試作：

(1) 按利息法編製攤銷表。

(2) 作88年度發行及付息攤銷分錄。

(3) 假設於90年9月30日以$1,464,000（包括應計利息）提前贖回，試作必要分錄。

15. (1) 亦大公司於89年1月1日以$124,990發行可轉換公司債，面值$120,000於92年6月30日全數轉換普通股5,000股，股票面值$12，市價$30，該公司採利息法攤銷溢價，至轉換時尙有未攤銷溢價$1,680，分別依 (1)帳面價值轉換 (2)公平市價轉換，作成轉換時之分錄。

(2) 庭家公司於90年1月1日發行五年期可轉換公司債$1,200,000，售價為$1,236,000，利率10%，每年12月31日付息，轉換條件為面值$1,200之債券可轉換50股，每股面值$12之普通股，設92年1月1日有1/4債券持有人要求轉換成普通股，當時市價為$21.6，試作轉換分錄。

Note

CHAPTER 7

# 股東權益篇

一、公司之定義與分類

二、股份之意義與種類

三、股份之發行

四、公司股東權益之內容

五、庫藏股票

六、保留盈餘之分配

七、股利之發放

八、每股淨值與每股盈餘

# 一、公司之定義與分類

企業之組織型態計分為獨資、合夥以及公司三種，詳細說明於下：

## (一) 獨資

係由一人出資所組成之企業，且由一人自負盈虧之企業。

## (二) 合夥

係指由二人或二人以上的個人，依據合夥契約規定，互約出資並共同負擔盈虧的企業。

## (三) 公司

係指由數位股東依照公司法之規定共同出資所組成之企業，依據我國公司法第一條規定：「本法所稱公司，謂以營利為目的，依照本法組織、登記、成立之社團法人」。且依照公司法第二條規定，公司可分為四種型態：

1. 無限公司

   係指由二人以上之股東所組成，當公司資產不足清償負債時，各股東對公司債務應負無限清償之責任。

2. 有限公司

   係指由一人以上的股東所組成，就其出資額為限，對公司負其責任之公司。

3. 兩合公司

   係指由一人以上無限責任股東，與一人以上有限責任股東所組成，當公司資產不足清償負債時，其無限責任股東對公司債務負連帶無限清償責任；有限責任股東就其出資額為限，對公司負其責任之公司。

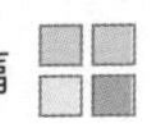

4. 股份有限公司

係指由二人以上股東或政府、法人股東一人所組成，全部資本分為股份；股東就其所認股份，對公司負其責任之公司。

現今社會中，以股份有限公司最為常見且最為重要，故本章亦以股份有限公司為討論的焦點與重心。

# 二、股份之意義與種類

## (一) 股份之意義

依公司法規定，股份有限公司應將資本分為若干單位，每一單位的金額相等（在台灣每股面值金額定為 $10 元），此即為「股份」，股份係代表著股東的權利與義務。而表彰股份的書面憑證，即稱為「股票」，持有股票者則稱為「股東」。

## (二) 股票之種類

股票可依不同的區分方式，茲分為下列數種說明：

1. 依有無記名區分

(1) 記名股票：

係指將股東姓名記載於股票及股東名簿上之股票。

(2) 無記名股票：

係指不將股東姓名記載於股票及股東名簿上之股票。

2. 依有無面值區分

(1) 面值股票：

係指於股票上印有股票股數，並註明每股金額，但票面上所載之每股金額並非代表股票之市值或實際價值。

(2) 無面值股票：

係指於股票上印有股票股數，但並不註明每股金額。依據我國公司法規定，不允許無面值股票之發行。

3. 依權利內容區分

(1) 普通股：

普通股為公司的基本股份，持有普通股之股東為企業經營風險與利益的最後承受人，基本上他們擁有下列基本權利：

A. 選舉董、監事的權利。

B. 優先認股的權利。

C. 盈餘分配的權利。

D. 重要議題表決的權利。

(2) 特別股：

又稱為優先股。係指公司除普通股外，亦可發行比普通股享有更優越權利之股票，這些優越權利係指須於公司章程中規定：

A. 特別股分配股息及紅利之順序與金額。

B. 特別股分配公司剩餘財產之順序與金額。

C. 特別股股東表決權之行使及限制條件。

D. 特別股股東之其他權利與義務事項。

## 三、股份之發行

股份之發行可簡單分為以現金發行與非以現金發行兩種，茲分別說明於下：

## (一) 以現金發行股份

茲分爲股份核准與股份發行兩階段，詳細說明於下：

1. **股份核准**

   僅需作備忘記錄。根據公司法第一百五十六條規定：股份可分次發行，但第一次發行之股份，不得少於核定股本總數的四分之一。

2. **股份發行**

   計有「平價發行」、「溢價發行」與「折價發行」三種型，茲舉例分別說明如下：

【釋例】 股份發行

1. 平價發行

   大興公司於06年度按面值發行每股$10普通股10,000股及每股$100特別股10,000股，採公開募集方式。

2. 溢價發行

   假設前例普通股發行價格爲每股$12，特別股價格爲每股$110，此股票溢價發行的部分股款於認購時貸記「資本公積」。

解 1. 平價發行

① 收到認股書時

| 科目 | 借方 | 貸方 |
|---|---|---|
| 應收股款 | 2,000,000 | |
| 已認普通股股本 | | 1,000,000 |
| 已認特別股股本 | | 1,000,000 |

② 收取股款時

| 科目 | 借方 | 貸方 |
|---|---|---|
| 現金 | 2,000,000 | |
| 應收股款 | | 2,000,000 |

③ 發行股票時

| 科目 | 借 | 貸 |
|---|---|---|
| 已認普通股股本 | 1,000,000 | |
| 已認特別股股本 | 1,000,000 | |
| 　普通股股本 | | 1,000,000 |
| 　特別股股本 | | 1,000,000 |

2. 溢價發行

① 收到認股書時

| 科目 | 借 | 貸 |
|---|---|---|
| 應收股款 | 2,300,000 | |
| 　已認普通股股本 | | 1,000,000 |
| 　已認特別股股本 | | 1,000,000 |
| 　資本公積—普通股溢價 | | 200,000 |
| 　資本公積—特別股溢價 | | 100,000 |

② 收取股款時

| 科目 | 借 | 貸 |
|---|---|---|
| 現金 | 2,300,000 | |
| 　應收股款 | | 2,300,000 |

③ 發行股票時

| 科目 | 借 | 貸 |
|---|---|---|
| 已認普通股股本 | 1,000,000 | |
| 已認特別股股本 | 1,000,000 | |
| 　普通股股本 | | 1,000,000 |
| 　特別股股本 | | 1,000,000 |

3. 發行價格小於面額（折價）

低於票面金額發行，我國公司法規定，股票不得低於票面金額發行。

## (二) 非以現金發行股份

非以現金發行股份係指藉由股份發行以取得非現金之資產，至於所取得的非現金資產則以勞務或固定資產居多。

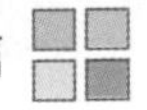

1. 勞務

如果事先已約定好勞務報酬，則以勞務報酬入帳；但若無約定，則應以股票之市價入帳。

【釋例】　以股份交換勞務

大興公司以普通股500股給王會計師作爲公司設立登記成立之酬勞，大興公司之普通股股價爲每股$20。則此交易之分錄爲何？

解　本釋例下，因無事先約定好勞務報酬，故以股票之市價入帳。

500×20＝10,000

| | | |
|---|---|---|
| 開辦費 | 10,000 | |
| 　普通股股本 | | 5,000 |
| 　資本公積－普通股溢價 | | 5,000 |

2. 固定資產

以發行股份來取得固定資產之入帳原則有二，分別說明如下：

(1) 以換入資產或股票之市價較爲客觀明確者入帳，若兩者皆十分明確，則以換入資產之市價爲準。

(2) 若換入資產與股票均無市價，則應依公正之第三者所評價之金額入帳。

【釋例】　以股份交換固定資產

全成公司創立時，其發起人除以現金$1,000,000出資外，並以土地成本$2,000,000，公平市價$1,600,000交換總股數20萬股每股$10之普通股。

解

| | | |
|---|---|---|
| 現金 | 1,000,000 | |
| 土地 | 1,600,000 | |
| 普通股股本 | | 2,000,000 |
| 資本公積—普通股溢價 | | 600,000 |

入帳時，應按所取得「資產之公平市價」或「股票之公平市價」以其較為客觀明確者入帳。如兩者皆有市價則以換入資產之公平市價入帳；如兩者皆無市價，則應請專家評定其價值。

若發行股票以交換資產或勞務時，可能發生摻水股或秘密準備之現象。

1. 摻水股

即若換入之資產或勞務高估，則股票之發行價格亦高列，此股票稱之爲摻水股，此種現象存在使債權人之保障降低，對於現金出資股東亦不公平。

2. 秘密準備

相反地，若換入資產或勞務價值低估，則股票發行價格低列，股東權益之價值，會比實際價格爲低，此稱爲秘密準備。

# 四、公司股東權益之內容

公司之股東權益內容，主要分爲三大類，茲分別說明如下：

## (一) 股本類

與股本有關之會計專有名詞如下：

1. 核定股本

係指經由經濟部所核准設立之公司，其登記的資本總額。核定股本可視公司需要分次發行，但第一次不得少於核定股本總額的四分之一。

2. **實收股本**

係指核定股本金額內，實際已發行之股份。上列之核定股本則爲實收股本之最高限額。

3. **未發行股本**

係指公司股份採分次發行時，尚未發行或認購的股份，亦即核定股本減實收股本的部分。

## (二) 資本公積類

又稱爲額外投入資本，資本公積的來源依公司法第兩百三十八條的規定，計有五項：

1. 股本溢價。
2. 資產重估增値準備。
3. 處分固定資產利益。
4. 企業合併之利得。
5. 受贈資本。

但依一般公認會計原則，上列之 2、3、4 項，應屬於損益表中的「營業外利益」項下，與公司法之規定不同。

## (三) 保留盈餘類

又稱爲「未分配盈餘」，是公司歷年累積之營業盈餘且尚未分配給股東者。依其是否已指撥可區分於下：

1. **已指撥保留盈餘**

係指保留盈餘已限定用途，則不得以此分配股利。主要有下：

(1) 法定盈餘公積：

依公司法規定，公司於有盈餘年度，納完稅後，分配盈餘之前，應先提列百分之十法定盈餘公積，以便彌補虧損。

(2) 償債基金準備：

係指公司爲償還長期借款或公司債，依債權人之要求，將限制若干盈餘，而不作爲分配股利之用

(3) 特別股贖回準備：

依公司法規定，公司於有盈餘年度時，得以盈餘收回特別股。所以爲了籌足資金贖回特別股，必須限制盈餘分配。

(4) 其他準備：

依股東會決議，可提列各種準備金，以避免一旦發生意外損失時，公司資本結構受影響。例如：廠房擴充準備…等等。

由上可知，保留盈餘提撥的原因主要有下：

(1) 依契約之規定而提撥者：

例如爲償債而提撥償債基金準備；此與償債基金不同，前者爲保留盈餘之限制，不能以之償債，而後者爲資產之指撥，可用以償債。提撥償債基金準備之分錄爲：

| | | |
|---|---|---|
| 保留盈餘 | ×××× | |
| 　　償債基金準備 | | ×××× |

(2) 依法令之規定而提撥者：

公司法規定納完稅捐後，分配盈餘前應先提撥10%作爲法定盈餘公積，但若法定盈餘公積已達資本總額時，不在此限。提撥法定盈餘公積之分錄：

保留盈餘　　　　××××
　　法定盈餘公積　　　　××××

(3) 自願性提撥者：

例如公司本身為了擴充生產設備，因而將保留盈餘加以限制，分錄如下：

保留盈餘　　　　××××
　　償債基金準備　　　　××××

### 2. 未指撥保留盈餘

係指未受限制用途之保留盈餘，其主要用途為分配股利。其股東權益之架構圖如下：

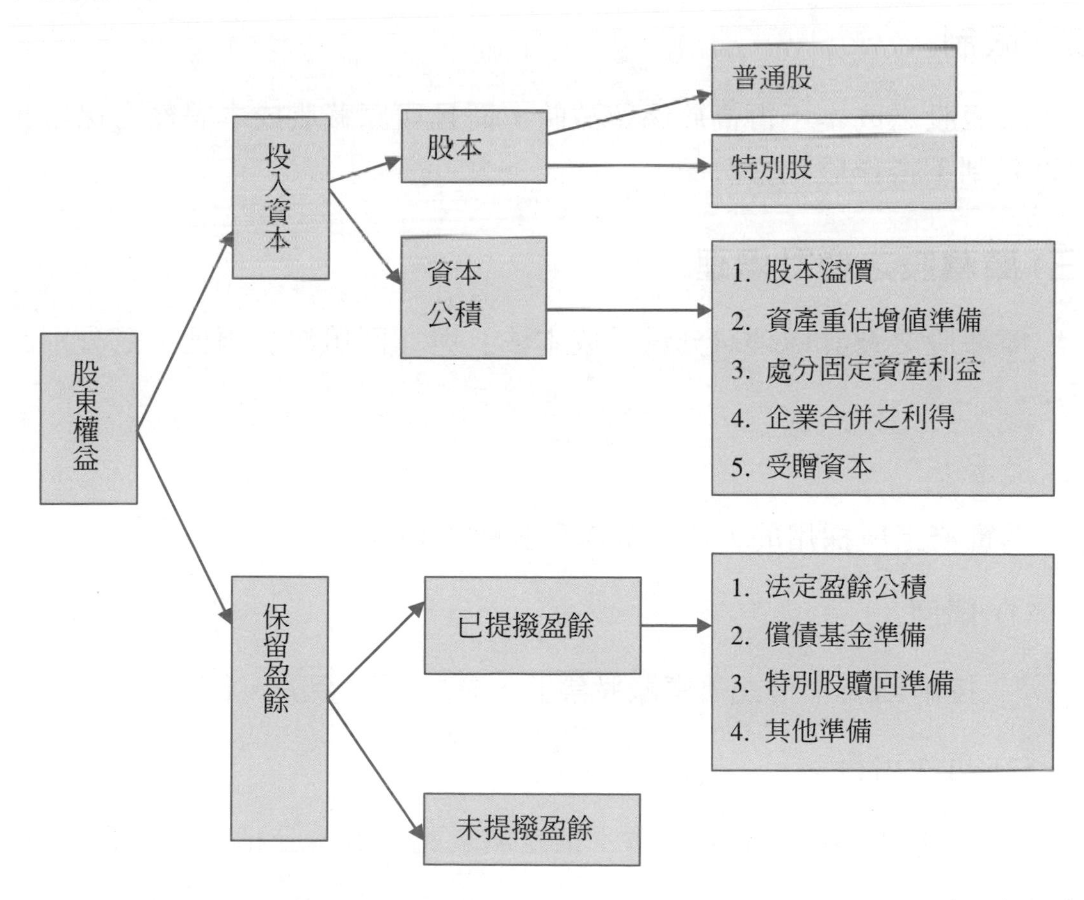

# 五、庫藏股票

## (一) 意義

所謂庫藏股票，係指公司持有自己曾發行在外而後收回的股票，但尚未註銷者。庫藏股票並非爲公司之資產，所以不能列於資產負債表之資產項下，而應列於股東權益下，作爲股本權益之減項。庫藏股票具有下列三項特色：

1. 爲曾發行在外的自己公司股票。
2. 已收回的自己公司股票。
3. 已收回但尚未註銷的自己公司股票。

## (二) 限制

庫藏股之成本不得高於保留盈餘，而且與庫藏股成本等額之保留盈餘須加以限制不得作股利之分配。

## (三) 庫藏股之會計處理

庫藏股之會計處理可分爲「成本法」與「面值法」兩種，茲分別說明如下：

1. 成本法

   爲實務上所採用的方法，其處理步驟主要有下：

   (1) 購回：

   按購回成本借記「庫藏股票」，貸記「現金」。

   (2) 再次出售：

   A. 若售價高於購回成本：則差額貸記「資本公積－庫藏股交易」。

B. 若售價低於購回成本：則差額借記「資本公積－庫藏股交易」，不足再沖銷「保留盈餘」。

(3) 註銷：

A. 若購回成本高於原發行價格：則先借記「普通股股本」以及「資本公積－普通股發行溢價」，其差額先借記「資本公積－庫藏股交易」，不足再沖銷「保留盈餘」。

B. 若購回成本低於原發行價格：則先借記「普通股股本」以及「資本公積－普通股發行溢價」，再貸記「資本公積－庫藏股交易」。

【釋例】　成本法

大立公司於06年初成立，核定股本為20,000股，06年度有關股本交易如下，試以成本法作相關分錄。

3/1　出售普通股7,000股，每股面額$10，每股售價$22。
4/15　購回股票200股，每股購價$23。
4/20　出售庫藏股票150股，每股售價$24。
5/10　購回股票100股，每股購價$21。
6/15　出售5/10購入之庫藏股票100股，每股售價$18。
8/1　註銷4/15購入之庫藏股票50股。

解

| 日期 | 科目 | 借 | 貸 |
|---|---|---|---|
| 3/1 | 現金 | 154,000 | |
| | 股本－普通股 | | 70,000 |
| | 資本公積－普通股溢價 | | 86,000 |
| 4/15 | 庫藏股票 | 4,600 | |
| | 現金 | | 4,600 |
| 4/20 | 現金 | 3,600 | |

| | | 借 | 貸 |
|---|---|---|---|
| | 　　庫藏股票 | | 3,450 |
| | 　　資本公積－庫藏股票交易 | | 150 |
| 5/10 | 庫藏股票 | 2,100 | |
| | 　　現金 | | 2,100 |
| 6/15 | 現金 | 1,800 | |
| | 資本公積－庫藏股票交易 | 150 | |
| | 保留盈餘 | 150 | |
| | 　　庫藏股票 | | 2,100 |
| 8/1 | 股本－普通股 | 500 | |
| | 資本公積－普通股溢價 | 600 | |
| | 保留盈餘 | 50 | |
| | 　　庫藏股票 | | 1,150 |

2. 面值法

買入股票時，原股票發行之溢價應予以沖銷，以面值借記「庫藏股」科目」，賣出時再視爲發行股票，依股票發行之方式處理之。

(1) 購回：

A. 若購回成本高於原發行價格：則先借記「庫藏股票」，其差額先借記「資本公積－普通股發行溢價」，不足再沖銷「保留盈餘」。

B. 若購回成本低於原發行價格：則先借記「庫藏股票」，差額貸記「資本公積－庫藏股交易」。

(2) 再出售：

A. 若售價高於面額：則差額貸記「資本公積－普通股發行溢價」。

B. 若售價低於購回成本：則差額借記「資本公積－普通股發行溢價」，不足再沖銷「保留盈餘」。

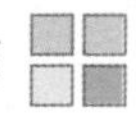

(3) 註銷：

「庫藏股票」與「股本」對沖。

【釋例】 面值法

大立公司於06年初成立，核定股本為20,000股，06年度有關股本交易如下，試以面值法作相關分錄。

3/1　出售普通股7,000股，每股面額$10，每股售價$22。
4/15　購回股票200股，每股購價$23。
4/20　出售庫藏股票150股，每股售價$24。
5/10　購回股票100股，每股購價$21。
6/15　出售5/10購入之庫藏股票100股，每股售價$18。
8/1　註銷4/15購入之庫藏股票50股。

解

| 日期 | 科目 | 借方 | 貸方 |
|---|---|---|---|
| 3/1 | 現金 | 154,000 | |
| | 股本－普通股 | | 70,000 |
| | 資本公積－普通股溢價 | | 86,000 |
| 4/15 | 庫藏股票 | 2,000 | |
| | 資本公積－普通股溢價 | 2,400 | |
| | 保留盈餘 | 200 | |
| | 現金 | | 4,600 |
| 4/20 | 現金 | 3,600 | |
| | 庫藏股票 | | 1,500 |
| | 資本公積－普通股溢價 | | 2,100 |
| 5/10 | 庫藏股票 | 1,000 | |
| | 資本公積－普通股溢價 | 1,200 | |
| | 現金 | | 2,100 |
| | 資本公積－庫藏股票交易 | | 100 |

| | | | |
|---|---|---|---|
| 6/15 | 現金 | 1,800 | |
| | 庫藏股票 | | 1,000 |
| | 資本公積－普通股溢價 | | 800 |
| 8/1 | 股本－普通股 | 500 | |
| | 庫藏股票 | | 500 |

### (四) 庫藏股於資產負債表之表達

1. 成本法

   爲總股東權益之減項。

2. 面值法

   爲股本之減項。

## 六、保留盈餘之分配

公司保留盈餘之分配，依我國所得稅法之規定，計有下列六項：

### (一) 繳納營利事業所得稅

依所得稅查核準則規定，所得稅係爲盈餘之分配。但依一般公認會計原則規定，所得稅係爲費用項目，應列於損益表中。

### (二) 彌補以前年度虧損

公司保留盈餘應先彌補以前年度之虧損，否則不得分配。彌補時，應先以保留盈餘彌補之，不足時，再依特別盈餘公積、法定盈餘公積、資本公積之順序彌補。

## (三) 法定盈餘公積

公司得就繳納所得稅及彌補虧損後之純益，提列10%之法定盈餘公積。法定盈餘公積及資本公積除彌補公司虧損外，不得使用之。

## (四) 特別盈餘公積

特別盈餘公積係依公司章程或股東會決議，爲某特別事項加以提撥保留盈餘者，如廠房擴充準備……等等。

## (五) 董監事酬勞及員工紅利

可依公司章程規定，自保留盈餘中提撥董監事酬勞及員工紅利。

## (六) 分配股利

自保留盈餘中分配盈餘給股東，即爲分配股利。

而保留盈餘分配之會計處理，非常簡單，即借記「保留盈餘」，再貸記相關之分配項目。

【釋例】 保留盈餘之分配

大新公司06年度核准發行面額$100之普通股10,000股，面額$50，面額之50%特別股10,000股。12/31宣告今年度現金股利$100,000。

解

| | | | |
|---|---|---|---|
| 12/31 | 保留盈餘 | 100,000 | |
| | 應付股利－普通股 | | 75,000 |
| | 應付股利－特別股 | | 25,000 |

特別股股本：10,000×$50 = $500,000

特別股股利：$500,000×0.05 = $25,000

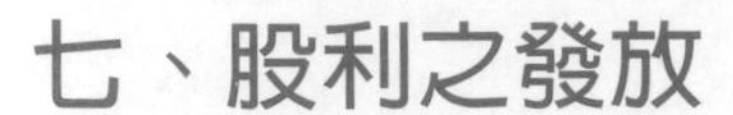


## (一) 股利發放之相關日期

股利發放會牽涉到下列四個日期，茲分別說明之：

1. 宣告日

   係指股東會通過發放股利之日。

2. 除息日

   亦稱停止過戶日，即於此日之後所買的股票不能過戶，所以無法享有股利，除息日通常爲股利基準日之前五日。

3. 股利基準日

   爲股東會或董事會所決定之日期，以該日爲基準日，公司股東名簿於此日有記載的股東，才有權利分配股利。

4. 發放日

   實際發放股利之日。

## (二) 股利之種類

股利之種類很多，茲分別說明於下：

1. 現金股利

   所謂現金股利，係指以現金分配股利。一般如無特別說明，股利通常指的是現金股利。公司發放現金股利時，須經過四個程序：

   (1) 宣布日：即股東會通過發放股利日。分錄爲：

| | | |
|---|---|---|
| 股利 | ××××  | |
| 　　應付股利 | | ×××× |

(2) 除息日：

於此日之後買入的股票因爲不能過戶，所以不能享有股利，除息日通常在股利基準日之前5日。此日無須作分錄。

(3) 股利基準日：

由股東會或董事會決定股利基準日，此日係決定在該日股東名簿上所記載之股東才有享受股利分配之權利。此日無須作分錄。

(4) 發放日：發放現金給股東之日。分錄爲：

| | | |
|---|---|---|
| 應付股利 | ××××| |
| 　現金 | | ×××× |

2. 財產股利

係指以現金以外之資產作爲股利發放。分配財產股利時，係以財產之公平市價爲準，並將公平市價與帳面價值之差額認列爲「處分資產之利得或損失」。

3. 負債股利

係指公司若暫無現金可供發放，則可先以應付票據…等負債作爲股利先行發放，股東於一定期間後，再以此票據領取現金。

4. 清算股利

係指當公司無盈餘，但卻以現金或其他財產分配股利，或者所分配之股利超過盈餘時稱之，此種股利並非爲眞正的股利而爲資本之退回。分配時之會計分錄爲：

| | | |
|---|---|---|
| 股本 | ×××× | |
| 　現金 | | ×××× |

5. 建設股利

係指公司依其性質，自設立登記後，仍需兩年以上的準備時間，始能開始營業者，經經濟部許可，仍得以章程訂定於開始營業前分配股利給股東，此種股利稱爲建設股利。建設股利僅須於發放日作會計分錄如下：

股本　　　××××
　　現金　　　　××××

6. 股票股利

係指以本公司之股票作爲股利發放給股東，亦即辦理增資手續，另一方面減少保留盈餘，一方面股本增加，此時又稱爲「盈餘轉增資」；若以資本公積發放，則稱爲「資本公積轉增資」。發放股票股利僅將公司保留盈餘（或資本公積）轉爲股本而已，股東權益總數不變，但股東所持有的股數卻增加，因此每股帳面價值將會降低。股票股利之會計處理彙整如下表：

| 股票股份佔流通在外股份之百分比 | 入帳金額 | 會計處理 |
|---|---|---|
| 小於20%～25%<br>（小額股票股利） | 以股票市價爲準 | 宣告日：<br>保留盈餘　××××<br>　應分配股票股利　××××<br>　資本公積－股票股利　××××<br>發放日：<br>應分配股票股利　××××<br>　股　本　×××× |
| 大於20%～25%<br>（大額股票股利） | 以股票面値爲準 | 宣告日：<br>保留盈餘　××××<br>　應分配股票股利　××××<br>發放日：<br>應分配股票股利　××××<br>　股　本　×××× |

値得注意的是，另有一「股票分割」的情形，股票分割之目的係爲了讓股票於市場上更爲流通，而將其面額予以降低，與股票股利之性質不同。

## 發放股利之會計記錄

大勇公司流通在外普通股1,000,000股，每股面值$10，其股東大會通過06年度盈餘分配案如下：

1. 每股發放現金股利$1.3。
2. 分配財產股利：分配公司持有之有價證券，帳面價值$700,000，市價為$800,000。
3. 發放六個月期本票$500,000給股東。
4. 發放股票股利，每股$1，宣告日市價為$17，除息日市價$14，發放日市價為$16。試分別作宣告日、除息日、發放日應有之分錄。

**解**

1. 發放現金股利@$1.2

| | 分錄 | 借 | 貸 |
|---|---|---|---|
| 宣告日： | 保留盈餘 | 1,300,000 | |
| | 　應付現金股利 | | 1,300,000 |
| 除息日： | 不作分錄 | | |
| 發放日： | 應付現金股利 | 1,300,000 | |
| | 　現金 | | 1,300,000 |

2. 分配財產股利

| | 分錄 | 借 | 貸 |
|---|---|---|---|
| 宣告日： | 短期投資 | 100,000 | |
| | 　處分短期投資損益 | | 100,000 |
| | 保留盈餘 | 800,000 | |
| | 　應付財產股利 | | 800,000 |
| 除息日： | 不作分錄 | | |
| 發放日： | 應付財產股利 | 800,000 | |
| | 　短期投資 | | 800,000 |

3. 負債股利

| | 分錄 | 借 | 貸 |
|---|---|---|---|
| 宣告日： | 保留盈餘 | 500,000 | |

| | | |
|---|---|---|
| 應付負債股利 | | 500,000 |

除息日：不作分錄

| 發放日： | | |
|---|---|---|
| 應付負債股利 | 500,000 | |
| 應付票據 | | 500,000 |

4. 股票股利

| 宣告日： | | |
|---|---|---|
| 保留盈餘 | 1,700,000 | |
| 應付股票股利 | | 1,000,000 |
| 資本公積－股票股利 | | 700,000 |

除息日：不作分錄

| 發放日： | | |
|---|---|---|
| 應付股票股利 | 1,000,000 | |
| 股本－普通股 | | 1,000,000 |

# 八、每股淨值與每股盈餘

## (一) 每股淨值

每股淨值即爲每股帳面價值，若公司同時發行有特別股與普通股，則應分別計算特別股的每股帳面價值與普通股的每股帳面價值。公式如下：

1. 特別股每股帳面價值＝特別股權益／特別股流通在外股數
＝（特別股贖回價＋積欠股利）／特別股流通在外股數
2. 普通股每股帳面價值＝（股東權益總額－特別股權益）／普通股發行在外股數

【釋例】 每股淨值

大興公司之股本爲$1,000,000，股本溢價爲$200,000，法定公積爲$300,000，累積盈餘爲$200,000，若發行流通在外股票有10,000股，則每股帳面價值爲多少？

解　每股帳面價值爲（1,000,000 + 200,000 + 300,000 + 200,000）/ 10,000股 = $170

## (二) 每股盈餘

係指企業之每股普通股在一會計年度中所賺得之盈餘。目的是用來評估投資公司之獲利能力。特別股並不適用。其公式爲：

簡單每股盈餘＝（淨利－特別股股利）／普通股流通在外加權平均股數

1. 特別股股利

特別股依其股利是否可累積，則有不同的處理方式，茲分別說明如下：

(1) 若爲累積特別股：

則當年度股利無論是否宣告，都應扣除累積特別股，若前年度積欠股利則毋無須減除。

(2) 若不爲累積特別股：

若有宣告當年度股利才需減除，如無宣告則無須減除。

2. 普通股流通在外加權平均股數

不能以年底流通在外股數計算，因爲每股盈餘之計算係以整個年度爲主，所以普通股股數之計算，必須考慮流通在外股數之時間長短，以計算加權之平均股數，會影響到流通在外加權平均股數的項目計有：

(1) 增資發行股票。

(2) 購回或再出售普通股。

(3) 發放股票股利。

(4) 股票分割。

【釋例】 每股盈餘

大興公司06年1月1日流通在外普通股有400,000股，3月1日發行60,000股，10月1日買入庫藏股40,000股，該公司06年度淨利為$6,120,000且宣告特別股股利$840,000。該公司於06年2月1日進行股票分割，每股分成2股，90年3月15日公佈06年之財務報表。試計算06年度普通股每股盈餘為多少？

解

$$\frac{\$6,120,000-840,000}{(400,000股+60,000股\times 10/12-40,000股\times 3/12)\times 2}=\$6\cdots 每股盈餘$$

# 練習題

## 一、選擇題

( ) 1. 本公司發行普通股$2,000,000與6厘特別股$1,000,000，本年度可分配盈餘爲$420,000，若特別股爲非累積完全參加，則普通股可分配股利爲 (1)$360,000 (2)$280,000 (3)$210,000 (4)$140,000。 【89乙級檢定試題】

( ) 2. 股份有限公司之「有限」乃指 (1)資本有限 (2)股東人數有限 (3)股東責任有限 (4)股份總數有限。 【89乙級檢定試題】

( ) 3. 提撥擴充廠房準備之目的是
(1)儲存足夠的現金以供擴充廠房之需
(2)直接撥付建廠所需資金
(3)告知股東，盈餘中之一部分不得作股利分配之理由
(4)自普通現金轉爲擴充廠房基金。 【89乙級檢定試題】

( ) 4. 精碟公司年初流通在外普通股10,000股，每股面額$100，資本公積－股本溢價$600,000，保留盈餘$600,000，每年特別股股利$100,000，該公司於95年8月1日宣告15%股票股利，95年度稅後淨利爲$1,595,000，則每股盈餘爲
(1)$130.00 (2)$140.70 (3)$142.38 (4)$149.50。 【89乙級檢定試題】

( ) 5. 在成本法下，庫藏股出售價格高於原購入價格部分應貸記 (1)保留盈餘 (2)資本公積 (3)普通股股本 (4)優先股股本。 【89乙級檢定試題】

( ) 6. 京華公司流通在外股份有普通股30,000股，每股面額$10，6厘累積部分參加特別股10,000股，每股面額$10，參加至9厘，已積欠股利3年，本年度宣告股利$50,000，則普通股應分配股利爲
(1)$24,000 (2)$26,000 (3)$28,000 (4)$29,000。 【90乙級檢定試題】

(　　) 7. 積欠優先股利，在財務報表上應列為 (1)附註說明 (2)保留盈餘減項 (3)流動負債 (4)其他負債。　　【89、90乙級檢定試題、常考題】

(　　) 8. 大中公司普通股每股面額$10，若按每股$27價格實際發行，則超出面額部分應貸記 (1)累積盈虧 (2)股本 (3)資本公積 (4)法定盈餘公積。　　【89乙級檢定試題】

(　　) 9. 飛龍公司期初保留盈餘$2,000,000，本期發放現金股利$750,000，股票股利$750,000，提列法定盈餘公積$150,000，本期稅後淨利$2,200,000，期末保留盈餘為 (1)$2,550,000 (2)$2,330,000 (3)$3,300,000 (4)$3,450,000。　　【89、90乙級檢定試題、常考題】

(　　) 10. 麻辣公司期初有累積虧損$30,000，本年度獲利$300,000，宣告並發放現金股利$80,000，股票股利$100,000，則期末保留盈餘帳戶貸餘 (1)$90,000 (2)$130,000 (3)$190,000 (4)$270,000。　　【90乙級檢定試題】

(　　) 11. 積欠優先股利在資產負債表上之表達，下列何者為正確？
(1)附註說明 (2)列作流動負債 (3)在股東權益下減除 (4)列作長期負債。　　【90乙級檢定試題】

(　　) 12. 公司現金增資發行新股與發放股票股利，兩者結果
(1)股數均增加，股東權益總額亦增加
(2)前者每股權益減少，後者增加
(3)兩者之資產皆可能增加
(4)前者股東權益總額增加，後者不變。　　【90乙級檢定試題】

(　　) 13. 統一公司94年度稅前淨利為$960,000，所得稅率為25%，94年初流通在外普通股有200,000股，當年9月1日增發普通股120,000股，當年度每股盈應為 (1)$4 (2)$3 (3)$2.25 (4)$1.5。　　【90、92乙級檢定試題】

(　　) 14. 大華公司發行在外普通股$1,000,000，每股面額$10，並且發行10%非累積非參加特別股$200,000，每股面額$10，96年底該公司稅後淨利

計有$200,000，試問該公司96年普通股每股稅後盈餘若干？
(1)$2.00 (2)$1.80 (3)$0.20 (4)$0.18。【91乙級檢定試題】

(　　) 15.股份有限公司主辦會計人員之任免須經
(1)董事過半數同意 (2)董事長同意 (3)總經理同意 (4)董事會過半數之出席，出席董事過半數之同意。【91乙級檢定試題】

(　　) 16.幸福公司流通在外股份有面額$10之普通股6,000股，面額$10之6厘特別股4,000股，特別股為累積並全部參加，已知有2年未發放股利，今年宣告股利為$7,800，則普通股每股股利若干？ (1)$1.8 (2)$0.6 (3)$0.5 (4)$0.1。【91乙級檢定試題】

(　　) 17.順發公司96年初股東權益資料有：普通股股數50,000股，每股面額$10，資本公積－普通股溢價$50,000，保留盈餘$100,000，該公司於5月10日以$36,000收回3,000股庫藏股，按成本法入帳，於7月20日出售庫藏股500，得款$4,000，則應借記現金$4,000及(1)資本公積－庫藏股交易$2,000 (2)保留盈餘$2,000 (3)資本公積－股本溢價$2,000 (4)出售庫藏股票損失$2,000。【91乙級檢定試題】

(　　) 18.下列之會計處理，何者違反一般公會計原則？
(1)應付股票股利科目列為股本加項
(2)庫藏股票科目列為股東權益的加項
(3)積欠特別股股利，僅以附註揭露
(4)被投資公司發放股票股利，本公司未以投資收入入帳。
【91乙級檢定試題】

(　　) 19.買回庫藏股票之成本在資產負債表上應列為：
(1)長期投資 (2)其他投資 (3)股東權益之減項 (4)股東權益之加項。
【92乙級檢定試題】

(　　) 20.力霸公司流通在外股份有：面額$10之普通股6,000股，面額$10之六厘特別股2,000股，特別股爲累積並部分參加至9％，已知有兩年未發放股利，今年宣告股利爲$8,800，則普通股每股股利若干？
(1)$1.17 (2)$0.8 (3)$0.78 (4)$2。【92乙級檢定試題】

(　)21.股票可以自由買賣的公司是 (1)無限公司 (2)有限公司 (3)股份有限公司 (4)兩合公司。【92乙級檢定試題】

(　)22.優先股係指 (1)優先認購新股 (2)對股利有優先分配權 (3)優先參與公司管理 (4)對股東大會之決議有否決權。【92乙級檢定試題】

(　)23.發行認股權證給現有股東的情況下，若該股東行使認股權時，其分錄可爲？(1)借：現金，貸：普通股本，貸：資本公積－認股權證 (2)借：現金，借：資本公積－認股權證，貸：普通股本，貸：資本公積－股本溢價 (3)借：現金，貸：資本公積－認股權證 (4)借：現金，貸：普通股本，貸：資本公積－股本溢價。
【93乙級檢定試題】

(　)24.中二公司期初有累積虧損$30,000，本年度獲利$300,000，宣告並發放現金股利$80,000，股票股利$100,000，則期末保留盈餘帳戶貸餘 (1)$90,000 (2)$130,000 (3)$190,000 (4)$270,000。【93乙級檢定試題】

(　)25.甲公司流通在外股份有普通股3,000股，每股面額$10，六厘累積部分參加特別股10,000股，每股面額$10，參加至九厘，已積欠股利三年，本年度宣告股利50,000，則普通股應分配股利爲 (1)$24,000 (2)$26,000 (3)$28,000 (4)$29,000。【93乙級檢定試題】

(　)26.丁公司股本總額$2,000,000，分爲200,000股，每股面額$10，分兩次發行，第一次於上年初以每股$15發行1/2，第二次於上年底發行其餘1/2，本年初帳列「資本公積－股本溢價」爲$1,500,000，則第二次發行時，每股售價爲 (1)$16 (2)$17 (3)$19 (4)$20。【93乙級檢定試題】

( )27.公司增發股份時，何種股東有優先認購權？(1)普通股 (2)優先股 (3)同類、同條件股東 (4)董事及監察人。 【94乙級檢定試題】

( )28.股利率（股票投資的形式報酬率）如何計算？(1)股利÷面值 (2)股利÷市價 (3)面值÷股利 (4)市價÷股利。 【94乙級檢定試題】

( )29.股份有限公司之資產，屬於何者所有？
(1)全體股東 (2)董監事 (3)債權人 (4)公司法人。

( )30.全成公司的股東權益表示如下：

| | |
|---|---|
| 普通股股本，面值$10，流通在外5,000股 | $ 50,000 |
| 資本公積－普通股溢價 | 20,000 |
| 保留盈餘 | (10,000) |
| 股東權益總額 | $60,000 |

若普通股每股市價爲$15，則普通股每股淨值爲若干？
(1) $10 (2) $12 (3) $15 (4) $14。

( )31.股票可以自由買賣的公司
(1)有限公司 (2)無限公司 (3)兩合公司 (4)股份有限公司。

( )32.我國公司法規定，無記名股票不得超過已發行股份總數的
(1)1/2 (2)1/3 (3)1/4 (4)1/5。

( )33.發行股本總額除以發行股數等於股份的 (1)帳面價值 (2)票面價值 (3)市場價值 (4)清算價值。

( )34.我國公司法規定，原則上股票不得折價發行，但公司債的發行
(1)可以折價 (2)不可以折價 (3)只能平價 (4)只能溢價發行。

( )35.公司招募設立，發起人所認股份不得少於第一次應發行股份
(1)1/2 (2)1/3 (3)2/1 (4)1/4。

( )36.積欠累積特別股股利，應列爲 (1)流動資產 (2)流動負債 (3)費用 (4)不必入帳，但要附註揭露。

(　　) 37.現金股利在何時需作分錄

(1)宣告日、基準日、除息日及發放日

(2)宣告日、基準日及除息日

(3)宣告日、基準日及發放日

(4)宣告日及發放日。

(　　) 38.下列事項何者不會影響到保留盈餘

(1) 淨利或淨損

(2) 現金股利或股票股利

(3) 庫藏股票以高於成本價售出

(4) 以低於庫藏股票成本的價格將其處分。

(　　) 39.06年度稅前盈餘$300,000，所得稅率30%，年初普通股100,000股，5月1日增資發行60,000股，則每股盈餘爲多少

(1) $3.00 (2)$1.50 (3) $2.14 (4)$2.10。

(　　) 40.股票股利的發放，通常會減少

(1)流通在外的每股帳面價值 (2)股東權益 (3)核准發行股數 (4)公司淨資產價值。

(　　) 41.股份有限公司提撥法定公積，將使股東權益 (1)增加 (2)減少 (3)不變 (4)不一定。

(　　) 42.特別公積是 (1)資本公積 (2)保留盈餘 (3)收入類 (4)費用類。

(　　) 43.應付股票股利屬於 (1)資產類 (2)負債類 (3)股東權益類 (4)收入類 (5)費用類。

(　　) 44.公司支付現金股利需要：

(1)主管機關核准 (2)股東大會通過 (3)足夠現金 (4)足夠的保留盈餘，以上何者有誤。

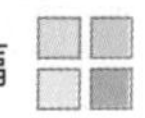

(　　)45.下類哪一項不影響保留盈餘
(1)發放現金股利 (2)發放股票股利 (3)提撥償債基金準備
(4)提撥退休基金。

## 二、是非題

(　　)1. 企業在虧損年度將不得發放現金股利。【89乙級檢定試題】

(　　)2. 公司發行股票所得超過票面金額之溢額，應列為資本公積。
【89、90乙級檢定試題】

(　　)3. 當股款已收齊尚未發行股票，而需於此時編製財務報表，可將「已認股本」帳戶金額，視作股東權益之一部分。
【89、91乙級檢定試題】

(　　)4. 公司提存特別盈餘公積（如償債準備、擴充廠房準備），本質上仍屬保留盈餘一部分，只是限制公司不能以盈餘資產分配股利。
【89、91乙級檢定試題】

(　　)5. 除股份有限公司發起人的股份，在設立登記後二年內不得轉讓外，其餘股份的轉讓，不得以章程加以禁止或限制。
【89、92乙級檢定試題】

(　　)6. 公司在營業虧損之年度，亦可能發放現金股利。
【89、92乙級檢定試題】

(　　)7. 我國公司法規定，股東出資以現金為限，但發起人得以公司營業所需財產抵繳股款。【90乙級檢定試題】

(　　)8. 發行股票股利的結果，使股份的帳面價值降低。
【90乙級檢定試題】

(　　)9. 發放股票股利使公司之現金數額減少。【90乙級檢定試題】

(　　)10.股份分割後，將使公司股數增加，股東權益隨之增加。
【90乙級檢定試題】

(　　)12.股票股利與股份分割，均會使股本總額增加。【91乙級檢定試題】

(　　)13.庫藏股票係爲公司的資產，應列爲長期股票投資。
【91乙級檢定試題】

(　　)14.處分固定資產損失應列爲營業外費用；而處分固定資產利益依我國財務會計準則公報之規定應直接列入資本公積。
【91乙級檢定試題】

(　　)15.兩合公司係由一人以上無限責任股東和一人以上有限責任股東所組成。【91乙級檢定試題】

(　　)16.分配股利、董監事酬勞及員工紅利，將使保留盈餘減少。
【91乙級檢定試題】

(　　)17.股票股利的發放會使公司負債增加。【92乙級檢定試題】

(　　)18.公司如獲營業純益，依法應該先彌補虧損，再繳納所得稅。
【92乙級檢定試題】

(　　)19.處分固定資產之利益，於轉列資本公積時，不得減除當年度處分固定資產之損失。【92乙級檢定試題】

(　　)20.重整債權係公司重整前已存在之債權，爲公司所享有之債權資產。
【92及93乙級檢定試題】

(　　)21.公司採發起設立時，發行人應認定第一次發行的股份。
【92乙級檢定試題】

(　　)22.股份有限公司發起人之股份，非於股款繳納日起算一年後，不得轉讓。【93乙級檢定試題】

(　　) 23. 公司股東常會盈餘分派議案之決議，股東臨時會不得加以變更之。【93乙級檢定試題】

(　　) 24. 公司企業之淨資產除以公司發行在外股數即爲股票之帳面價值。【93乙級檢定試題】

(　　) 25. 我國公司法規定，股東出資以現金爲限，但發起人得以公司營業所需財產抵繳股款。【93乙級檢定試題】

(　　) 26. 股份分割後，將使公司發行股數增加，股東權益總額隨之增加。【94乙級檢定試題】

(　　) 27. 股份有限公司主辦會計人員之任免，須有董事過半數同意。公司負責人違反此項規定者，應處新台幣九萬元以下罰鍰。【94乙級檢定試題】

(　　) 28. 公司企業具有法人資格，可作爲訴訟或法律行爲之主體，能單獨擁有資產，承擔債務。【94乙級檢定試題】

## 三、計算題

1. 大立公司於06年度按面値發行每股$10的普通股350,000股及每股$10的特別股200,000股，採公開募集方式。請完成(1)收到認股書時(2)收取股款時(3)發行股票時之分錄。

2. 全成公司創立時，其發起人除以現金$5,500,000出資外，並以建築物成本$2,000,000，公平市價$2,500,000交換總股數50萬股每股$10之普通股。試作相關分錄。

3. 全華公司在06年初成立，發行每股面値$10普通股500,000股及每股面値$10，8%的特別股800,000股，當年度發生下列交易事項，請依序完成此交易分錄：

1/15 現金發行普通股100,000股，每股價格$12。

2/11 現金發行特別股100,000股，每股價格$14。

3/21 發行普通股50,000股，以換取土地成本價$1,200,000，公平市價$1,150,000。

4/17 現金發行普通股250,000股，每股價格$13。

6/30 現金發行特別股300,000股，每股價格$11，及普通股100,000股，每股價格$11。

4. 大新公司於06年2月17日現金發行普通股40,000股，試依下列各情況作發行股票的分錄：

⑴ 股票每股面額及發行價格均爲$10。

⑵ 股票每股面額$10，發行價格均爲$18。

⑶ 股票無面額，設定價值及發行價格均爲$18。

⑷ 股票無面額，設定價值爲$12及發行價格均爲$18。

⑸ 股票無面額亦無設定價值發行價格爲$18。

5. 霖園公司06年初未分配盈餘$780,000，06年度稅後純益$2,000,000（內含處分固定資產利得$500,000），經依公司章程規定：

⑴ 提列法定公積10%

⑵ 提列特別公積14%（按提列法定公積後），包括7%償債基金準備、7%擴充廠房準備

⑶ 分配董監事酬勞5%及員工紅利15%。

⑷ 股東股利80%，本公司流通在外普通股數1,000,000股，擬按每股＄0.6分配現金股利及股票股利各半。

試編製06年度盈餘分配分錄。

6. 大立公司06年底有3,000,000股普通股流通在外，每股面值@10，07年4月10日董事會決議，普通股每股分配$1.2之現金股利及10%股票股利，於同年5月1日股東大會通過，以5月10日股利發放基準日並定5月30日爲發放日，試作股利發放分錄。

7. 家家公司06年初有200,000股5%，面額$100的累積特別股及600,000股，面額$10普通股流通在外，7月1日現金增資50,000股，家家公司稅前盈餘爲2,000,000，稅率21%，試計算每股盈餘。

8. 明安公司06年初有500,000股5%，面額$10累積特別股及1000,000股，面額$10普通股流通在外，7月1日發行股票股利20%，明安公司稅前盈餘爲22,000,000，稅率30%，試計算每股盈餘。

9. 大興公司本年度淨利$160,000，1/1 發行股票 3000 股
3/31 購買股票 400 股
4/30 出售庫藏股 100 股
6/30 出售庫藏股 300 股
8/31 發放10%股票股利
9/30 股票分割2:1

試問：

(1) 計算本年度加權平均股數。

(2) 計算本年底每股盈餘。

10. 大方公司06年初保留盈餘爲$1,160,000。在

(1)本年度宣告現金股利$240,000 。

(2)更正05年度前期損益調整，淨利高估$50,000。

(3)本年度稅後淨利$600,000。

(4)宣告股票股利$500,000。

試作相關分錄。

Note

CHAPTER 8

Accounting

# 現金流量表

一、現金流量表之意義與目的

二、現金流量表之分類

三、現金流量表之編製

# 一、現金流量表之意義與目的

## (一) 意義

所謂現金流量表，乃是以現金的收與支，來彙總說明企業在特定期間之營業、投資及理財的活動。現金流量表與資產負債表、損益表以及業主權益變動表同爲企業的四大財務報表。

## (二) 目的

在提供企業在特定期間現金收支之資訊，現金流量表之目的主要係在達成下列功能：

1. 幫助評估企業未來的淨現金流量。
2. 幫助評估企業償還負債及支付股利的能力。
3. 幫助評估造成企業損益與營業活動現金收支之差異原因。
4. 幫助評估企業在特定期間之現金與非現金的投資及理財活動。

# 二、現金流量表之分類

企業之現金流量，計分爲以下三類：

## (一) 營業活動之現金流量

1. 現金流入

(1) 利息收入及股利收入之收現。

(2) 銷貨或提供勞務之收現。

(3) 處分因交易目的而持有的權益證券或債務證券之收現。

(4) 處分因交易目的而持有的衍生性金融商品之收現。

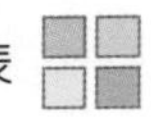

(5) 其他原因，如訴訟理賠或保險理賠等等。

2. 現金流出

(1) 進貨的付現。

(2) 利息費用之付現（不含資本化利息）。

(3) 薪資、營運成本及費用之付現。

(4) 所得稅、規費及罰款之付現。

(5) 爲取得因交易目的而持有的權益證券或債務證券之付現。

(6) 爲取得因交易目的而持有的衍生性金融商品之付現。

(7) 其他因素，如訴訟賠償、保險理賠等等。

## (二) 投資活動之現金流量

1. 現金流入

(1) 處分非因交易目的而持有的證券收現。

(2) 處分固定資產之收現。

(3) 處分非因交易目的而持有的衍生性金融商品收現。

(4) 其他原因，如收回貸放款等等。

2. 現金流出

(1) 取得非因交易目的而持有的證券付現。

(2) 取得固定資產之付現。

(3) 取得非因交易目的而持有的衍生性金融商品付現。

(4) 其他原因，如承作貸放款等等。

## (三) 理財活動之現金流量

1. 現金流入

    (1) 現金增資發行新股。

    (2) 舉債借款。

2. 現金流出

    (1) 支付股利購買庫藏股及退回資本。

    (2) 償還延期借款的本金。

    (3) 償還借款。

## (四) 其他不影響現金流量之交易事項

有些交易事項雖然不會影響投資與理財活動之現金流量，故不必列入現金流量表中，但因對未來的現金流量有重大影響，故應加以揭露，其方式有：

1. 以附註方式揭露。
2. 作爲現金流量表的附表。

此類交易包括：1. 以發行股票或債券方式交換資產者；2. 以償債基金清償債務；3. 短期負債再融資展延爲長期負債；4. 承租租賃資產；5. 長期負債將於 1 年內到期轉爲流動負債；6. 可轉換特別股或可轉換公司債轉換爲普通股；7. 受贈固定資產等。

# 三、現金流量表之編製

現金流量表是企業的四大財務報表之一，因爲現今會計原則對於損益採權責基礎，因此必須將損益表轉換成以現金爲基礎損益表，才能計算出營業活動之現金流量。

編製現金流量表首先要求算本期現金金額的增減變動，其次要找出影響現金收入與現金支出的原因，並按營業活動、投資活動以及理財活動分別表達。因此編製現金流量表需要有下列三項資料：

1. **比較資產負債表**

   以提供期初及期末資產、負債、股東權益的金額，便於分析本期間各科目金額的增減變化。

2. **本期損益表**

   提供由應計基礎所計算的營業損益，以轉換成現金基礎下的營業活動現金流量。

3. **其他補充資訊**

   其他與現金流量表編製有關的交易資料，便於決定本期間與投資、理財活動有關之現金收支方式。

編製現金流量的方法計有直接法及間接法兩種，目前 FASB 務會計準則委員會）鼓勵使用直接法，惟一般實務上多採用間接法。

## (一) 直接法

係直接列出當期營業活動所產生之各項現金流入及現金流出，且由應計基礎轉換成現金基礎。直接法報導營業活動之現金流量活動內容主要有：

1. 銷貨之收現。
2. 利息收入及股利收入之收現。
3. 其他營業收益之收現。
4. 進貨之付現。
5. 薪資之付現。
6. 利息費用之付現。

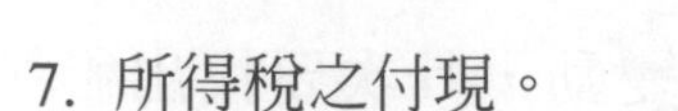

7. 所得稅之付現。
8. 其他營業費用之付現。

在直接法下，便是直接將各項應計基礎下的損益轉換爲現金基礎下的損益，以表格說明如下：

1. 營業活動之現金流入

| 損益表金額 | 調整項目 | 營業活動之現金流量 |
|---|---|---|
| 銷貨收入 | ＋應收帳款減少數<br>（或預收貨款增加數）<br>或<br>－應收帳款增加數<br>（或預收貨款減少數） | ＝銷貨收現 |
| 利息收入及股利收入 | ＋應收利息（股利）減少數<br>＋長期債券投資溢價攤銷數<br>或<br>－應收利息（股利）增加數<br>－長期債券投資折價攤銷數 | ＝利息收入及股利收現 |
| 其他收入 | －預收收入增加數<br>或<br>－預收收入減少數<br>－處分資產及清償債務利益<br>－權益法認列之投資利益 | ＝其他營業收益收現 |

2. 營業活動之現金流出

| 損益表金額 | 調整項目 | 營業活動之現金流量 |
|---|---|---|
| 銷貨成本 | ＋存貨增加數<br>－存貨減少數<br>＋應收帳款減少數<br>－應收帳款增加數 | ＝進貨付現 |
| 薪資費用 | ＋應付薪資減少數<br>－應付薪資增加數 | ＝薪資付現 |

| 損益表金額 | 調整項目 | 營業活動之現金流量 |
|---|---|---|
| 利息費用 | ＋應付利息減少數<br>－應付利息增加數<br>－應付公司債折價攤銷數<br>＋應付公司債溢價攤銷數 | ＝利息付現 |

3. 直接法下的營業活動現金流量格式

| 大興公司<br>現金流量表<br>××××年度 | | |
|---|---|---|
| 營業活動之現金流量： | | |
| 現金流入： | | |
| 銷貨或勞務之收現 | $××× | |
| 利息收現及股利收現 | ××× | |
| 其他因素之收現 | ××× | $××× |
| 現金流出： | | |
| 進貨之付現 | $××× | |
| 薪資之付現 | ××× | |
| 利息費用之付現 | ××× | |
| 所得稅、罰款、規費等之付現 | ××× | |
| 營業費用之付現 | ××× | |
| 其他因素之付現 | ××× | ××× |
| 由營業活動產生之淨現金流量 | | $××× |

【釋例】 直接法之現金流量表 【乙級檢定試題】

以下爲大勇公司91年度的比較資產負債表以及損益表，試以直接法編製大勇公司的現金流量表。

比較資產負債表

民國94年及93年12月31日

| 資產 | 94年底 | 93年底 |
|---|---|---|
| 流動資產： | | |
| 現金及約當現金 | $131,200 | 16,000 |
| 應收帳款 | 136,000 | 104,000 |
| 存貨 | 128,000 | 152,000 |
| 預付薪資 | 11,200 | 14,400 |
| 長期投資 | 64,000 | 48,000 |
| 固定資產： | | |
| 機器設備 | 144,000 | 128,000 |
| 減：累計折舊 | (9,600) | (8,000) |
| 資產合計： | $604,800 | $454,400 |

| 負債及股東權益： | 94年底 | 93年底 |
|---|---|---|
| 流動負債： | | |
| 應付帳款 | $96,000 | 72,000 |
| 應付薪資 | 8,000 | 11,200 |
| 應付利息 | 4,800 | 3,200 |
| 應付所得稅 | 19,200 | 16,000 |
| 長期負債： | | |
| 應付公司債 | 128,000 | 144,000 |
| 普通股本 | 192,000 | 144,000 |
| 保留盈餘 | 156,800 | 64,000 |
| 負債及股東權益合計 | $604,800 | $454,400 |

大勇公司
損益表
94年度

| | | |
|---|---|---|
| 銷貨收入 | | $720,000 |
| 減：銷貨成本 | | (320,000) |
| 　銷貨毛利 | | $400,000 |
| 減：營業費用 | | |
| 　薪資費用 | $160,000 | |
| 　折舊費用 | 1,600 | |
| 　利息費用 | 22,400 | (184,000) |
| 稅前淨利 | | $ 216,000 |
| 減：所得稅 | | (43,200) |
| 稅後淨利 | | $ 172,800 |

補充資料：
(1) 發放現金股利$80,000
(2) 非流動性交易均未產生利得或損失。

解

大勇公司
現金流量表
94年度

| | | |
|---|---|---|
| 營業活動之現金流量： | | |
| 　銷貨收現 | $688,000 | |
| 　進貨付現 | (272,000) | |
| 　薪資付現 | (160,000) | |
| 　利息付現 | (20,800) | |
| 　所得稅付現 | (40,000) | |
| 　營業活動之淨現金流入 | | $195,200 |
| 投資活動之現金流量： | | |
| 　購入長期投資 | $(16,000) | |

| | | |
|---|---|---|
| 　購入機器設備 | (16,000) | |
| 　投資活動淨現金流出 | | (32,000) |
| 現財活動之現金流量： | | |
| 　償還應付公司債 | $(16,000) | |
| 　發行普通股 | 48,000 | |
| 　支付現金股利 | (80,000) | |
| 　現財活動之淨現金流出 | | (48,000) |
| 本期現金及約當現金增加數 | | $115,200 |
| 　加：期初現金及約當現金餘額 | | 16,000 |
| 期末現金及約當現金餘額 | | $131,200 |

解析

(1) 銷貨收現數：$720,000－（$136,000－$104,000）＝$688,000

(2) 進貨付現數：

$320,000＋$128,000－$152,000＝$296,000………進貨淨額（應計基礎）

$296,000－($96,000－$72,000)＝$272,000

(3) 薪資付現數

$160,000－($8,000－$11,200)＋($11,200－$14,400)＝$160,000

　　應付薪資減少數　　預付薪資減少數

(4) 利息付現數$22,400－（$4,800－$3,200）＝$20,800

(5) 所得稅付現數$43,200－（$19,200－$16,000）＝$40,000

(6) 長期投資增加$16,000，表示購入長期投資，現金流出……………………………………………………………爲投資活動

機器設備增加$16,000，表示購入機器設備，現金流出……………………………………………………………爲投資活動

(7) 應付公司債減少$16,000，表示償還公司債，現金流出

股本提高$48,000，現金流入………………………爲理財活動

發放現金股利$80,000，現金流出………………爲理財活動

## (二) 間接法

係從損益表中之「本期損益」爲起點，調整當期不影響現金之損益項目，與損益有關之流動資產及流動負債之變動金額、資產處分及債務清償之損益項目，以求算當期由營業活動所產生之淨現金流入或流出。以間接法報導營業活動之現金流量，其應當調整當期稅後淨利之現金收支項目主要如下表：

| 淨利之加項 | 淨利之減項 |
|---|---|
| 折舊、折耗 | |
| 非營業交易之損失 | 非營業交易之利益 |
| 長期債券投資溢價攤銷 | 長期債券投資折價攤銷 |
| 公司債折價攤銷 | 公司債溢價攤銷 |
| 應收帳款減少數 | 應收帳款增加數 |
| 權益法認列之投資損失 | 權益法認列之投資利益 |
| 存貨減少數 | 存貨增加數 |
| 預付費用減少數 | 預付費用增加數 |
| 應付負債增加數 | 應付負債減少數 |
| 長期債券發行成本攤銷 | 應付帳款減少數 |
| 遞耗資產之攤銷 | |

【釋例】　間接法之現金流量表

以下爲大興公司91年度的比較資產負債表以及損益表，試以直接法編製大興公司的現金流量表。

大興公司
比較資產負債表
民國94年及93年12月31日

| 資產 | 94年底 | 93年底 |
|---|---|---|
| 現金及約當現金 | $30,000 | 8,000 |
| 應收帳款（淨額） | 20,000 | 24,000 |
| 存貨 | 30,000 | 12,000 |

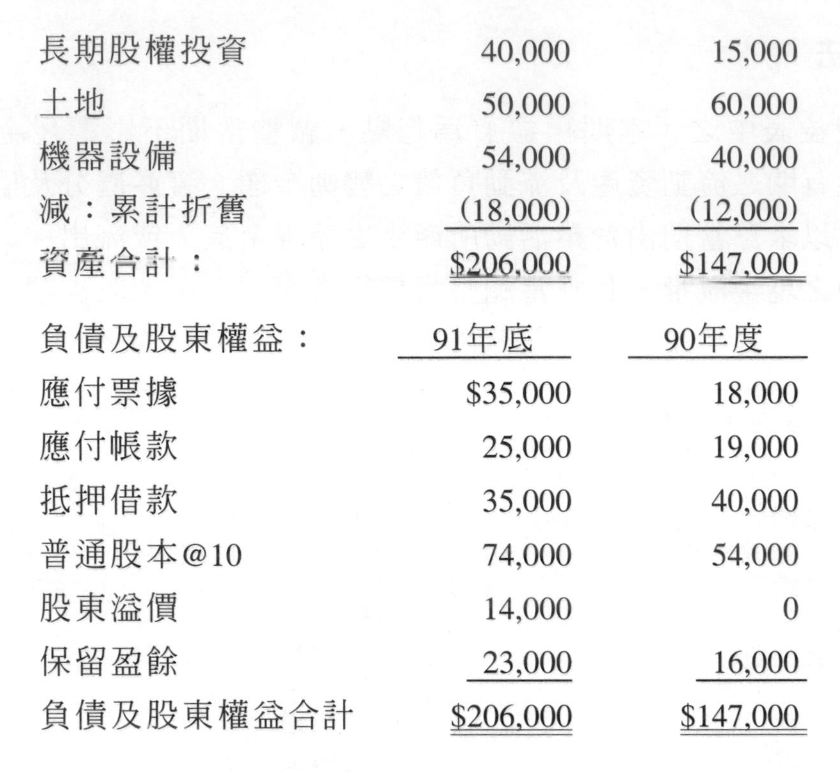

| | | |
|---|---|---|
| 長期股權投資 | 40,000 | 15,000 |
| 土地 | 50,000 | 60,000 |
| 機器設備 | 54,000 | 40,000 |
| 減：累計折舊 | (18,000) | (12,000) |
| 資產合計： | $206,000 | $147,000 |

| 負債及股東權益： | 91年底 | 90年度 |
|---|---|---|
| 應付票據 | $35,000 | 18,000 |
| 應付帳款 | 25,000 | 19,000 |
| 抵押借款 | 35,000 | 40,000 |
| 普通股本@10 | 74,000 | 54,000 |
| 股東溢價 | 14,000 | 0 |
| 保留盈餘 | 23,000 | 16,000 |
| 負債及股東權益合計 | $206,000 | $147,000 |

大興公司
損益表
94年度

| | | |
|---|---|---|
| 銷貨收入 | | $186,000 |
| 減：銷貨成本 | | (150,000) |
| 銷貨毛利 | | $36,000 |
| 減：營業費用 | | |
| 薪資支出 | $10,000 | |
| 折舊 | 6,000 | 16,000 |
| 營業淨利 | | $ 20,000 |
| 加：營業外收入 | | |
| 出售土地利益 | | 2,000 |
| 本期淨利 | | $ 22,000 |

補充資料：
(1) 宣告並發放現金股利$15,000
(2) 出售土地成本$10,000，售價$12,000
(3) 現金增資2,000股，每股售價$17

解

大興公司
現金流量表
94年度

| | | |
|---|---|---|
| 營業活動之現金流量： | | |
| 本期淨利 | $22,000 | |
| 加：折舊 | 6,000 | |
| 應收帳款減少 | 4,000 | |
| 應付帳款增加 | 6,000 | |
| 應付票據增加 | 17,000 | $55,000 |
| 減：出售土地利益 | $ 2,000 | |
| 存貨增加 | 18,000 | (20,000) |
| 營業活動之淨現金流入 | | $35,000 |
| 投資活動及現金流量： | | |
| 出售土地售價 | $12,000 | |
| 購入長期股權投資 | (25,000) | |
| 購入機器設備 | (14,000) | |
| 投資活動淨現金流出 | | (27,000) |
| 融資活動之現金流量： | | |
| 現金增資發行新股 | $34,000 | |
| 償還抵押借款 | (5,000) | |
| 發放現金股利 | (15,000) | |
| 融資活動之淨現金流入 | | 14,000 |
| 本期現金及約當現金增加數 | | $22,000 |
| 加：期初現金及約當現金餘額 | | 8,000 |
| 期末現金及約當現金餘額 | | $30,000 |
| 現金流量資訊之補充揭露 | | 無 |
| 不影響現金流量之財務資訊 | | 無 |

# 練習題

## 一、選擇題

(　　)1. 東華公司年初現金餘額$40,000，本年度營業活動之淨現金流入$600,000、理財活動之淨現金流出$150,000、期末現金餘額$60,000，則投資活動之淨現金流量為
(1)流入$60,000 (2)流出$430,000 (3)流出$350,000 (4)流入$160,000。
【88乙級檢定試題】

(　　)2. 下列有關現金流量表的敘述，何者為誤？
(1)相關規定列於我國第17號財務會計準則公報
(2)係報導企業在特定期間的營業、投資及理財活動的現金流量
(3)是企業之內部底稿，並不對外公布
(4)屬於動態報表。 【88、91乙級檢定試題】

(　　)3. 96年中以$200,000出售成本$300,000，若已提累計折舊$185,000之機器，則該項交易於間接法之現金流量表中應該如何表達？
(1)投資活動中現金流入$200,000 (2)營業活動中現金流入$85,000
(3)投資活動中現金流入$85,000 (4)投資活動中現金流入$200,000，營業活動中自本期純益減除$85,000。 【88乙級檢定試題】

(　　)4. 由本期損益推算營業產生之淨現金流入或流出時，下列哪一項目不列為加項？ 【89乙級檢定試題】
(1)應付公司債折價攤銷額 (2)長期債券投資折價攤銷額
(3)權益法認列之投資損失 (4)長期債券投資溢價攤銷額。

(　　)5. 玉里公司96年度資料：稅後淨利$110,000、折舊$70,000、應收帳款減少$8,000、售地利益$80,000、支付現金股利$18,000、發行長期票據得款$42,000、現購設備$60,000，則其營業活動淨現金流入為
(1)$108,000 (2)$230,000 (3)$268,000 (4)$290,000。 【89乙級檢定試題】

(　　)6. 綠島公司93年度營業活動淨現金流入爲$800,000，當年度按權益法認列長期股權投資損失$100,000，出售投資利益$50,000、期末存貨較期初存貨增加$30,000、應付所得稅減少$20,000，支付現金股利$60,000，試問該公司93年度淨利爲
(1)$800,000 (2)$830,000 (3)$860,000 (4)$880,000。【90乙級檢定試題】

(　　)7. 嚕嚕米公司購入聯強公司普通股作爲長期投資，持股比例30%，並採權益法處理，聯強公司本年度淨利$200,000，發放現金股利$80,000，則此交易將使嚕嚕米公司淨利推算營業活動取得現金之調整減項爲
(1)$24,000 (2)$36,000 (3)$60,000 (4)$80,000。【91乙級檢定試題】

(　　)8. 下列何者不屬於營業活動之現金流量？
(1)支付現金利息 (2)收取現金利息 (3)支付現金股利 (4)收到現金股利。【92乙級檢定試題】

(　　)9. 下列事項：長期股票投資$90,000，售得現金$108,000宣告並發放股票股利$60,000實際倒帳沖銷帳款$30,000，以上交易在現金流量表之表達爲：【92乙級檢定試題】

| | 營業活動（間接法） | 投資活動 | 融資活動 |
|---|---|---|---|
| (1) | 流入　$48,000 | 流入　$90,000 | $0 |
| (2) | 流入　30,000 | 流入　108,000 | 流出　60,000 |
| (3) | 0 | 流入　90,000 | 流出　60,000 |
| (4) | 流出　18,000 | 流入　108,000 | 0 |

(　　)10.出售成本$156,000之長期投資，淨售價爲$180,000，產生$24,000之出售投資利益，則該筆交易在直接法之現金流量表中應顯示之投資活動及營業活動現金流量各爲多少？(1)現金流入$156,000，現金流入$24,000 (2)現金流入$180,000，無 (3)現金流入$180,000，現金流入$24,000 (4)現金流入$156,000，現金流出$24,000。

【93乙級檢定試題】

(　)11. 立榮公司06年度資料：稅後淨利$110,000、折舊$70,000，應收帳款減少$8,000、售地利益$80,000、支付現金股利$18,000、發行長期票據得款$42,000、現購設備$60,000，則其營業活動淨現金流入為 (1)$108,000 (2)$230,000 (3)$268,000 (4)$290,000。【93乙級檢定試題】

(　)12. 東元公司某年度將機器設備$300,000（累計折舊$200,000）售得$120,000，專利權攤銷$60,000，預付費用減少$16,000，應付帳款減少$40,000，償還長期債務$400,000，提列法定盈餘公積$10,000，若營業活動項目採間接法，則在現金流量表之表達為：

| | 營業活動 | | 投資活動 | | 融資活動 | |
|---|---|---|---|---|---|---|
| (1) | 淨利調增 | $ 6,000 | 流入 | $ 100,000 | 流出 | $ 410,000 |
| (2) | 淨利調增 | 10,000 | 流入 | 120,000 | 流出 | 410,000 |
| (3) | 淨利調增 | 16,000 | 流入 | 120,000 | 流出 | 400,000 |
| (4) | 淨利調增 | 36,000 | 流入 | 100,000 | 流出 | 400,000 |

【93乙級檢定試題】

(　)13. 依間接法編製現金流量表時，商譽的攤銷應如何表達？(1)投資活動之現金流入 (2)融資活動之現金流出 (3)從本期淨利項下減除 (4)從本期淨利項下加回。【94乙級檢定試題】

## 二、是非題

(　)1. 現金流量表可以用來評估企業未來現金流入之能力、償債、支付股利之能力及向外融資之額度。【88乙級檢定試題】

(　)2. 購買廠房設備，將使現金流量表中的現金資金產生流出。【88乙級檢定試題】

(　)3. 收取利息收入及股利收入的收現，現付利息費用及所得稅費用等，都屬企業營業活動之現金流量。【88乙級檢定試題】

(　　)4. 中美公司以$150,000出售成本$100,000之土地，則在編製現金流量表時應列示出售土地的現金$50,000。　【88乙級檢定試題】

(　　)5. 屏東公司本年度出售舊船一艘，成本$2,000,000、累計折舊$800,000、售得$1,000,000，則在現金流量表中投資活動之現金流入爲$1,000,000，而在營業活動之現金流出爲$200,000。

【89乙級檢定試題】

(　　)6. 現金流量表報導之內容係按營業活動、投資活動、融資活動之現金流量而排列。　【89乙級檢定試題】

(　　)7. 下列各項：發行公司債得款、向銀行借入抵押借款、現金增資發行新股之售價、償還借款之本金部分及發放現金股利等項，均屬融資活動之現金流量。　【90乙級檢定試題】

(　　)8. 若某公司當年曾宣告現金股利$100,000，則在編製現金流量表時，融資活動之現金流量項下必列有一筆發放現金股利$100,000之現金流出。　【91乙級檢定試題】

(　　)9. 林邊公司本年度稅後淨利$600,000，年中曾現金增資40,000股，每股售價$12，償還抵押借款$160,000，發放現金股利$100,000，則融資活動之淨現金流入爲$220,000。　【90、91乙級檢定試題】

(　　)10.公司債投資溢價的攤銷使利息收入小於利息收現數，因此在計算營業活動之現金流量時，應將公司債投資溢價攤銷數加回本期淨利。

【92乙級檢定試題】

(　　)11.間接法現金流量表中將折舊費用加回本期損益中，係因折舊會產生現金流入。　【93乙級檢定試題】

(　　)12.以直接法編製現金流量表時，折舊費用無需列示，因折舊費用並不實際產生現金流入或流出。　【93乙級檢定試題】

(　　) 13.現金流量表可用來評估企業未來現金流入、償還債務、支付股利及向外融資之能力。【94乙級檢定試題】

(　　) 14.若企業當年度獲得稅後淨利，則現金流量表中的「營業活動之現金流量」必然產生淨現金流入。【94乙級檢定試題】

## 三、計算題

1. 【採直接法編製現金流量表】

全華公司06年度損益表及05、06年底比較資產負債表與相關交易之補充資料如下，請按「直接法」，編製該公司06年度現金流量表：

全華公司
資產負債表
05年及06年12月31日

| 項　　目 | 06年底 | 05年底 | 項　　目 | 06年底 | 05年底 |
|---|---|---|---|---|---|
| 資　　產 | | | 負債及股東權益 | | |
| 現金及約當現金 | 30,720 | 37,600 | 應付票據 | 6,000 | 18,000 |
| 應收帳款 | 54,000 | 60,000 | 應付帳款 | 26,480 | 20,000 |
| 減：備抵呆帳 | (540) | (600) | 應付利息 | 2,000 | 1,200 |
| 存　　貨 | 22,000 | 15,000 | 長期借款 | 10,000 | 30,000 |
| 預付租金 | 3,000 | 3,600 | 股　　本 | 132,000 | 120,000 |
| 長期投資 | 31,500 | 32,000 | 股本溢價 | 6,000 | 4,800 |
| 土　　地 | 50,000 | 35,000 | 保留盈餘 | 22,200 | 20,600 |
| 機器設備 | 20,000 | 40,000 | | | |
| 減：累計折舊 | (6,000) | (8,000) | | | |
| 合　　計 | 204,680 | 214,600 | 合　　計 | 204,680 | 214,600 |

全華公司

損益表

06年1月1日至12月31日

| | | |
|---|---|---|
| 銷貨淨額 | | |
| 銷貨收入 | 321,000 | |
| 減：銷貨退回 | (5,000) | $ 316,000 |
| 銷貨成本 | | |
| 存貨（期初） | 15,000 | |
| 進貨 | 250,000 | |
| 存貨（期末） | (22,000) | 243,000 |
| 銷貨毛利 | | $ 73,000 |
| 營業費用 | | |
| 薪工津貼 | 28,000 | |
| 折舊費用 | 2,000 | |
| 呆帳費用 | 3,940 | |
| 租金支出 | 13,000 | |
| 佣金支出 | 4,500 | 51,440 |
| 營業淨利 | | $ 21,560 |
| 營業外淨利 | | |
| 利息收入 | 1,300 | |
| 出售機器設備利益 | 1,200 | |
| 利息費用 | (2,460) | 40 |
| 本期淨利 | | $ 21,600 |

相關交易補充資料：

1. 06年度有應收帳款$4,000確定無法收回，已經沖銷。

2. 長期投資溢價攤銷$500。

3. 購入土地$15,000。
4. 出售機器設備得款$17,200（該機器成本$20,000，已提累計折舊$4,000）
5. 償還長期借款$20,000。
6. 發行面額$10之普通股1,200股，每股$11。
7. 發放現金股利$20,000。

2. 大興公司06年度損益表及05、06年底比較資產負債表與相關交易之補充資料如下，請按「間接法」，編製該公司06年度現金流量表：

大興公司
損 益 表
06年1月1日至12月31日

| | | |
|---|---|---|
| 銷貨收入 | | $ 36,600 |
| 銷貨成本 | | 28,400 |
| 銷貨毛利 | | $8,200 |
| 營業費用 | | |
| 薪工津貼 | $ 1,500 | |
| 租金支出 | 800 | |
| 保險費 | 350 | |
| 折舊費用 | 200 | 2,850 |
| 營業淨利 | | $ 5,350 |
| 營業外收支 | | |
| 出售資產利益 | 2,000 | |
| 利息收入 | 390 | |
| 利息費用 | (140) | 2,250 |
| 本期淨利 | | $ 7,600 |

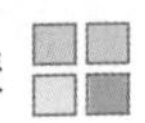

大興公司
比較資產負債表
05年及06年12月31日

| 資　　產 | 06年 | 05年 |
| --- | --- | --- |
| 現金及約當現金 | $ 11,470 | $ 8,140 |
| 應收帳款 | 6,500 | 6,800 |
| 應收利息 | 100 | 20 |
| 預付保險費 | 1,000 | 1,200 |
| 存　　貨 | 5,000 | 8,600 |
| 長期債券投資 | 14,500 | 14,600 |
| 土　　地 | 10,000 | 20,000 |
| 運輸設備 | 10,000 | 10,000 |
| 減：累計折舊－運輸設備 | (1,200) | (1,000) |
| 機器設備 | 15,000 | 0 |
| 合　計 | $ 72,370 | $ 68,360 |
| 負債及業主權益 | 06年 | 05年 |
| 應付帳款 | $ 21,500 | $ 19,000 |
| 應付利息 | 70 | 160 |
| 抵押借款 | 10,000 | 20,000 |
| 股　　本 | 30,000 | 20,000 |
| 股本溢價 | 2,,000 | 0 |
| 保留盈餘 | 8,800 | 9,200 |
| 合　計 | $ 72,370 | $ 68,360 |

相關交易補充資料：

1. 長期債券投資溢價攤銷$100。

2. 出售土地（成本$10,000），淨收現$12,000。

3. 年底購入機器設備$15,000。

4. 償還抵押借款$10,000。

5. 發放現金股利$8,000。

6. 發行普通股1,000股。

3. 大立公司有關資料如下：

大立公司
比較資產負債表
07年12月31日及06年12月31日

| 資產 | 07年底 | 06年底 | 負債及股東權益 | 07年底 | 06年底 |
|---|---|---|---|---|---|
| 流動資產 | | | 流動負債 | | |
| 現金及約當現金 | $161,500 | $90,000 | 應付帳款 | $11,000 | $25,000 |
| 應收帳款（淨額） | 56,000 | 48,000 | 應付費用 | 8,400 | 6,000 |
| 存　　貨 | 18,500 | 22,500 | 應付利息 | 14,700 | 15,000 |
| 預付費用 | 42,000 | 27,000 | 應付所得稅 | 2,400 | 3,000 |
| 長期投資 | | | 長期負債 | | |
| 長期投資－股票 | 43,000 | 38,000 | 應付公司債 | 270,000 | 150,000 |
| 固定資產 | | | 公司債溢價 | 10,500 | 12,000 |
| 土　　地 | 315,000 | 360,000 | 股東權益 | | |
| 建築物 | 80,000 | 30,000 | 普通股本 | 350,000 | 300,000 |
| 減：累計折舊 | (9,000) | (6,000) | 資本公積 | 46,500 | 46,500 |
| 機器設備 | 75,000 | 0 | 保留盈餘 | 154,500 | 120,000 |
| 專利權 | 36,000 | 48,000 | 庫藏股票 | (50,000) | (20,000) |
| 合　　計 | $818,000 | $657,500 | 合　　計 | $818,000 | $657,500 |

大立公司
損益表
民國07年度

| | | |
|---|---|---|
| 銷　貨 | | $1,500,000 |
| 減：銷貨成本 | | 1,240,000 |
| 銷貨毛利 | | $ 260,000 |
| 減：營業費用 | | |
| 　折舊 | $ 3,000 | |
| 　專利權攤銷 | 12,000 | |
| 　其他營業費用 | 105,000 | 120,000 |
| 營業淨利 | | $ 140,000 |
| 加：營業外收入 | | |
| 　投資收入 | | 5,000 |
| 減：營業外費用 | | |
| 　出售土地損失 | $ 15,000 | |
| 　利息費用 | 10,500 | (25,500) |
| 稅前淨利 | | $ 119,500 |
| 減：所得稅 | | 25,000 |
| 本期稅後淨利 | | $ 94,500 |

補充資料：

1. 出售土地成本$45,000，售價$30,000。
2. 年底購入機器設備$75,000。
3. 購買庫藏股票成本$30,000。
4. 長期股票投資採權益法評價，本期認列投資收入$5,000。
5. 發行普通股5,000股，每股$10，交換房屋。
6. 平價發行公司債面額$120,000。

7. 發放現金股利$60,000。

試根據上列資料，採間接法編製現金流量表。

4. 以下列之資料編製營業活動之現金流量表，全成公司06年度損益表及補充資料如下：

全成公司
損 益 表
06年度

| | | |
|---|---|---|
| 銷貨收入 | | $ 143,370.00 |
| 減：銷貨成本 | | (75,667.50) |
| 銷貨毛利 | | 67,702.50 |
| 減：營業費用（不包括折舊） | $ 27,877.50 | |
| 折　　舊 | 7,965.00 | (35,842.50) |
| 淨利 | | $ 31,860.00 |

流動資產（除現金）、流動負債當年變動如下：

| | 增 | 減 |
|---|---|---|
| 應收帳款 | | $ 3,982.50 |
| 存　　貨 | $ 2,389.50 | |
| 預付保險費 | 1,593.00 | |
| 應付帳款 | 4,779.00 | |
| 應付租金 | 796.50 | |

試求：(1) 編製直接法下現金流量表中來自營業活動之現金流量部分。

(2) 編製間接法下現金流量表中來自營業活動之現金流量部分。

5. 【現金流量表之編製】

大大公司財務資訊如下，試編製現金流量表（營業活動部分採間接法）。

大大公司
比較資產負債表
06年及05年12月31日

| | 06年底 | 05年底 |
|---|---|---|
| 現金及約當現金 | $ 43,200 | $ 28,800 |
| 應收帳款 | 56,400 | 48,000 |
| 減：備抵呆帳 | (3,600) | (2,400) |
| 存　　貨 | 24,000 | 27,600 |
| 預付費用 | 8,400 | 7,200 |
| 長期投資 | 60,000 | 36,000 |
| 土　　地 | 96,000 | 0 |
| 房　　屋 | 120,000 | 168,000 |
| 減：累計折舊 | (36,000) | (43,200) |
| 合　　計 | $ 368,400 | $ 270,000 |
| 應付票據 | $ 27,600 | $ 9,600 |
| 應付費用 | 26,400 | 30,000 |
| 抵押借款 | 28,800 | 0 |
| 普通股本 | 180,000 | 132,000 |
| 保留盈餘 | 105,600 | 98,400 |
| 合　　計 | $368,400 | $ 270,000 |

大大公司
損 益 表
06年度

| | | |
|---|---|---|
| 銷貨收入 | | $360,000 |
| 銷貨成本 | | (216,000) |
| 銷貨毛利 | | $144,000 |
| 營業費用： | | |
| 　薪　　金 | $ 40,800 | |

| | | |
|---|---|---|
| 　呆　　帳 | 9,600 | |
| 　折　　舊 | 16,800 | (67,200) |
| 營業淨利 | | 76,800 |
| 營業外損益 | | |
| 　投資收入 | 10,800 | |
| 　售屋利益 | 9,600 | |
| 　減：利息支出 | (3,600) | 16,800 |
| 稅前淨利 | | 93,600 |
| 減：所得稅費用 | | (14,400) |
| 稅後淨利 | | $79,200 |

補充資料：

1. 本年度曾宣告並發放現金股利$72,000。

2. 本年度曾按面額@$10，現金增資發行新股4,800股。

3. 本年中曾將房屋（成本$48,000，累計折舊$24,000）售得$33,600。

# 附錄一 會計科目中英文對照表

| 科目名稱 | 科目說明（中文） | 科目說明（英文） |
|---|---|---|
| 現金及約當現金 (cash and cash equivalents) | 包括庫存現金、銀行存款及週轉金、零用金等，不包括已指定用途或依法律或契約受有限制者。 | Consisting of cash on hand, cash in bank, revolving funds and petty cash, but cash that is either restricted to be used only for specified purposes or by regulation or contracts is excluded. |
| 短期投資 (short-term investment) | 指購入具公開市場，隨時可變現，且不以控制被投資公司或與其建立密切業務關係爲目的之有價證券。 | The marketable securities purchased, which can be converted into cash anytime, and which is not intended to control the investee or to establish close business relationship with the investee. |
| 應收票據 (notes receivable) | 商業應收之各種票據。 | A written promise that is expected to be collected by a business. |
| 應收帳款 (accounts receivable) | 凡因出售產品、商品或提供勞務等營業收入所發生而應收取之一年或一個營業週期內到期帳款屬之。 | Trade receivables arising from the sale of products, goods or services to customers that are expected to be collected within one year or one operating cycle. |
| 其他應收款 (other receivables) | 指不能歸屬於應收帳款之款項。 | Receivables not classified under the headings above. |
| 存貨 (inventories) | 指備供正常營業出售之商品、製成品、副產品；或正在生產中之在製品，將於加工完成後出售者；或將直接、間接用於生產供出售之商品（或勞務）之材料或物料。 | Products, finished goods, by-products that are available for sale under normal operation; or work-in-process being processed that expected to be sold when completed; or materials or supplies that are expected to be used directly or indirectly in producing the goods (or services) available for sale. |
| 預付費用 (prepaid expenses) | 預付費用包括預付薪資、租金、保險費、用品盤存、所得稅及其他預付費用等，能在一年或一營業週期內消耗者。 | Consisting of prepaid payroll, prepaid rent, prepaid insurance, office supplies, prepaid income tax, and other prepaid expense that are expected to be consumed within one year or one operating cycle. |

| 科目名稱 | 科目說明（中文） | 科目說明（英文） |
|---|---|---|
| 預付款項 (prepayments) | 指預爲支付之各項成本或費用。但因購置固定資產而依約預付之款項及備供營業使用之未完工程營造款，應列入固定資產項下。 | Cost and expenses that are paid in advance. But contract payments on property, plant and equipment purchased or on construction-in-progress for construction to be used in operation should be classified under property, plant and equipment. |
| 其他流動資產 (other current assets) | 指不能歸屬於前述各款之流動資產。 | Current assets that cannot be classified under the above current asset headings. |
| 基金 (funds) | 指爲特定用途所提列之資產。 | Assets that are designated for specific purposes. |
| 長期投資 (long-term investments) | 爲營業目的或獲取控制權所爲之投資，及因理財目的所購入無公開市場之股票、一年或一個營業週期以後方能兌現之債券及不動產投資屬之。 | Investments made for business purposes or gaining control, non-marketable equity securities, bonds convertible into cash beyond one year or one operating cycle and real estate investments purchased for financing purpose. |
| 土地 (land) | 指營業上使用之土地及具有永久性之土地改良。 | Land and perpetual land improvements for operating use. |
| 土地改良物 (land improvements) | 凡在自有土地上從事非永久性整理改良工程之成本皆屬之。 | Enhancements or improvements on the self-owned land that with limited useful lives. |
| 房屋及建物 (buildings) | 指營業上使用之自有房屋建築及其他附屬設備。 | Self-owned buildings and their auxiliary equipment available for use in operation. |
| 機(器)具及設備 (machinery and equipment) | 指自有之直接或間接提供生產之機（器）具、運輸設備、辦公設備及其各項設備零配件。 | Self-owned machinery that are used directly or indirectly in production, transportation equipment, office equipment and other equipment. |
| 租賃資產 (leased assets) | 指依資本租賃契約所承租之資產。 | Assets leased under capital lease contracts. |

| 科目名稱 | 科目說明（中文） | 科目說明（英文） |
|---|---|---|
| 租賃權益改良 (leasehold improvements) | 指在依營業租賃契約承租之租賃標的物上之改良。 | Upgrading made to leased property under operating lease contracts. |
| 未完工程及預付購置設備款 (construction in progress and prepayments for equipment) | 指正在建造或裝置而尚未完竣之工程及預付購置供營業使用之設備款項等。 | Construction under progress or working in process, and prepayments for equipment purchased for use in operation. |
| 雜項固定資產 (miscellaneous property, plant, and equipment) | 指不能歸屬於前述各款之資產。 | Assets that cannot be classified under the asset headings above. |
| 遞耗資產 (depletable assets) | 指資產價值將隨開採、砍伐或其他使用方法而耗竭之天然資源。 | Natural resources, the value of which will be exhausted by mining, cutting and other consumption methods. |
| 商標權 (trademarks) | 指依法取得或購入之商標權。 | Trademark right held or purchased legally; valued at unamortized costs. |
| 專利權 (patents) | 指依法取得或購入之專利權。 | The patent right held or purchased legally. |
| 特許權 (franchise) | 凡為營業而取得之特許權屬之。 | Franchise obtained for operation. |
| 著作權 (copyright) | 指依法取得或購入文學、藝術、學術、音樂、電影等創作或翻譯之出版、銷售、表演等權利。 | Copyright held or purchased legally for the publishing and sale of original composition or translation of literature, art, academic article, music, motion picture and other similar works, and the right of performing art and music; valued at its unamortized costs. |
| 電腦軟體 (computer software) | 指對於購買或開發以供出售、出租或以其他方式行銷之電腦軟體。 | Computer software purchased or developed for sale, rent or other form of marketing. |
| 商譽 (goodwill) | 指出價取得之商譽。 | Goodwill acquired as a result of a purchase. Goodwill is valued at its unamortized costs. |

| 科目名稱 | 科目說明（中文） | 科目說明（英文） |
|---|---|---|
| 開辦費 (organization costs) | 指商業在創業期間因設立所發生之必要支出。 | All necessary expense incurred by a business in launching business during the developmental stage. |
| 其他無形資產 (other intangibles) | 凡不屬上列各項之無形資產皆屬之。 | Intangible assets that cannot be classified into the intangible asset headings above. |
| 遞延資產 (deferred assets) | 指已發生之支出，其效益超過一年或一個營業週期，應由以後各期負擔者。 | Expenditures incurred that will benefit over one year or one operating cycle and should be amortized over the future periods. |
| 閒置資產 (idle assets) | 指目前未供營業上使用之資產。 | Assets not under operating use currently. |
| 長期應收票據及款項與催收帳款 (long-term notes , accounts and overdue receivables) | 指收款期間在一年或一個營業週期以上之應收票據、帳款及催收帳款。 | Long-term notes, accounts receivable and overdue charges that due beyond one year or one operating cycle. |
| 出租資產 (assets leased to others) | 指非以投資或出租爲業之商業供作出租之自有資產。 | Self-owned assets held for rent by a business which is not in the investment or leasing business. |
| 存出保證金 (refundable deposit) | 指存出供作保證用之現金或其他資產。 | Cash or other assets deposited for guarantee purpose. |
| 雜項資產 (miscellaneous assets) | 指不能歸屬於前述各款之其他資產。 | Other assets that cannot be classified under the other asset headings above. |
| 短期借款 (short-term borrowings(debt)) | 指向金融機構或他人借入及透支之款項，其償還期限在一年或一個營業週期以內者。 | Loan or overdraft borrowed from financial institutions or other personal creditors, due within one year or one operating cycle. |
| 應付短期票券 (short-term notes and bills payable) | 指爲自貨幣市場獲取資金，而委託金融機構發行之短期票券。 | Short-term note issued by financial institutions on behalf of the business, for obtaining capital from monetary market. |
| 應付票據 (notes payable) | 指商業應付之各種票據。 | Various notes to be paid by the business. |

| 科目名稱 | 科目說明（中文） | 科目說明（英文） |
| --- | --- | --- |
| 應付帳款 (accounts payable) | 指商業應付之各種帳款。 | Various accounts to be paid by the business. |
| 應付所得稅 (income taxes payable) | 應付未付之營利事業所得稅。 | Income tax payable of the business which has not yet been paid. |
| 應付費用 (accrued expenses) | 凡已發生而尚未支付之各項應付費用，包括應付薪工、租金、利息、營業稅、應付其他稅捐及其他應付費用等皆屬之。 | Expense incurred but not yet paid, including accrued payroll, accrued rent payable, accrued interest payable, accrued VAT payable, accrued taxes payable-other and other accrued expense payable. |
| 其他應付款 (other payables) | 指不能歸屬於應付帳款之款項。 | Payables that cannot be classified as accounts payable. |
| 預收款項 (advance receipts) | 指預爲收納之各種款項。 | Various amounts collected in advance. |
| 一年或一營業週期內到期長期負債 (long-term liabilities-current portion) | 長期負債將於一年內或一個營業週期內到期，並將以流動資產或流動負債償還者。 | The portions of long-term liability payable by current assets or current liabilities or payable within one year or one operating cycle. |
| 其他流動負債 (other current liabilities) | 指不能歸屬於前述各款之流動負債。 | Current liabilities that cannot be classified into the headings above. |
| 應付公司債 (corporate bonds payable) | 凡公司奉核准並已發行之公司債皆屬之。 | Corporate bonds authorized and issued. |
| 長期借款 (long-term loans payable) | 指到期日在一年或一個營業週期以上之借款。 | Borrowing with due date beyond one year or one operating cycle. |
| 長期應付票據及款項 (long-term notes and accounts payable) | 指付款期間在一年或一個營業週期以上之應付票據、應付帳款等。 | Notes and accounts payable with repayment period beyond one year or one operation cycle. |

| 科目名稱 | 科目說明（中文） | 科目說明（英文） |
|---|---|---|
| 估計應付土地增值稅 (accrued liabilities for land value increment tax) | 因土地重估增值而提列待繳之土地增值稅。 | Provision for the land value incremental tax liability resulting from land revaluation. |
| 應計退休金負債 (accrued pension liabilities) | 有支付員工退休金義務之商業，於員工在職期間依法提列之退休金準備。 | Pension liability recognized by a business with the obligation to make future pension payments to its employees. |
| 其他長期負債 (other long-term liabilities) | 凡不屬於上列各項之長期負債皆屬之。 | Long-term liabilities that cannot be classified into the long-term liabilities headings above |
| 遞延負債 (deferred liabilities) | 指遞延收入、遞延所得稅負債等。遞延收入係指：凡業經收納，而應屬於以後各期享有之收入。遞延所得稅負債係指：當暫時性差異係因稅前財務所得大於課稅所得而發生，其所得稅之影響，爲遞延所得稅負債。 | Refer to deferred income, deferred income tax liabilities, and etc..Deferred income refers to income items received by a business to be recorded as income in the future periods.Deferred income tax liabilities refer to the tax effects of temporary differences resulting from pretax financial income in excess of taxable income. |
| 存入保證金 (deposits received) | 指收到客戶或他人存入供保證用之現金或其他資產。 | Cash or other assets received from customers or others for guarantee purpose. |
| 雜項負債 (miscellaneous liabilities) | 指不能歸屬於前二款之其他負債。 | Other liabilities that cannot be classified into the two headings above. |
| 資本（或股本） (capital) | 業主對商業投入之資本，並向主管機關登記者。 | Capital contributed by business owners and registered with the competent authority in charge. |
| 股票溢價 (paid-in capital in excess of par) | 凡公司以高於普通股或特別股面額之價格發行股票，其所超收部份之金額皆屬之。 | The excess amount over the par value of common or prefer stock issued, which is received by a corporation. |

| 科目名稱 | 科目說明（中文） | 科目說明（英文） |
|---|---|---|
| 資產重估增值準備<br>(capital surplus from assets revaluation) | 凡固定資產、遞耗資產及無形資產辦理重估增值之數皆屬之。 | Increments in equity from revaluation of property, plant and equipment, depletable assets and intangible assets. |
| 處分資產溢價公積<br>(capital surplus from gain on disposal of assets) | 凡處分固定資產之溢價收入，於減除應納所得稅後之餘額轉列資本公積者皆屬之。 | After-tax gain on disposal of fixed assets transferred to additional paid-in capital. |
| 合併公積<br>(capital surplus from business combination) | 自因合併而消滅之商業所承受之資產價額，減除自該商業所承擔之債務額及對該商業股東給付額之餘額 | Balance from deducting liabilities from assets assumed as a result of merger and after payment to the owners of the extinguished business. |
| 受贈公積<br>(donated surplus) | 凡受他人捐贈，應按捐贈物之公平價値列爲資本公積。 | Additional paid-in capital resulting from gifts of assets donated to a business. |
| 其他資本公積<br>(other additional paid-in capital) | 凡不屬於上列各項之資本公積皆屬之。 | Paid-in capital that cannot be classified into the paid-in capital headings above |
| 法定盈餘公積<br>(legal reserve) | 指依公司法或其他相關法令規定，自盈餘中指撥之公積。 | Retained earnings appropriated according to Company Law or related regulations. |
| 特別盈餘公積<br>(special reserve) | 指依法令或盈餘分派之議案，自盈餘中指撥之公積，以限制股息及紅利之分派者。 | Retained earnings appropriated according to earnings distribution resolution or according to law or regulation. |
| 未分配盈餘（或累積虧損）<br>(retained earnings - unappropriated (or accumulated deficit)) | 指未經指撥之盈餘或未經彌補之虧損。 | Earnings not yet appropriated or deficits not yet compensated. |

| 科目名稱 | 科目說明（中文） | 科目說明（英文） |
|---|---|---|
| 長期股權投資未實現跌價損失 (unrealized loss on market value decline of long-term equity investments) | 指長期股權投資採成本與市價孰低法評價，當總市價較總成本爲低，所認列之未實現跌價損失。 | Unrealized loss recognized when market value of long-term investments below their costs under the lower of cost or market valuation method. |
| 累積換算調整數 (cumulative translation adjustment) | 係指本國企業在國外營運之分公司、子公司及採權益法評價之轉投資事業之外幣財務報表，換算爲本國貨幣產生之兌換差額。 | Translation differences arising from translating the foreign currency financial statements of the foreign branches, subsidiaries and reinvestments accounted for under equity method into the local currency. |
| 未認列爲退休金成本之淨損失 (net loss not recognized as pension cost) | 凡期末已認列退休金負債未達最低退休金負債而補列之金額，超過未認列前期服務成本加未認列過渡性淨給付義務（或減除未認列過渡性淨資產）之數屬之。 | The amount of additional liability, which exceeds the sum of unrecognized prior service cost and unrecognized transitional net assets or net benefit obligation. Additional pension liability is the difference between the recorded pension liability and the minimum pension liability required to be recognized |
| 庫藏股 (treasury stock) | 指公司收回已發行股票尙未再出售或註銷者。 | Issued shares that have been reacquired by the corporation and not yet resold or cancelled. |
| 少數股權 (minority interest) | 指聯屬公司以外之投資者持有子公司之股份權益。 | A subsidiary’s equity that is held by the investors other than these affiliated companies |
| 銷貨收入 (sales revenue) | 指因銷售商品所賺得之收入。 | Income earned from selling goods. |
| 銷貨退回 (sales return) | 凡已售出之商品或產品，因顧客退回而未能獲得之銷貨價款皆屬之。 | A contra revenue account for goods or products sold but subsequently returned by the customer. |
| 銷貨折讓 (sales allowances) | 凡出售商品或產品，因給予顧客讓價而未能獲得之銷貨價款皆屬之。 | A contra revenue account for reduction in the selling price of goods or products sold. |

| 科目名稱 | 科目說明（中文） | 科目說明（英文） |
|---|---|---|
| 勞務收入 (service revenue) | 指因提供勞務所賺得之收入。 | Revenues earned from providing services. |
| 業務收入 (agency revenue) | 指因居間及代理業務或受委託等報酬所得之收入。 | Revenues earned from compensation for intermediary and agent business or for acting as an assignee. |
| 其他營業收入 (other operating revenue) | 指不能歸屬於前述各款之其他營業收入。 | Other operating revenues that cannot be classified into the headings above. |
| 銷貨成本 (cost of goods sold) | 指銷售商品之原始成本或產品之製造成本。 | Refer to the original costs of merchandise sold or the production costs of goods sold. |
| 進貨 (purchases) | 凡購進待銷之貨品均屬之。 | Purchase of goods for sale. |
| 進料 (materials purchased) | 進料（製造業適用）：本科目適用於對存貨處理採用定期盤存制之製造業。凡購進原料及物料所發生之進價及應負擔之運費、保險費、關稅、公證費、棧租等皆屬之。 | The acquisition costs of all materials that can be traced directly to the cost object, including freight-in, insurance, import duty, notary fee and rent |
| 直接人工 (direct labor) | 指能合理辨認係直接歸屬於生產製成品所發生之人工成本。 | Labor cost that can be reasonably identified for the production of finished goods |
| 製造費用 (manufacturing overhead) | 適用於製造業，凡製造業製造部門因從事生產所發生之除原料及人工成本以外之費用，及服務部門所發生之費用皆屬之。 | Costs that cannot be classified as material and direct labor in the manufacturing or the service department |
| 勞務成本 (service costs) | 指提供勞務所應負擔之成本。 | Costs incurred for providing services. |
| 業務成本 (agency costs) | 指因居間及代理業務或受委託等所應負擔之成本。 | Costs incurred for intermediary and agent business or for acting as assignee. |

| 科目名稱 | 科目說明（中文） | 科目說明（英文） |
|---|---|---|
| 其他營業成本 (other operating costs) | 指因其他營業收入所應負擔之成本。 | Expense incurred for earning other operating revenues. |
| 推銷費用 (selling expenses) | 凡因銷售商品所發生之相關費用。 | Expenses incurred in selling products. |
| 管理及總務費用 (general & administrative expenses) | 凡管理及總務部門發生之費用皆屬之。 | Any expense incurred in the administrative and general departments. |
| 研究發展費用 (research and development expenses) | 凡爲研究發展新產品、改進生產技術、改進提供勞務技術及改善製程而發生之各項研究、改良、實驗等費用皆屬之。 | Research, improvement and experiment expenses incurred for research and developing new products, improving production technology, technology for providing services and production process. |
| 利息收入 (interest revenue) | 凡存放金融機構、融資貸與他人等所產生之利息收入皆屬之。 | Interest revenues resulting from deposits with financial institution or loan to others. |
| 投資收益 (investment income) | 凡非以投資爲業之公司，因從事短期及長期投資，依成本法取得之股利收入，及依權益法按持股比例認列之被投資公司本期盈餘等投資收益屬之。 | Investment income of a non-investment company, engaged in short-term or long-term investments, including dividends received under cost method and income recognized under the equity method based on the investor’s percentage of ownership in the investee company’s current period income. |
| 兌換利益 (foreign exchange gain) | 凡因外幣匯率變動所獲得之利益皆屬之。 | Gain from fluctuation in foreign currency exchange rate. |
| 處分投資收益 (gain on disposal of investments) | 凡因處分短期及長期投資所獲得之利益皆屬之。 | Gain from disposal of short-term or long-term investments. |
| 處分資產溢價收入 (gain on disposal of assets) | 凡因處分固定資產所獲得之利益屬之。 | Gain from disposal of property, plant and equipment. |

| 科目名稱 | 科目說明（中文） | 科目說明（英文） |
|---|---|---|
| 其他營業外收入 (other non-operating revenue) | 凡不屬於以上各項之營業外收入皆屬之。 | Other non-operating revenue that cannot be classified into the headings above |
| 利息費用 (interest expense) | 凡向金融機構或他人借款等所發生之利息費用皆屬之。 | Interest expense incurred as a result of borrowing from financial institutions or other persons. |
| 投資損失 (investment loss) | 凡非以投資爲業之公司，因從事短期及長期投資，在按「成本與市價孰低」法評價時所認列之未實現跌價損失，或從事長期投資，在依權益法按持股比例認列被投資公司本期虧損時所認列之投資損失屬之。 | Investment loss of a non-investment company, engaged in short-term or long-term investments, including unrealized loss on investments based on the lower of cost-or-market method, and loss recognized when making long-term investments, under the equity method based on the investor' s percentage of ownership in the investee company' s current period net losses. |
| 兌換損失 (foreign exchange loss) | 凡因外幣匯率變動而發生之損失皆屬之。 | Loss from fluctuation of foreign currency exchange rate. |
| 處分投資損失 (loss on disposal of investments) | 凡因處分短期及長期投資而發生之損失皆屬之。 | Loss from disposal of short-term or long-term investments. |
| 處分資產損失 (loss on disposal of assets) | 凡因資產出售、報廢、及遺失等所發生之損失皆屬之。 | Loss from the sale, obsolescence, and loss of assets. |
| 其他營業外費用 (other non-operating expenses) | 凡不屬於以上各項之營業外費用皆屬之。 | Other non-operating expense that cannot be classified into the headings above |
| 所得稅費用或利益 (income tax expense or benefit) | 係指當期所得稅費用(利益)及遞延所得稅費用(利益)之合計數 | Income tax is computed based upon statutory tax rate applied to current period accounting net income (higher than zero). In case of current period accounting net loss incurred, the income tax benefit is computed based upon statutory tax rate applied to past or future tax savings resulting from current period accounting net loss. |

| 科目名稱 | 科目說明（中文） | 科目說明（英文） |
| --- | --- | --- |
| 停業部門損益-停業前營業損益 (income(loss)from operations of discontinued segments) | 凡企業處分某一營業部門時，其截至核准停業日止之該部門年度營業損益稅後淨額皆屬之。 | The net after-tax operating revenue or loss from the discontinued department prior to the authorized business cessation date. |
| 停業部門損益-處分損益 (gain(loss) from disposal of discontinued segments) | 凡企業處分某一營業部門時，其自核准停業日起至完成處分日止之該部門處分期間營業損益及直接處分損益稅後淨額皆屬之。 | The net after-tax gain from disposal of a department and the operating revenues or losses from the authorized business cessation date to the disposal completion date. |
| 非常損益 (extraordinary gain or loss) | 指性質特殊且非經常發生之損益皆屬之。 | Gain or loss that is unusual in nature and occurs infrequently. |
| 會計原則變動之累積影響數 (cumulative effect of changes in accounting principles) | 凡因會計原則變動所產生之稅後累積影響數皆屬之。 | After-tax cumulative effects resulting from changes in accounting principles. |
| 少數股權淨利 (minority interest income) | 係指聯屬公司以外的投資者按比列享有子公司之淨利。 | The subsidiary’s net income that is recognized by the investors other than these affiliated |

# 附錄二　專門職業及技術人員普通考試記帳士考試規則

名　稱：　專門職業及技術人員普通考試記帳士考試規則
（民國 93 年 10 月 19 日發布）

第 1 條　本規則依專門職業及技術人員考試法第十四條規定訂定之。
本規則未規定事項，依有關考試法規之規定辦理。

第 2 條　專門職業及技術人員普通考試記帳士考試（以下簡稱本考試），每年舉行一次。

第 3 條　應考人有下列情事之一者，不得應本考試：
一、專門職業及技術人員考試法第八條第一項各款情事之一者。
二、記帳士法第四條第一項各款情事之一者。

第 4 條　中華民國國民具有下列資格之一者，得應本考試：
一、公立或立案之私立高級中等或高級職業學校以上學校畢業，領有畢業證書者。
二、初等考試或相當等級之特種考試及格，並曾任有關職務滿四年，有證明文件者。
三、高等或普通檢定考試及格者。

第 5 條　本考試採筆試方式行之。

第 6 條　本考試應試科目分普通科目及專業科目：
一、普通科目：
(一)國文（作文與測驗）
二、專業科目：
(二)會計學概要
(三)租稅申報實務（包括所得稅、加值型及非加值型營業稅申報實務）
(四)稅務相關法規概要（包括所得稅法及其施行細則、稅捐稽徵法及其施行細則、加值型及非加值型營業稅法及其施行細則、營利事業所得稅查核準則）
(五)記帳相關法規概要（包括記帳士法、商業會計法及商業會計處理準則、公司法第八章公司登記及認許）

前項應試科目之試題題型，除租稅申報實務採申論式試題，稅務相關法規概要、記帳相關法規概要採測驗式試題外，其餘應試科目均採申論式與測驗式之混合式試題。

第 7 條 應考人於報名本考試時，應繳下列費件：
一、報名履歷表。
二、應考資格證明文件。
三、國民身分證影本。華僑應繳僑務委員會核發之華僑身分證明書或僑居地之中華民國使領館、代表處、辦事處、其他外交部授權機構出具之僑居證明。
四、最近一年內一吋正面脫帽半身照片。
五、報名費。
前項報名，以通訊方式爲之。

第 8 條 繳驗外國畢業證書、學位證書或其他有關證明文件，均須附繳正本及經中華民國駐外使領館、代表處、辦事處、其他外交部授權機構證明之影印本、中文譯本。前項各種證明文件之正本，得改繳經當地國合法公證人證明與正本完全一致，並經中華民國駐外使領館、代表處、辦事處、其他外交部授權機構證明之影印本。

第 9 條 本考試及格方式，以應試科目總成績滿六十分及格。
前項應試科目總成績之計算，以普通科目成績加專業科目成績合併計算之。其中普通科目成績以國文成績乘以百分之十計算之；專業科目成績以各科目成績總和除以科目數再乘以所占剩餘百分比計算之。本考試應試科目有一科成績爲零分或專業科目平均成績未滿五十分者，均不予及格。缺考之科目，以零分計算。

第 10 條 外國人具有第四條第一款、第二款規定資格之一，且無第三條各款情事之一者，得應本考試。

第 11 條 本考試及格人員，由考選部報請考試院發給考試及格證書，並函財政部查照。

第 12 條 本考試組織典試委員會，主持典試事宜；其試務由考選部辦理或委託財政部辦理。

第 13 條 本考試辦理竣事，考選部應將辦理典試及試務情形，連同關係文件，報請考試院核備。

第 14 條 本規則自發布日施行。

# 附錄三　記帳士法

名　　稱：　　記帳士法（民國93年06月02日公布）

---

第一章 總則

第 1 條　為建立記帳士制度，協助納稅義務人記帳及履行納稅義務，特制定本法。

第 2 條　中華民國國民經記帳士考試及格，並依本法領有記帳士證書者，得充任記帳士。

第 3 條　本法所稱主管機關為財政部。

第 4 條　有下列情事之一者，不得充任記帳士；其已充任者，撤銷或廢止其記帳士證書：

一、曾因業務上有詐欺、背信、侵占、偽造文書等犯罪行為，受有期徒刑一年以上刑之裁判確定者。

二、受禁治產之宣告尚未撤銷者。

三、受破產之宣告尚未復權者。

四、經公立醫院證明有精神病者。

五、曾服公職而受撤職處分，其停止任用期間尚未屆滿者。

六、受本法所定除名處分者。

依前項第二款至第五款規定撤銷或廢止記帳士證書者，於原因消滅後，仍得依本法之規定請領記帳士證書。

第 5 條　請領記帳士證書，應填具申請書，並檢同證明資格文件，向主管機關申請核發之。

前項請領證書之資格、條件、應檢附文件、證書發給、換發、補發與其他應遵行事項之辦法，由主管機關定之。

第 6 條　記帳士於執行業務事件，應分別依業務事件主管機關法令之規定辦理。

第二章 登錄

第 7 條　記帳士於執行業務前，應向主管機關申請登錄。

記帳士有死亡、撤銷、廢止或自行申請註銷資格或其他不得執業之情形，應註銷登錄。

第 8 條　曾任稅務機關稅務職系人員者，自離職之日起三年內，不得於其最後任職機關所在地之直轄市、縣市區域內執行記帳士職務。

第 9 條 記帳士執行業務之區域以其登記開業之直轄市、縣市為其執行業務區域。其在其他直轄市、縣市執行業務時，應向主管機關登記，免設分事務所。

第 10 條 記帳士應於其執行業務區域設立記帳士事務所。其事務所名稱，應註明「記帳士事務所」。

第 11 條 土管機關應備置記帳士名簿，載明下列事項：
一、姓名、性別、出生年、月、日、國民身分證統一編號、住址、學歷及經歷。
二、記帳士證書字號。
三、執行業務區域。
四、事務所名稱、地址及電話。
五、開業日期。
六、曾否受過懲戒。

第 12 條 經登錄之記帳士，因停業、復業或原登錄事項有變更時，應自事實發生之日起三十日內，向其原登錄之機關申報備查。

## 第三章 業務及責任

第 13 條 記帳士得在登錄區域內，執行下列業務：
一、受委任辦理營業、變更、註銷、停業、復業及其他登記事項。
二、受委任辦理各項稅捐稽徵案件之申報及申請事項。
三、受理稅務諮詢事項。
四、受委任辦理商業會計事務。
五、其他經主管機關核可辦理與記帳及報稅事務有關之事項。
前項業務不包括受委任辦理各項稅捐之查核簽證申報及訴願、行政訴訟事項。

第 14 條 記帳士接受委任代理前條第一項各款業務，應與委任人訂立委任書，並將委任書隨同代理案件附送受理機關。
前項委任書應載明下列事項：
一、委任人與受委任人之姓名或名稱、地址及受委任人之證書字號。
二、委任案件內容及委任權限。
三、委任日期。

第 15 條 記帳士受委任後，非有正當事由，不得終止其契約。如須終止契約，應於十日前通知委任人，在未得委任人同意前，不得終止進行。

第 16 條　記帳士執行業務，應設置簿冊，載明下列事項：
一、委任案件之類別及內容。
二、委任人之姓名或名稱及地址。
三、酬金數額。
四、委任日期。
依前項規定設置之簿冊，應保存五年。

第 17 條　記帳士不得爲下列各款行爲：
一、未經委任人之許可，洩漏業務上之秘密。
二、對於業務事件主管機關通知提示有關文件或答覆有關查詢事項，無正當理由予以拒絕或遲延。
三、以不正當方法招攬業務。
四、將執業證書出租或出借。
五、幫助或教唆他人逃漏稅捐。
六、對於受委任事件，有其他不正當行爲或違反或廢弛其業務上應盡之義務。

第 18 條　記帳士因懈怠或疏忽，致委任人或其利害關係人受有損害時，應負賠償責任。

## 第四章 公會

第 19 條　記帳士登錄後，非加入記帳士公會，不得執行業務；記帳士公會亦不得拒絕具有會員資格者加入。

第 20 條　記帳士應組織直轄市及縣市記帳士公會。直轄市及縣市記帳士公會，應組織記帳士公會全國聯合會。在同一區域內，同級之記帳士公會以一個爲限。

第 21 條　直轄市及縣（市）記帳士公會，應由該行政區域內開業記帳士三十人以上發起組織之；其不滿三十人者，應加入鄰近區域之記帳士公會或聯合組織之。

第 22 條　記帳士公會全國聯合會，應由直轄市及過半數之縣市記帳士公會完成組織後，始得發起組織。但經主管機關核准者，不在此限。直轄市及縣市記帳士公會應加入記帳士公會全國聯合會爲會員。

第 23 條　各級記帳士公會理事、監事任期均爲四年，其連選連任者不得超過二分之一；理事長之連任，以一次爲限。

第 24 條　各級記帳士公會章程，應載明下列事項：
一、名稱、區域及會址所在地。
二、宗旨、組織及任務。
三、理事、監事之名額、權限、任期及其選任、解任。

四、會員大會及理事會、監事會會議規則。
五、會員之入會及退會。
六、會員代表之產生及其任期。
七、經費及會計。
八、記帳士紀律委員會之組織及風紀維持方法。
九、章程之修改。
十、其他處理會務之必要事項。

第 25 條 各級記帳士公會應將下列各款事項，申報所在地人民團體主管機關及主管機關：
一、公會章程。
二、會員名冊及會員之入會、退會。
三、當選理事、監事簡歷冊。
四、會員大會或理事會、監事會之開會時間、地點及會議紀錄。
五、提議及決議事項。

## 第五章 懲處

第 26 條 記帳士有下列情事之一者，應付懲戒：
一、因業務之犯罪行爲經判刑確定者。
二、逃漏稅捐，經稅捐稽徵機關處分有案者。
三、幫助、教唆他人逃漏稅捐，經移送法辦者。
四、違反其他有關法令，受有行政處分，情節重大，足以影響記帳士信譽者。
五、違反記帳士公會章程之規定，情節重大者。
六、其他違反本法規定者。

第 27 條 記帳士懲戒處分如下：
一、警告。
二、申誡。
三、停止執行業務二月以上，二年以下。
四、除名。
記帳士受申誡處分三次以上者，應另受停止執行業務之處分；受停止執行業務處分累計滿五年者，應予除名。

第 28 條 記帳士有第二十六條情事時，利害關係人、業務事件主管機關或記帳士公會得列舉事實，提出證據，報請主管機關交付懲戒。

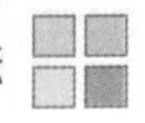

第 29 條 記帳士應付懲戒者，由記帳士懲戒委員會處理之。
記帳士懲戒委員會應將交付懲戒事件，通知被付懲戒人，並命其於通知送達之翌日起二十日內，提出答辯或到會陳述；未依限提出答辯或到會陳述時，得逕行決議。

第 30 條 記帳士懲戒委員會處理懲戒事件，認爲有犯罪嫌疑者，應即移送司法機關偵辦。

第 31 條 被懲戒人對於記帳士懲戒委員會之決議不服者，得於決議書送達之翌日起二十日內，向記帳士懲戒覆審委員會請求覆審。

第 32 條 記帳士懲戒委員會及記帳士懲戒覆審委員會之組織及程序，由主管機關定之。

第 33 條 被懲戒人之處分確定後，記帳士懲戒委員會應將其決議書通知記帳士公會及主管機關。

第 34 條 未依法取得記帳士資格，擅自執行第十三條第一項第一款至第三款及第五款規定之記帳士業務者，除依第三十五條第一項或其他法令規定得執行報稅業務者外，由主管機關處新臺幣三萬元以上十五萬元以下罰鍰。前項所定之罰鍰，經限期繳納，屆期仍不繳納者，依法移送強制執行。
受第一項處分三次以上，仍繼續從事記帳士業務者，處一年以下有期徒刑、拘役或科或併科新臺幣十五萬元以下罰金。

## 第六章 附則

第 35 條 本法施行前已從事記帳及報稅代理業務滿三年，且均有報繳該項執行業務所得，自本法施行之日起，得登錄繼續執業。但每年至少應完成二十四小時以上之相關專業訓練。
前項辦理專業訓練之單位、訓練課程、訓練考評、受理登錄之機關、登錄事項、登錄應檢附之文件及其他相關事項，其管理辦法由主管機關定之。

第 36 條 外國人得依中華民國法令取得記帳士證書，並充任記帳士。
外國人執行記帳士業務，應遵守中華民國關於記帳士之一切法令及記帳士公會章程。違反前項規定者，除依法處罰外，主管機關得將其所領記帳士證書註銷。

第 37 條 依本法規定請領記帳士證書時，應繳納證書費；其費額由主管機關定之。

第 38 條 本法規定有關書照簿表格式，由主管機關定之。

第 39 條 本法自公布日施行。

# 附錄四　記帳士法
# 第三十五條規定之管理辦法

名　　稱：　記帳士法第三十五條規定之管理辦法
（民國 94 年 03 月 11 日發布）

第 1 條　本辦法依記帳士法（以下稱本法）第三十五條第二項規定訂定之。

第 2 條　本法第三十五條第一項所稱「本法施行前已從事記帳及報稅代理業務滿三年，且均有報繳該項執行業務所得」，指於本法公布施行前，已依所得稅法規定，報繳三年度執行業務所得之扣繳憑單或綜合所得稅各類所得資料清單，足資證明其有執行記帳及報稅代理業務者。

第 3 條　合於本法第三十五條第一項規定之記帳及報稅代理業務人（以下簡稱記帳及報稅代理業務人），應自本辦法發布施行日起一年內，向事務所或執業場所所在地之國稅局申請登錄以繼續執業。

第 4 條　記帳及報稅代理業務人申請登錄，應繳納登錄執業證明書費，並檢具下列文件：

一、申請書。
二、身分證明文件影本。
三、最近一年內二吋半身相片二張。
四、合於第二條規定之證明文件。

前項證明書費，每張新臺幣一千五百元。

第 5 條　記帳及報稅代理業務人申請登錄應檢具之文件不齊備，其能補正者，國稅局應以書面通知申請人於十五日內補正；不能補正或屆期不補正，得逕行駁回之。

第 6 條　國稅局應於受理申請後十五日內爲是否准予登錄之決定；必要時，得予延長，延長之期間不得逾十五日。

第 7 條　記帳及報稅代理業務人申請登錄經國稅局審查合格者，發給登錄執業證明書。

國稅局依第五條規定或審查不合格駁回申請時，應以書面敘明理由通知申請人，並退還登錄執業證明書費。

第 8 條　記帳及報稅代理業務人登錄執業證明書遺失或滅失時，記帳及報稅代理業務人得登報三天聲明作廢，並繳納證明書費，檢具下列文件向事務所或執業場所所在地之國稅局申請補發：
一、申請書。
二、刊登記帳及報稅代理業務人登錄執業證明書遺失或滅失作廢聲明之整張報紙。
三、最近一年內二吋半身相片二張。
依前項規定補發證明書後，如發現已報失之證明書，應即繳還原發證明書之國稅局銷毀。

第 9 條　記帳及報稅代理業務人登錄執業證明書污損或破損時，記帳及報稅代理業務人得繳納證明書費，檢具下列文件向事務所或執業場所所在地之國稅局申請換發：
一、申請書。
二、原記帳及報稅代理業務人登錄執業證明書。
三、最近一年內二吋半身相片二張。

第 10 條　第四條第二項及第五條至第七條之規定，於申請補發或換發記帳及報稅代理業務人登錄執業證明書時，準用之。

第 11 條　已依本辦法規定完成登錄之記帳及報稅代理業務人有自行申請註銷登錄或死亡之情形，由其事務所或執業場所所在地之國稅局註銷登錄。
國稅局應於每年一月三十一日以前，統計前一年度辦理之註銷登錄案件，並通報被註銷登錄者其他執業區域之管轄稅捐稽徵機關。

第 12 條　國稅局應備置記帳及報稅代理業務人名簿，載明下列事項：
一、記帳及報稅代理業務人之姓名、性別、出生年月日、身分證統一編號、戶籍地址及通訊地址、聯絡電話、學歷。
二、事務所或執業場所名稱、地址、聯絡電話及扣繳單位統一編號。
三、執行業務區域。
四、登錄日期及文號。
五、註銷日期及文號。
六、變更登錄事項內容、日期及文號。
七、參加專業訓練紀錄，包括專業訓練單位、訓練起迄日期、訓練時數、訓練課程、考評。
前項第一款及第二款事項有異動者，記帳及報稅代理業務人應於異動日起三十日內，向事務所或執業場所所在地之國稅局辦理異動登記。事務所或執業場所遷移至其他國稅局轄區者，應向原登錄（記）之國稅局辦理遷移登記；嗣後應登記事項有異動者，均向遷移後事務所或執業場所所在地之國稅局辦理異動登記。

第一項第三款之執行業務區域以其登記之直轄市、縣（市）為其執行業務區域。其在其他直轄市、縣（市）執行業務者，應於執業前向事務所或執業場所所在地之國稅局辦理登記。

記帳及報稅代理業務人事務所或執業場所所在地之國稅局，應將所登錄（記）之事項及異動後之內容通報該記帳及報稅代理業務人執行業務區域內之管轄稅捐稽徵機關。

第 13 條　未依規定辦理登錄或登錄後經註銷者，不得執行記帳及報稅代理業務；其擅自執行業務者，依本法第三十四條規定辦理。

第 14 條　記帳及報稅代理業務人經國稅局核准登錄者，得在登錄執行業務區域內，繼續執行下列業務：

一、受委任辦理營業、變更、註銷、停業、復業及其他登記事項。
二、受委任辦理各項稅捐稽徵案件之申報及申請事項。
三、受理稅務諮詢事項。
四、受委任辦理商業會計事務。
五、其他經主管機關核可辦理與記帳及報稅事務有關之事項。

前項業務不包括受委任辦理各項稅捐之查核簽證申報及訴願、行政訴訟事項。

第 15 條　記帳及報稅代理業務人受委任辦理前條第一項各款業務，應與委任人訂立委任書，並將委任書副本隨同受委任辦理案件附送案件受理機關。

前項委任書應載明下列事項：

一、委任人與受委任人之姓名或名稱、地址及受委任人之登錄字號。
二、委任案件內容及委任權限。
三、委任日期。

第 16 條　記帳及報稅代理業務人辦理記帳及報稅代理業務，得與委任人約定收取合理之酬金。但不得以任何名義收取額外報酬。

第 17 條　記帳及報稅代理業務人應設置簿冊，載明下列事項：

一、委任案件之類別及內容。
二、委任人之姓名或名稱及地址。
三、酬金數額。
四、委任日期。

依前項規定設置之簿冊，應保存五年。

第 18 條　記帳及報稅代理業務人不得為下列各款行為：

一、未經委任人之許可，洩漏業務上之秘密。
二、對於業務事件主管機關通知提示有關文件或答覆有關查詢事項，無正當理由予以拒絕或遲延。
三、以不正當方法招攬業務。

四、將登錄執業證明書出租或出借他人執業。
五、幫助或教唆他人逃漏稅捐。
六、對於受委任事件，有其他不正當行爲或違反或廢弛其業務上應盡之義務。

第 19 條　有下列情事之一者，記帳及報稅代理業務人應拒絕接受委任：
一、委任人不提供必要之帳簿文據憑證或關係文件。
二、委任人意圖爲不實不當之記帳、報稅。
三、其他因委任人隱瞞或欺騙而致無法爲公正詳實之記帳報稅代理。

第 20 條　記帳及報稅代理業務人因懈怠或疏忽，致委任人或其利害關係人受有損害時，應依民法相關規定負賠償責任。

第 21 條　記帳及報稅代理業務人於執行業務時，應分別依業務事件主管機關法令之規定辦理；涉有犯罪嫌疑者，由管轄稅捐稽徵機關函報業務事件主管機關移送司法機關偵辦。

第 22 條　記帳及報稅代理業務人每年應依下列規定完成專業訓練：
一、中華民國九十四年至九十六年每年應完成四十小時以上；九十七年以後每年應完成二十四小時以上之相關專業訓練。
二、專業訓練課程應至少包含下列課程一項以上，且合計訓練時數應達前款規定最低時數三分之二以上：公司法、所得稅法、加值型及非加值型營業稅法、營利事業所得稅查核準則及其他租稅法規、會計學、商業會計法、商業會計處理準則及相關法規。
三、專業訓練課程除前款規定課程以外，其餘課程亦應與執業範圍應用知識相關。

第 23 條　經教育部核准立案設有財稅（政）、會計、企管、商學或法律系（所）、科之公私立專科以上學校，或以財經、稅務、會計教育訓練爲宗旨，且訓練著有績效之財團法人、非營利性社團法人，得檢附下列文件，向轄區國稅局申請核准爲本法第三十五條規定之專業訓練單位：
一、申請書。
二、法人資格證明文件或人民團體立案證書影本。
三、專業訓練實施計畫書。
四、最近三年辦理財經、稅務或會計教育訓練之績效。
前項第三款之專業訓練實施計畫書，應包括下列內容：
一、專業訓練課程及時數。
二、課程師資。
三、收費及退費標準。
四、勤惰管理及教學督導。
五、其他相關事宜。
第一項國稅局所爲之核准，其有效期限爲四年，期滿須重新申請。

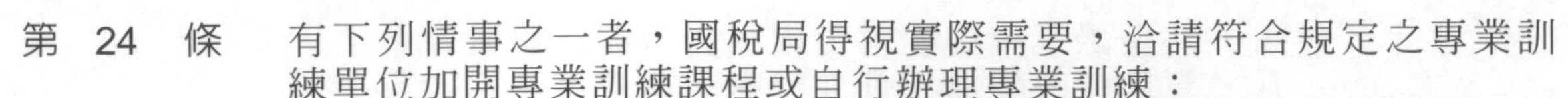

第 24 條　有下列情事之一者，國稅局得視實際需要，洽請符合規定之專業訓練單位加開專業訓練課程或自行辦理專業訓練：

一、轄區內之直轄市或縣（市）內無申請為專業訓練單位者。

二、記帳及報稅代理業務人因重病或其他重大意外事故，致無法參加其登記執行業務區域內專業訓練單位於當年度正常開辦之所有專業訓練課程，經報請其事務所或執業場所所在地之國稅局查明屬實者。

第 25 條　專業訓練單位得就符合本辦法規定之專業訓練課程一項或二項以上，開辦專業訓練課程。除有特殊情形外，專業訓練課程應按季辦理。

第 26 條　記帳及報稅代理業務人參加專業訓練考評合格者，專業訓練單位應發給完成訓練證明（含時數及課程證明），並於訓練結束後十五日內，將訓練合格之受訓人員名冊、訓練課程名稱、訓練時數等資料通報受訓人員事務所或執業場所所在地之國稅局。

第 27 條　記帳及報稅代理業務人未依本辦法規定完成專業訓練課程、時數或經考評不合格者，次年度不得繼續執業；其擅自執行業務者，依本法第三十四條規定辦理。記帳及報稅代理業務人事務所或執業場所所在地之國稅局應於每年二月十五日以前，將前一年度未完成專業訓練課程、時數或考評不合格之所轄記帳及報稅代理業務人名單，通報其執行業務區域內之管轄稅捐稽徵機關。

第 28 條　專業訓練單位應保存受訓人員名冊、師資名冊、各受訓人員訓練課程名稱、訓練時數、考評結果、出席紀錄及核發受訓人員合格時數認證等證明文件，保存期限至少五年。

第 29 條　國稅局得派員瞭解或抽查其轄區內專業訓練單位辦理訓練計畫之執行情形，該單位應予協助並提供相關資料。

第 30 條　專業訓練單位有下列情事之一者，其轄區國稅局得廢止其辦理專業訓練之核准：

一、辦理之專業訓練與申請之實施計畫書內容不符，情節嚴重。

二、有事實足認領有第二十六條訓練證明之人員，其實際參與專業訓練之課程或時數，與核發之證明不符。

第 31 條　記帳及報稅代理業務人得籌設公會。

第 32 條　本辦法規定之書表簿冊格式，由財政部定之。

第 33 條　本辦法自發布日施行。

# 附錄五　商業會計處理準則

名　　稱：商業會計處理準則（民國91年04月17日修正）

---

第一章 總則

第 1 條　本準則依商業會計法（以下稱本法）第十三條規定訂定之。

第 2 條　商業會計事務之處理，應依本法、本準則及有關法令辦理；其未規定者，依照一般公認會計原則辦理。

第 3 條　本準則所列會計憑證、會計科目、帳簿及財務報表，商業得因實際需要增訂。記帳憑證、帳簿及財務報表之名稱及格式，由中央主管機關公告。

第 4 條　會計科目之明細科目、各種帳簿之明細簿及財務報表之明細表，商業得按實際需要，自行設置。

第二章 會計憑證

第 5 條　外來憑證及對外憑證應記載左列事項，由開具人簽名或蓋章：
一　憑證名稱。
二　日期。
三　交易雙方名稱及地址或統一編號。
四　交易內容及金額。
內部憑證由商業根據事實及金額自行製存。

第 6 條　記帳憑證之內容應包括商業名稱、傳票名稱、日期、傳票編號、科目名稱、摘要及金額，並經相關人員簽名或蓋章。

第 7 條　記帳憑證之編製應以原始憑證為依據，原始憑證應附於記帳憑證之後作為附件。為證明權責存在之憑證或應永久保存或另行裝訂較便之原始憑證得另行彙訂保管，並按性質或保管期限分類編號，互註日期、編號、保管人、保管處所及編製目錄備查。

第 8 條　記帳憑證應按日或按月彙訂成冊，加製封面，封面上應記明冊號、起迄日期、頁數，由會計人員簽名或蓋章，妥善保管，並製目錄備查。保管期限屆滿，經代表商業之負責人核准，得予以銷毀。

第三章 會計帳簿

第 9 條　會計帳簿在同一會計年度內應連續記載，除已用盡外不得更換新帳簿。

第 10 條 各種帳簿之首頁應設置帳簿啓用、經管、停用記錄，分類帳簿次頁應設置帳戶目錄。

第 11 條 更換新帳簿時，應於舊帳簿空白頁上，逐頁加蓋「空白作廢」戳記或截角作廢，並在空白首頁加填「以下空白作廢」字樣。

第 12 條 記帳以元爲單位。但得依交易之性質延長元以下之位數。

第 13 條 記帳錯誤如更正後不影響總數者，應在原錯誤上劃紅線二道，將更正之數字或文字書寫於上，並由更正人於更正處簽名或蓋章或另開傳票更正，以明責任。記帳錯誤如更正後影響總數者，應另開傳票更正。

第四章 會計科目及財務報表之編製

第 14 條 資產負債表項目分類如左：

一、資產。
(一) 流動資產。
(二) 基金及長期投資。
(三) 固定資產。
(四) 遞耗資產。
(五) 無形資產。
(六) 其他資產。

二、負債。
(一) 流動負債。
(二) 長期負債。
(三) 其他負債。

三、業主權益。
(一) 資本或股本。
(二) 資本公積。
(三) 保留盈餘或累積虧損。
(四) 長期股權投資未實現跌價損失。
(五) 累積換算調整數。
(六) 庫藏股。

第 15 條 流動資產指現金、短期投資及其他預期能於一年內變現或耗用之資產。但商業營業週期長於一年者，應改以一個營業週期作爲劃分流動及非流動資產之標準，並於財務報表附註中說明。

流動資產科目分類與評價及應加註釋事項如左：

一、現金：指庫存現金、銀行存款及週轉金、零用金等，不包括已指定用途或依法律或契約受有限制者；其科目性質及應加註釋事項如左：
(一) 非活期之銀行存款到期日在一年以後者，應加註明。
(二) 定期存款（含可轉讓定存單）提供債務作質者，若所擔保之債務爲期負債，應改列爲其他資產，若所擔保之債務爲流動負債則改列爲其他流動資產，並附註說明擔保之事實。作爲存出保證金者，應依其長短期之性質，分別列爲流動資產或其他資產，並於附註中說明。

(三)補償性存款如因短期借款而發生者，應列爲流動資產；若係因長期負債而發生者，則應改列爲其他資產或長期投資。

二、短期投資：指購入具公開市場，隨時可變現，且不以控制被投資公司或與其建立密切業務關係爲目的之有價證券；其科目性質與評價及應加註釋事項如左：

(一)短期投資應採成本與市價孰低法評價，並註明成本計算方法。市價係指會計期間最末一個月之平均收盤價。但開放型基金，其市價係指資產負債表日該基金淨資產價值。

(二)短期投資供債務作質者，若所擔保之債務爲流動負債，仍列爲短期投資；若所擔保之債務爲長期負債，則應改列爲長期投資。但均應附註說明擔保之事實。

(三)短期投資作爲存出保證金者，應依其長短期性質，分別列爲短期投資或長期投資。

(四)因持有短期投資而取得股票股利或資本公積轉增資所配發之股票者，應依短期投資之種類，分別註記所增加之股數，並按加權平均法重新計算每股平均單位成本。

(五)結算時應評估隨時可轉換成定額現金且即將到期而其利率變動對其價值影響甚少之短期投資，於編製報表時與現金合併以「現金及約當現金」科目表表達。

三、應收票據：指商業應收之各種票據；其科目性質與評價及應如註釋事項如左：

(一)應收票據應按現值評價，但到期日在一年以內者，得按面值評價。

(二)應收票據業經貼現或轉讓者，應予扣除並加註明。

(三)因營業而發生之應收票據，應與非因營業而發生之應收票據分別列示。

(四)金額重大之應收關係人票據，應單獨列示。

(五)應收票據已提供擔保者，應於附註中說明。

(六)應收票據業已確定無法收回者，應予轉銷。

(七)結算時應評估應收票據無法收現之金額，提列適當之備抵呆帳，列爲應收票據之減項。

四、應收帳款：指商業因出售商品或勞務等而發生之債權；其科目性質與評價及應加註釋事項如左：

(一)應收帳款應按現值評價。但到期日在一年以內者，得按帳載金額評價。

(二)金額重大之應收關係人帳款，應單獨列示。

(三)分期付款銷貨之未實現利息收入，應列為應收帳款之減項。
(四)應收款項收回期間超過一年部分，應附註說明各年度預期收回之金額。
(五)「設定擔保應收帳款」應單獨列示，作為副擔保品之應付票據應列為「設定擔保應收帳款」之減項。
(六)應收帳款包括長期工程合約帳款者，應附註列示已開立帳單之應收帳款中屬於工程保留款部分，如保留款之預期收回期間如超過一年 者，並應附註說明各年預期收回之金額。
(七)應收帳款業已確定無法收回者，應予轉銷。
(八)結算時應評估應收帳款無法收現之金額，提列適當之備抵呆帳，列為應收帳款之減項。

五、其他應收款：指不屬前款之應收款項；其科目性質與評價及應加註釋事項如左：
(一)其他應收款中超過流動資產合計金額百分之五者，應按其性質或對象分別列示。
(二)結算時應評估其他應收款無法收回之金額，提列適當之備抵呆帳，列為其他應收款之減項。但其他應收款如為更明細之劃分者，備抵呆帳亦應比照分別列示。

六、存貨：指備供正常營業出售之商品、製成品、副產品；或正在生產中之在製品，將於加工完成後出售者，或將直接、間接用於生產供出售之商品（或勞務）之材料或物料；其科目性質與評價及應加註釋事項如左：
(一)存貨應採成本與市價孰低法評價。
(二)存貨若有瑕疵、損壞或陳廢等，致其價值顯著減低者，應以淨變現價值為評價基礎。
(三)存貨有提供作質、擔保或由債權人監視使用等情事，應予註明。

七、預付款項：指預為支付之各項成本或費用。但因購置固定資產而依約預付之款項及備供營業使用之未完工程營造款，應列入固定資產項下。

八、其他流動資產：指不能歸屬於前七款之流動資產。但以上各款流動資產，除現金外，金額未超過流動資產合計金額百分之五者，得併入其他流動資產內。

第 16 條 基金及長期投資指商業為特定用途而提撥之各類基金及因業務目的而為長期性之投資；其科目分類與評價及應加註釋事項如左：

一、基金：指為特定用途所提列之資產，如償債基金、改良及擴充基金、意外損失準備基金等。基金提存所根據之議案及辦法，應予註明。

二、長期投資：指長期性之投資，如投資其他企業，購買長期債券或投資不動產等；其科目性質與評價及應加註釋事項如左：
(一)長期投資應註明評價基礎，並依其性質分別列示。

(二)投資他公司爲有限責任股東時，其會計處理應依照財團法人中華民國會計研究發展基金會公布之財務會計準則公報（以下簡稱財務會計準則公報）第五號規定辦理。

(三)長期債券投資應按面額調整未攤銷溢、折價評價，其溢價或折價應按合理而有系統之方法攤銷。

(四)長期投資有提供作質，或受有約束、限制等情事者，應予註明。

第 17 條　固定資產指爲供營業上使用，非以出售爲目的，且使用年限在一年或一個營業週期以上之有形資產，以較長者爲準；其科目分類與評價及應加註釋事項如左：

一、土地：指營業上使用之土地及具有永久性之土地改良；其評價包括取得成本、具有永久性之改良及重估增值等。土地因重估增值所提列之土地增值稅準備，應列爲長期負債；土地因法令限制而暫以他人名義爲所有權登記者，應附註揭露，並註明保全措施。

二、房屋及建物：指營業上使用之自有房屋建築及其他附屬設備；其評價包括房屋及建物之取得成本及取得後所有能延長資產耐用年限或服務潛能之資本化支出、重估增值等。

三、機（器）具及設備：指自有之直接或間接提供生產之機（器）具、運輸設備、辦公設備及其各項設備零配件；其評價包括機（器）具及設備之取得成本與取得後所有能延長耐用年限或服務潛能之資本化支出、重估增值等。

四、租賃資產：指依資本租賃契約所承租之資產。租賃資產應按帳面價值評價。

五、租賃權益改良：指在依營業租賃契約承租之租賃標的物上之改良。租賃權益改良應按成本評價，得列於固定資產或無形資產項下。租賃權益改良應按其估計耐用年限與租賃期間之較短者，以合理而系統之方法提列折舊或分攤成本，並依其性質轉作各期費用或間接製造成本，不得間斷。

六、雜項固定資產：指不能歸屬於前五款之資產；其評價包括取得成本與取得後所有能延長耐用年限或服務潛能之資本化支出及重估增值等。

七、未完工程及預付購置設備款：指正在建造或裝置而尚未完竣之工程及預付購置供營業使用之固定資產款項等；其評價包括建造或裝置過程中所發生之成本。

固定資產應註明評價基礎，如經過重估者，應列明重估價日期及增減金額。

固定資產除土地外，應於達可供使用狀態時，以合理而有系統之方法，按期提列折舊，且應註明折舊之計算方法，並依其性質轉作各期費用或間接製造成本，不得間斷；其累計折舊應列爲固定資產之減項。

已無使用價值之固定資產，應按其淨變現價值或帳面價值之較低者轉列其他資產；無淨變現價值者，應將成本與累積折舊沖銷，差額轉列損失；若耐用年限屆滿仍繼續使用者，並應就殘值繼續提列折舊。

固定資產有提供保證、抵押或設定典權等情形者，應予註明。

第 18 條 遞耗資產指資產價值將隨開採、砍伐或其他使用方法而耗竭之天然資源；

其評價及應加註釋事項如左：

一、遞耗資產應按取得、探勘及開發成本入帳。

二、遞耗資產應註明評價基礎，如經過重估者，應列明重估日期及增減金額。

三、遞耗資產應於估計開採或使用年限內，以合理而有系統之方法，按期提列折耗，且應註明折耗之計算方法，並依其性質轉作存貨或銷貨成本，不得間斷。累積折耗應列為遞耗資產之減項。

四、遞耗資產有提供保、抵押或設定質權或典權者，應予註明。

第 19 條 無形資產指無實體存在而具經濟價值之資產；其科目分類與評價及應加註釋事項如左：

一、商標權：指依法取得或購入之商標權；商標權按未攤銷之成本評價。

二、專利權：指依法取得或購入之專利權；專利權按未攤銷之成本評價。

三、著作權：指依法取得或購入文學、藝術、學術、音樂、電影等創作或翻譯之出版、銷售、表演等權利；著作權按未攤銷之成本評價。

四、電腦軟體：指對於購買或開發以供出售、出租或以其他方式行銷之電腦軟體；電腦軟體成本按未攤銷之購入成本或自建立技術可行性至完成產品母版所發生之成本評價。但在建立技術可行性以前所發生之成本應作為研究發展費用；電腦軟體成本應個別攤銷，每年之攤銷比率係以該產品本期收益對該產品本期及以後各期總收益之比率，與按該產品之剩餘耐用年限採直線法計算之攤銷率，兩者之較大者為準。期末應按未攤銷成本與淨變現價值孰低法評價。

五、商譽：指出價取得之商譽。商譽按未攤銷之成本評價。

六、開辦費：指商業在創業期間因設立所發生之必要支出。開辦費按未攤銷之成本評價。

自行發展之無形資產，其屬不能明確辨認者，如商譽，不得列記為資產；其屬能明確辨認者，如專利權，僅可將申請登記之成本，作為專利權成本。

研究發展支出除受委託研究，其成本依契約可全數收回者外，須於發生當期以費用列帳。

無形資產應註明評價基礎，且應於效用存續期限內以合理而有系統之方法分期攤銷。但最長不得超過二十年；其攤銷期限及計算方法應予註明。

第 20 條　其他資產指不能歸屬於前五條之資產，且其收回或變現期限在一年或一個營業週期以上者，以較長者爲準；其科目分類與評價及應加註釋事項如左：

一、遞延資產：指已發生之支出，其效益超過一年或一個營業週期，應由以後各期負擔者，如各項未攤銷費用、債券發行成本、遞延所得稅資產等。遞延資產按未攤銷成本評價。

二、閒置資產：指目前未供營業上使用之資產。閒置資產按淨變現價值評價。

三、長期應收票據及款項與催收帳款：指收款期間在一年或一個營業週期以上之應收票據、帳款及催收款項。長期應收票據及款項按現值評價；催收帳款按淨變現價值評價。

四、出租資產：指非以投資或出租爲業之商業供作出租之自有資產。

五、存出保證金：指存出供作保證用之現金或其他資產。

六、雜項資產：指不能歸屬於前五款之其他資產。

催收款項金額重大者，應單獨列示並註明催收情形及提列備抵呆帳數額。

其他資產金額超過資產總額百分之五者，應按其性質分別列示。

第 21 條　流動負債指將於一年內，以流動資產或其他流動負債償付之債務。但商業營業週期長於一年者，應改以一個營業週期作爲劃分流動及非流動負債之標準，並於財務報表附註中說明。流動負債科目分類與評價及應加註釋之事項如左：

一、短期借款：指向金融機構或他人借入及透支之款項，其償還期限在一年或一個營業週期以內者；其評價及應加註釋事項如左：

(一)短期借款應按現值評價。

(二)短期借款應依借款種類註明借款性質、保證情形及利率區間，如有提供擔保品者，應註明擔保品名稱及帳面價值。

(三)向金融機構、業主、員工、關係人及其他個人或機構之借入款項，應分別註明。

二、應付短期票券：指爲自貨幣市場獲取資金，而委託金融機構發行之短期票券，包括應付商業本票及銀行承兌匯票等；其評價及應加註釋事項如左：

(一)應付短期票券應按現値評價，應付短期票券折價應列爲應付短期票券之減項。
(二)應付短期票券應註明保證、承兌機構及利率，如有提供擔保品者，應註明擔保品名稱及帳面價值。

三、應付票據：指商業應付之各種票據；其評價及應加註釋事項如左：
(一)應付票據應按現値評價。但到期日在一年或一個營業週期以內者，得按面額評價。
(二)因營業而發生與非因營業而發生之應付票據，應分別列示。
(三)金額重大之應付關係人票據，應單獨列示。
(四)已提供擔保品之應付票據，應註明擔保品名稱及帳面價值。
(五)存出保證用之票據，於保證之責任終止時可收回註銷者，得不列爲流動負債。但應於財務報表附註中說明保證之性質及金額。

四、應付帳款：指商業應付之各種帳款；其評價及應加註釋事項如左：
(一)應付帳款應按現値評價。但到期日在一年或一個營業週期以內者，得按帳載金額評價。
(二)因營業而發生之應付帳款，應與非因營業而發生之應付款項分別列示。
(三)金額重大之應付關係人款項，應單獨列示。
(四)已提供擔保品之應付帳款，應註明擔保品名稱及帳面價值。

五、應付所得稅：指根據課稅所得計算之預計應納所得稅。

六、其他應付款：指不能歸屬於應付帳款之應付款項，如應付稅捐、薪工等；其評價及應加註釋事項如左：
(一)其他應付款應按現値評價。但到期日在一年或一個營業週期以內者得按帳載金額評價。
(二)應付股息紅利，如已確定分派辦法及預定支付日期者，應加以揭露。
(三)其他應付款中超過流動負債斂計金額百分之五者，應按其性質或對象分別列示。

七、預收款項：指預爲收納之各種款項，如預收銷售貨物或提供勞務之定金等。預收款項應按主要類別分別列示，其有特別約定事項者並應註明。

八、其他流動負債：指不能歸屬於前七款之流動負債。但以上各款流動負債，其金額未超過流動負債合計金額百分之五者，得併入其他流動負債內。

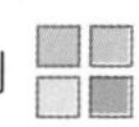

第 22 條 長期負債指到期日在一年或一個營業週期以上之債務，以較長者為準：其科目分類與評價及應加註釋事項如左：

一、應付公司債：指發行人發行之債券；其評價及應加註釋事項如左：

(一)公司債應按面值調整未攤銷溢、折價評價；其溢價或折價應於債券流通期間內按合理而有系統之方法加以攤銷，作為利息費用之調整　項目。

(二)發行債券之核定總額、利率、到期日、擔保品名稱、帳面價值、發行地區及其他有關約定限制條款等應附註說明。

(三)如所發行之債券為轉換公司債者，應註明轉換辦法及已轉換金額。

二、長期借款：指到期日在一年或一個營業週期以上之借款，包括長期銀行借款及其他長期借款或分期償付之借款等；其評價及應加註釋事項如左：

(一)長期借款應按現值評價。

(二)長期借款應註明其內容、到期日、利率、擔保回名稱、帳面價值及其他約定重要限制條款。長期借款以外幣或按外幣兌換率折算償還　者，應註明外幣名稱及金額。

(三)向業主、員工及關係人借入之長期款項，應分別註明。

三、長期應付票據及款項：指付款期間在一年或一個營業週期以上之應付票據、應付帳款等。長期應付票據及其他長期應付款項應按現值評價。

第 23 條 其他負債指不能歸屬於流動負債、長期負債等之債務；其科目分類如左：

一、遞延負債：指遞延收入、遞延所得稅負債等。

二、存入保證金：指收到客戶存入供保證用之現金或其他資產。

三、雜項負債：指不能歸屬於前二款之其他負債。

其他負債金額超過負債總額百分之五者，應按其性質分別列示。

第 24 條 資本指業主對商業投入之資本，並向主管機關登記者；其應加註釋事項如左：

一、股本之種類、每股面額、額定股數、已發行股數及特別條件。

二、發行可轉換特別股及海外存託憑證者，應揭露發行地區、發行及轉換辦法、已轉換金額及特別條件。

第 25 條 資本公積指公司因股本交易所產生之權益，包括超過票面金額發行股票所得之溢價、庫藏股票交易溢價等項目。前項所列資本公積應按其性質分別列示。

第 26 條 保留盈餘或累積虧損指由營業結果所產生之權益；其科目分類如左：
一、法定盈餘公積：指依公司法或其他相關法令規定自盈餘中指撥之公積。
二、特別盈餘公積：指依法令或盈餘分派之議案，自盈餘中指撥之公積，以限制股息及紅利之分派者。
三、未分配盈餘或累積虧損：指未經指撥之盈餘或未經彌補之虧損。
盈餘分配或虧損彌補，應俟業主同意或股東會決議後方可列帳，如有盈餘分配或虧損彌補之議案，應在當期財務報表附註中註明。

第 27 條 長期股權投資未實現跌價損失指長期股權投資採成本與市價孰低法評價所認列之未實現跌價損失，應列為業主權益之減項。

第 28 條 累積換算調整數係指因外幣交易或外幣財務報表換算所產生之換算調整數，應列為業主權益之加或減項。

第 29 條 庫藏股指公司收回已發行股票尚未再出售或註銷者。庫藏股票應按成本法處理，並註明股數，列為業主權益之減項。

第 30 條 損益表之項目分類如左：
一、營業收入。
二、營業成本。
三、營業費用。
四、營業外收入及費用。
五、非常損益。
六、所得稅。

第 31 條 營業收入指本期內因經常營業活動而銷售商品或提供勞務等所獲得之收入；其科目分類與評價及應加註釋事項如左：
一、銷貨收入：指因銷售商品所賺得之收入。銷貨退回及折讓應列為銷貨收入減項。
二、勞務收入：指因提供勞務所賺得之收入。
三、業務收入：指因居間及代理業務或受委託等報酬所得之收入。
四、其他營業收入：指不能歸屬於前三款之其他營業收入。

第 32 條 營業成本指本期內因銷售商品或提供勞務等而應負擔之成本；其科目分類與評價及應加註釋事項如左：
一、銷售成本：指銷售商品之原始成本或產品之製造成本。進貨退回及折讓應作為進貨成本之減項。
二、勞務成本：指提供勞務所應負擔之成本。
三、業務成本：指因居間及代理業務或受委託等所應負擔之成本。
四、其他營業成本：指因其他營業收入所應負擔之成本。

第 33 條 營業費用指本期內銷售商品或提供勞務等所應負擔之費用；營業成本及營業費用不能分別列示者，得合併為營業費用。

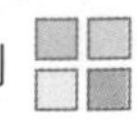

第 34 條　營業外收入及費用指本期內非因經常營業活動所發生之收入及費用，包括利息收入、利息費用、投資損益、兌換損益及處分投資損益等。利息收入及利息費用應分別列示；投資損益、兌換損益及處分投資損益得以其淨額列示。
處分資產之損益應依其性質列為營業外收入及費用或非常損益。

第 34-1 條　八十九年以前處分資產溢價收入已累積為資本公積者，公司得經最近一次股東會決議或全體股東同意決定保持為資本公積，或轉列為保留盈餘，且所有數額應採同一方式且一次處理。前項所稱最近一次股東會決議或全體股東同意至遲不得超過九十二年度。

第 35 條　繼續營業部門損益係指營業收入、營業成本、營業費用及營業外收入、費用等項目之淨額，應分別列示稅前損益、所得稅費用或利益與稅後損益。

第 36 條　停業部門損益係指本期內處分或決定處分之重要部門所發生之損益，包括當期停業前營業損益及處分損益。
處分損益應於決定處分日加以衡量，如有損失應立即認列，如有利益則應俟實現時始得認列。停業部門損益應按稅後淨額於繼續營業部門稅後損益項目之後列示。

第 37 條　非常損益係指性質特殊且非經常發生之損益，應按稅後淨額於停業部門損益項目之後列示。提前償付之重大償債損益應列為非常損益。

第 38 條　會計原則變動之累積影響數應按稅後淨額於非常損益項目之後列示。

第 39 條　本期純利或純損指本期之盈餘或虧損。

第 40 條　業主權益變動表為表示業主權益組成項目變動情形之報表；其項目分類與內涵如左：
一、資本或股本之期初餘額、本期增減項目與金額及期末餘額。
二、資本公積之期初餘額、本期增減項目與金額及期末餘額。
三、保留盈餘或累積虧損應包括左列內容：
(一) 期初餘額。
(二) 前期損益調整項目。
(三) 本期淨利或淨損。
(四) 提列法定盈餘公積、特別盈餘公積及分派股利等項目。
(五) 期末餘額。
四、長期股權投資未實現跌價損失之期初餘額、本期增減項目與金額及期末餘額。
五、累積換算調整數之期初餘額、本期增減項目與金額及期末餘額。

六、庫藏股票之期初餘額、本期增減項目與金額及期末餘額。
前期損益調整、不列入當期損益而直接列於業主權益項下之未實現損益項目，如換算調整數及資本公積變動等項目所生之所得稅費用或利益應直接列入各該項目，以淨額列示。

第 41 條 現金流量表爲表達商業在特定期間有關現金收支資訊之彙總報告；其編製及表達，應依照財務會計準則公報第十七號規定辦理。

第 42 條 對於資產負債表日之翌日起至財務報表提出日前所發生之左列期後事項，應於財務報表註釋說明：
一、資本結構之變動。
二、鉅額長短期債款之舉借。
三、主要資產之添置、擴充、營建、租賃、廢棄、閒置、出售、質押、轉讓或長期出租。
四、生產能量之重大變動。
五、產銷政策之重大變動。
六、對其他事業之主要投資。
七、重大災害損失。
八、重要訴訟案件之進行或終結。
九、重要契約之簽訂、完成、撤銷或失效。
一〇、組織之重要調整及管理制度之重大改革。
一一、因政府法令變更而發生之重大影響。
一二、其他足以影響今後財務狀況、經營結果及現金流量之重要事項或措施。

第五章 附則

第 43 條 本準則自發布日施行。

# 附錄六　公司法第八章

名　　稱：　　公司法 (民國 94 年 06 月 22 日 修正)

## 第 八 章 公司之登記及認許

### 第 一 節 申請

第 387 條　公司之登記或認許，應由代表公司之負責人備具申請書，連同應備之文件一份，向中央主管機關申請；由代理人申請時，應加具委託書。前項代表公司之負責人有數人時，得由一人申辦之。第一項代理人，以會計師、律師爲限。
公司之登記或認許事項及其變更，其辦法，由中央主管機關定之。
前項辦法，包括申請人、申請書表、申請方式、申請期限及其他相關事項。
代表公司之負責人違反依第四項所定辦法規定之申請期限者，處新臺幣一萬元以上五萬元以下罰鍰。
代表公司之負責人不依第四項所定辦法規定之申請期限辦理登記者，除由主管機關責令限期改正外，處新臺幣一萬元以上五萬元以下罰鍰；期滿未改正者，繼續責令限期改正，並按次連續處新臺幣二萬元以上十萬元以下罰鍰，至改正爲止。

第 388 條　主管機關對於公司登記之申請，認爲有違反本法或不合法定程式者，應令其改正，非俟改正合法後，不予登記。

第 389 條　（刪除）

第 390 條　（刪除）

第 391 條　公司登記，申請人於登記後，確知其登記事項有錯誤或遺漏時，得申請更正。

第 392 條　請求證明登記事項，主管機關得核給證明書。

第 393 條　公司登記文件，公司負責人或利害關係人，得聲敘理由請求查閱或抄錄。但主管機關認爲必要時，得拒絕抄閱或限制其抄閱範圍。公司左列登記事項，主管機關應予公開，任何人得向主管機關申請查閱或抄錄：

一、公司名稱。
二、所營事業。
三、公司所在地。
四、執行業務或代表公司之股東。
五、董事、監察人姓名及持股。
六、經理人姓名。
七、資本總額或實收資本額。
八、公司章程。
前項第一款至第七款，任何人得至主管機關之資訊網站查閱。

第 394 條　（刪除）

第 395 條　（刪除）

第 396 條　（刪除）

第 397 條　公司之解散，不向主管機關申請解散登記者，主管機關得依職權或據利害關係人申請，廢止其登記。主管機關對於前項之廢止，除命令解散或裁定解散外，應定三十日之期間，催告公司負責人聲明異議；逾期不爲聲明或聲明理由不充分者，即廢止其登記。

第 398 條　（刪除）

第 399 條　（刪除）

第 400 條　（刪除）

第 401 條　（刪除）

第 402 條　（刪除）

第 402-1 條　（刪除）

第 403 條　（刪除）

第 404 條　（刪除）

第 405 條　（刪除）

第 406 條　（刪除）

第 407 條　（刪除）

第 408 條　（刪除）

第 409 條　（刪除）

第 410 條　（刪除）

第 411 條　（刪除）

第 412 條　（刪除）

第 413 條　（刪除）

第 414 條　（刪除）

第 415 條　（刪除）

第 416 條　（刪除）

第 417 條　（刪除）

第 418 條　（刪除）

第 419 條　（刪除）

第 420 條　（刪除）

第 421 條　（刪除）

第 422 條　（刪除）

第 423 條　（刪除）

第 424 條　（刪除）

第 425 條　（刪除）

第 426 條　（刪除）

第 427 條　（刪除）

第 428 條　（刪除）

第 429 條　（刪除）

第 430 條　（刪除）

第 431 條　（刪除）

第 432 條　（刪除）

第 433 條　（刪除）

第 434 條 （刪除）

第 435 條 （刪除）

第 436 條 （刪除）

第 437 條 （刪除）

第二節規費

第 438 條 依本法受理公司名稱及所營事業預查、登記、查閱、抄錄及各種證明書等，應收取審查費、登記費、查閱費、抄錄費及證照費；其費額，由中央主管機關定之。

第 439 條 （刪除）

第 440 條 （刪除）

第 441 條 （刪除）

第 442 條 （刪除）

第 443 條 （刪除）

第 444 條 （刪除）

第 445 條 （刪除）

第 446 條 （刪除）

# 附錄七　會計事務乙級學科題庫

## 第一份測驗試題

本試題有是非及選擇個 50 題，共 100 題，每題 1 分，計 100 分，測驗時間為 100 分鐘。是非題採倒扣計分，答錯 1 題，倒扣 0.5 分，但以扣完該部分分數為限。另附有答案紙，請在答案紙上作答。

### 一、是非題：

(×) 1. 企業財務報表上所使用的科目名稱及金額，應與其分類帳戶之名稱及金額，完全一致。

(×) 2. 靜態分析係指連續兩期或兩期以上資產負債表個別項問間之比較與分析。

(×) 3. 現金簿中設立應收票據專欄，專欄總數應一次過入應收票據之借方。

(×) 4. 合夥企業解散清算時，變產所得現金，於清償負債後，應按出賣額比例分配予各合夥人。

(○) 5. 公司提存特別盈餘公積（如償債準備、擴充廠房準備），本質上仍屬保留盈餘之一部份，只是限制公司不能以盈餘資產分配股利。

(×) 6. 庫藏股票係為公司的資產，應列為長期股票投資。

(○) 7. 當股款已收齊尚未發行股票，而需於此時編製財務報表，可將「已認股本」帳戶金額，視作股東權益之一部份。

(○) 8. 土地改良支出若具永久性者，應列為土地成本；若不具永久性者，則應以「土地改良物」入帳，並分期攤銷。

(○) 9. 分配股利，董監事酬勞及員工紅利，將使保留盈餘減少。

(○) 10.趨勢分析乃屬財務報表之動態分析，係以連續年度財務報表上之相同項目或科目，比較分析其增減百分比的變動趨勢。

(○) 11.短期投資入之入帳成本應包括買價、手續費及佣金。

(○) 12.公司每月編製銀行存款調節表後，即應將表上各項目作成補正記錄，以確保帳上餘額之正確性。

(×) 13.所謂零用金，係指企業所設置供日常支付營業上一切必要開支如進貨、水電費等之現金。

(×) 14.公司於帳上設置定額零用金，於一定期間撥補時，應借記相關費用貸記零用金。

(○) 15.將長期投資轉列為短期投資時，若成本高於市價，則應基於穩健原則，認列「長期投資已實現跌價損失」。

(×) 16.每股盈餘係衡量償債能力的主要指標。

(×) 17.編製資產負債表時，凡將於一年內到期之長期負債均應轉列為流動負債。

(×) 18.存貨評價若發生錯誤，將會影響本期損益及資產之正確性，但不會影響下期損益及資產之正確性。

(×) 19.採成本與市價孰低法作為期末存貨評時，會低估各年度之淨利。

(×) 20.壞帳損失係於確定應收帳款眞正無法收回的期間提列。

(×) 21.採用成本與市價孰低法評價存貨時，所謂之市價係指現時售價。

(○) 22.利用利息法攤銷公司債溢價時，將使每期利息費用遞減。

(○) 23.丁公司應收帳款週轉率為8次，存貨週轉率為6次，若該年實際營業口數為336天，則其營業週期為107天。

(○) 24.銷貨折扣之處理若採淨額法，則應收帳款之評價較接近淨變現價值。

(○) 25.報稅時採用直線法提列折舊之企業，帳上仍可採用加速折舊法。

(○) 26.債息保障倍數為1時，表示當年度的淨利數額為零。

(×)27.凡屬企業所有土地，均應視爲固定資產之一部份，無須提列折舊。

(○)28.依所得稅法之規定，固定資產採定率遞減法提折舊者，其殘值爲成本的十分之一。

(×)29.處分固定資產損失應列爲營業外費用；而處分固定資產利益依我國財務會計準則公報之規定應直接列入資本公積。

(×)30.若某公司當年曾宣告現金股利$100,000，則在編制現金流量表時，融資活動之現金流量項下必列有一筆發放現金股利$100,000之現金流出。

(○)31.巨路公司若將長期應付票據轉換爲短期應付票據，將使該公司營運資金減少及流動比率降低。

(×)32.共同比財務報表係指財務報表之比率分析。

(○)33.無形資產之攤銷年限，應就法定或約定年限與經濟效益年限中較短者爲準。

(×)34.發生意外災害之非常修理費用，應作爲資本支出。

(○)35.兩合公司係由一人以上無限責任股東及一人以上有限責任股東所組成。

(○)36.依我國財務會計準則公報規定，已無使用價值之固定資產，應按其淨變現值或帳面價值之較低者轉列適當科目，其無淨變現價值者，應將成本與累計折舊沖銷，差額轉入損失。

(×)37.凡不需動用流動資產償還的負債，稱爲長期負債。

(○)38.力仁公司本年度稅後淨利$600,000，年中曾現金增資40,000股，每股售價$12，償還抵押借款$160,000，發放現金股利$100,000，則融資活動之淨現金流入爲$220,000。

(×)39.股票股利與股份分割，均會使股本總額增加。

(×)40.長期股權投資採用成本法處理時，收到股票股利不必作分錄，只需註記增加之股數即可；而在權益法下，收到股票股利需作爲長期投資的減少。

(×)41. 借記應付帳款，如誤為借記應收帳款，則流動比率不變。

(×)42. 若投資公司對被投資公司有控制能力，則公司間逆流交易之未實現損益應全部銷除。

(×)43. 員工向公司借款所開立之借據屬於內部憑証。

(○)44. 因營業而發生之應收帳款與應收票據，與非因營業發生之其他應收款項及票據，在報表中應分別列示。

(×)45. 採用永續盤制時，所有進貨、進貨運費、進貨退出及折讓等，都應記入「存貨」帳戶。

(×)46. 在我國證券市場就效率市場假說（簡稱EMH）而言係屬弱式效率市場。

(×)47. 發行公司債償還短期借款，將使負債比率降低。

(○)48. 無形資產如商譽、商標權、專利權、著作權、特許權等，均應分別列示，向外購買之無形資產，並按實際成本予以入帳，自行發展之無形資產，其屬不能明確辨認者，如商譽不得入帳。

(○)49. 商業不問所營業務性質為何其支出超過新台幣壹佰元以上者均應使用票據等支付工具。

(○)50. 營業事業所得稅查核準則規定，營利事業當年度使用帳簿因故滅失者，得報經該管稽徵機關核准另行設置新帳，依據原始憑證重行記載，依法查帳核定。

## 二、選擇題：

(3)1. 會計之上所以有應計事項、遞延帳項之存在，乃基於下列哪一慣例？①企業個體 ②繼續經營 ③會計期間 ④貨幣評價。

(4)2. 明星公司86年12月31日帳載資料如下：銷貨$42,000，銷貨運費$1,000，銷貨退回$2,000，進貨$31,000，進貨運費$4,000，期初存貨$20,000，毛利率25%，經實地盤點，該日實地庫存金額為$23,000，試估計存貨金額短少數？①$25,000 ②$23,000 ③$3,500 ④$2,000。

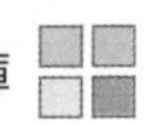

( 2 )3. 下列有關日記簿專欄的敘述，何者正確？①專欄設置的欄次，有一定的限制 ②設有專欄的帳戶，分錄時不再填寫會計科目 ③設置專欄最主要的目的，在加強內部控制 ④專欄的功能與總傳票的功能相同。

( 1 )4. 張三資本$20,000，李四資本$30,000，損益分配比例為3:2，合夥企業變產得款$100,000，其中清算利益$10,000，則李四合夥人可收回現金 ①$34,000 ②$30,000 ③$26,000 ④$20,000。

( 2 )5. 下列之會計處理，何者違反一般公認會計原則？①應付股票股利科目列為股本加項 ②庫藏股票科目列為股東權益的加項 ③積欠特別股股利，僅以附註揭露 ④被投資公司發放股票股利，本公司未以投資收入入帳。

( 3 )6. 股份有限公司最高執行機關為 ①總經理 ②監察人 ③董事會 ④股東大會。

( 2 )7. 時代公司提列呆帳係根據銷貨淨額的2%提列，86年度銷貨總額$300,000，銷貨運費$10,000，銷貨退回$20,000。備抵呆帳尚有貸餘$1,000，則86年底應提列呆帳 ①$4,600 ②$5,600 ③$5,800 ④$6,800。

( 4 )8. 下列敘述何者為眞？①甲店毛利率高於乙店，則甲店毛利額必大於乙店 ②甲店流動資產大於乙店，則甲店營運資金必多於乙店 ③甲店速動比率大於乙店，則甲店現金必多於乙店 ④甲店成本加價率大於乙店，則甲店銷貨毛利率必大於乙店。

( 4 )9. 應計負債 ①應於次年底作迴轉分錄 ②可於次年底作迴轉分錄 ③應於次年初作迴轉分錄 ④可於次年初作迴轉分錄。

( 2 )10. 考慮可轉換公司債繼續持有，或轉換成普通股之後長期持有普通股之決策時，應比較何者之間的大小？①各期所收取利息現值與公司債市價 ②各期所收取利息現值與股利現值 ③各期所收取的股利現值與股票市價 ④公司債市價與所換得股票的市價。

( 1 ) 11. 當以財產交換票據時，若票面利率不合理，則票據現值應以何者爲之？①票據之市價 ②財產之帳面價值 ③按票面利率折算之現值 ④票據之面值。

( 3 ) 12. 賒銷商品，訂價$12,000，商業折扣20%，現金折扣3%，則在期限內收款時，應①貸記應收帳款$9,312 ②借記應收帳款$9,312 ③借記現金$9,312 ④貸記現金$9,312。

( 3 ) 13. 在零用金保管員之抽屜中發現之郵票及員工借條應列爲 ①現金（因性質上屬於約當現金） ②零用金 ③預付費用及應收款項 ④用品盤存及薪資費用。

( 2 ) 14. 90年7月1日白陽公司支付天藍公司$60,000購入版權，估計效益年限5年，則90年應攤銷費用若干？①$12,000 ②$6,000 ③$3,000 ④$1,500。

( 3 ) 15. 以下各情況中，何者表示投資公司對被投資公司不具重大影響力：①投資公司持有被投資公司普通股股權百分比爲最高者 ②投資公司及其子公司派任於被投資公司之董事，合併超過被投資公司董事總席次半數者 ③投資公司派任有經理者 ④投資公司依合資經營契約規定擁有經營權者。

( 2 ) 16. 大華公司發行在外普通股$1,000,000，每股面額$10，並且發行10%非累積非參加特別股$200,000，每股面額$10，86年底該公司稅後淨利計有$200,000，試問該公司86普通股每股稅後盈餘若干？①$2.00 ②$1.80 ③$0.20 ④$0.18。

( 2 ) 17. 流動比率爲2.5比1，營運資金爲$30,000，則當日流動資產爲①$20,000 ②$50,000 ③$75,000 ④$1,500。

( 1 ) 18. 固定資產帳面價值去年底爲$1,000,000，本年底爲$1,800,000，本年出售資產之帳面價值$300,000，本年提列折舊$400,000。試問本年度之固定資產購置支出若干？ ①$1,500,000 ②$800,000 ③$900,000 ④$700,000

( 2 ) 19.在物價下跌時，下列何種存貨計價方法將產生較高之流動比率 ①先進先出法②後進先出法③加權平均法④簡單平均法。

( 1 ) 20.宏明公司86年12月31日之會計資料顯示：期初存貨成本及零售價分別爲$236,000及$330,000，進貨成本及零售價分別爲$700,000及$1,170,000銷貨淨額$1,200,000，另有減價$160,000，加價$60,000，試依成本市價孰低零售價法，計算期末存貨金額①$120,000 ②$124,600 ③$124,800 ④$132,851。

( 3 ) 21.複式傳票制度下，賒購商品應編製何種傳票①現金收入 ②現金支出 ③分錄轉帳 ④現金轉帳。

( 3 ) 22.長期股權投資上市公司股票採成本與市價孰低法評價時，下列敘述何者正確：a應採逐項比較法、b長期投資未實現跌價損失不列入損益計算、c.備抵長期投資跌價列爲長期投資之減項、d.若市價在以後年度回升，應在備抵長期投資跌價貸方餘額範圍內轉回①a、b、c ②a、b、d ③b、c、d ④a、c、d。

( 2 ) 23.中華公司本年初將一部舊機器抵換一部同型的新機器，新舊機器有關資料如下：舊機器：原始成本$12,000、帳列累計折舊$8,000、中古市場行情價$3,500。新機器：定價$20,000、現金價$18,000、抵換應補貼現金$15,000。試問新機器應入帳成本爲①$15,000 ②$18,000 ③$19,000 ④$20,000。

( 3 ) 24.興中公司86年1月3日購進機器一部，該機器估計可用八年，殘值$30,000。該機器採年數合計法提列折舊、88年度折舊費用爲$65,000。試問該機器之取得成本爲若干？①$360,000 ②$390,000 ③$420,000 ④$468,000。

( 3 ) 25.下列有關現金流量表之敘述，何者爲誤？①相關規定列於我國第十七號財務會計準則公報 ②係報導企業在特定期間之營業、投資及融資活動之現金流量 ③是企業的內部底稿，並不對外公佈 ④屬動態報表。

( 2 ) 26.85年華西公司開發某新產品，預計在86年上市，在85年爲開發該產品所發生的成本計有研究發展部門成本$400,000、耗用材料、物料$100,000及支付研究顧問之酬勞$120,000。預計以上成本於88年止回收，試問85年應認列多少研究發展費用？①$0 ②$620,000 ③$500,000 ④$120,000。

( 1 ) 27.某公司產品售價每單位$20，變動成本每單位$12，固定成本每年$40,000，若欲獲得稅前淨利$20,000，則銷貨收入應爲 ①$150,000 ②$100,000 ③$80,000 ④$50,000。

( 3 ) 28.木柵公司86年7/1自國名購入機器，購價$170,000另付運費、關稅及保險費共$20,000，估計可用五年，殘值爲$40,000，若按年數合計法計提折舊，則88年度應提折舊：①$50,000 ②$25,000 ③$35,000 ④$30,000。

( 2 ) 29.公司於本年3月10日購入每股面額$10之普通股10,000股，以每股$12買入，另付手續費等$1,500，同年5月3日收到現金股利$5,000，該股票本年底每股市價$11，則年底資產負債表上備抵短期投資跌價應爲 ①$5,000 ②$6,500 ③$10,000 ④$11,500。

( 2 ) 30.某成本衣批發商開出九十天期應付票據向銀行告貸$1,500,000增補存貨，俾利因應春季訂單。下列哪一種現金來源係一般銀行所期待用來償債之財源？①將債務轉給另外債權人 ②將存貨和應收帳款變現 ③未來十二個月間所累積盈餘 ④變賣非流動（固定）資產。

( 2 ) 31.財務報表分析的第一個步驟爲何？①查閱會計師的查核報告 ②制定分析的目標 ③從事共同比析 ④瞭解公司所處的行業。

( 1 ) 32.期初存貨少計$1,500，期末存貨多計$1,200，將使本期淨利①多計$2,700 ②少計$2,700③多計$300 ④少計$300。

( 2 ) 33.三星公司於84年初取得成本$600,000，估計可用10年，殘值$40,000之機器，於84年7月初正式啓用，至87年初支付$80,000機器大修，

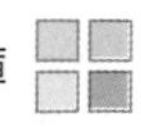

估計可再使用10年殘值不變，則87年底調整後帳列累計折舊金額爲①$114,000②$110,000③$80,000④$121,000。

( 3 )34.大明公司於本年3月1日設置定額零用金$8,000，月底零用金保管員提出下列單據請求撥補：郵票$1,000、文具用品$800、書報費$1,000、差旅費$2,160、交際費$1,500、零月金短少了$20，則撥補後的零用金餘額爲多少①$1,540 ②$1,520 ③$8,000 ④$6,460。

( 2 )35.順發公司86初股東權益資料有：普通股股數50,000股，每股面額$10，資本公積一普通股溢價$50,000，保留盈餘$100,000，該公司於5月10日以$36,000收回3,000股庫藏股，按成本法入帳，於7月20日出售庫藏股500，得款$4,000，則應借記現金4,000及 ①資本公積一庫藏股交易2,000 ②保留盈餘2,000 ③資本公積一股本溢價2,000 ④出售庫藏股票失2,000。

( 4 )36.下列何者非屬流動負債？①銀行透支 ②應付現金股利 ③應收帳款貸餘 ④應付股票股利。

( 4 )37.乙公司的應收帳款$20,000、應付帳款$5,000，流動資產$100,000，流動負債$60,000，銷貨毛利率25%，存貨週轉率6，平均存貨$20,000，則該年度之流動資金週轉率爲 ①1 ②2 ③3 ④4。

( 2 )38.已經報廢之機器設備，留待未來出售者，其在資產負債表上應列作 ①流動資產 ②閒置資產 ③固定資產 ④長期投資。

( 3 )39.某公司87年7月20日購入機器$1,100,000，稅法規定耐用年數10年，採平均法舊，87年度折舊爲 ①$110,000 ②$100,000 ③$50,000 ④$41,667。

( 4 )40.基隆公司長期股權投資均爲上市公司股票、近三年來成本與市價資料如下：

| | 成本 | 市價 |
|---|---|---|
| 88年 | $200,000 | $160,000 |
| 89年 | 250,000 | 240,000 |
| 90年 | 300,000 | 360,000 |

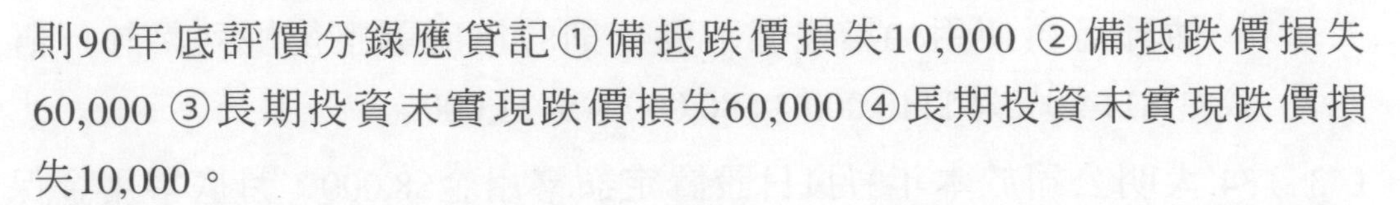
則90年底評價分錄應貸記①備抵跌價損失10,000 ②備抵跌價損失60,000 ③長期投資未實現跌價損失60,000 ④長期投資未實現跌價損失10,000。

( 4 ) 41. 甲公司年底盤點現金時，計有郵票$500、印花稅票$100、員工借條$2,000、即期匯票$12,000、庫存現金$18,000、銀行存款$5,000、存入保證金$5,000，則「約當現金」應爲①$44,600 ②$28,000 ③$27,000 ④$25,000。

( 2 ) 42. 下列各資產：甲、土地改良，乙、租賃權益，丙、租賃改良，丁、廠房設備之中，期末應計提折舊的有：①甲乙丙 ②甲丙丁 ③甲乙丁 ④乙丁。

( 3 ) 43. 大裕公司88年度利息保障倍數爲6倍，所得稅率25%、利息費用爲$20,000，則該年度之稅前淨利爲①$75,000 ②$80,000 ③$100,000 ④$120,000。

( 4 ) 44. 下列何項非屬短期償債能力之衡量指標①流動比率 ②應收款項週轉率 ③存貨週轉率 ④利息保障倍數。

( 2 ) 45. 丁公司淨利對資產總額的比率爲10%，淨利加利息費用的和對資產總額的比率爲13%，股東權益總額對負債比率爲8比3，如負債總額爲$15,000，又全部負債均須負某一固定比率的利息，則當年度的利息費用爲①$5,000 ②$16,500 ③$25,000 ④$55,000。

( 3 ) 46. 新名公司於90年1月1日按95之價格發行5%之分期償還公司債，該公司債到期情形爲：91年12月31日到期$1,000,000，92年12月31日到期$1,000,000，93年12月31日到期$1,000,000。若公司債於每年6月30日及12月31日各付息一次，新名公司按流通額法分攤公司債折價，則93年應認列之利息費用爲：①$50,000 ②$75,000 ③$66,667 ④$33,333。

( 4 ) 47. 幸福公司流通在外股份有面額$10之普通股6,000股，面額$10之六厘特別股4,000股，特別股爲累積並全部參加，已知有兩年未發放股利，今年宣告股利爲$7,800，則普通股每股股利若干？①$1.8 ②$0.6 ③$0.5 ④$0.1。

( 2 ) 48. 丁公司購入甲公司普通股作為長期投資，持股比例30%，並採權益法處理，甲公司本年度淨利$200,000，發放現金股利$80,000，則此交易將使丁公司淨利推算營業活動取得現金之調整減項為①$24,000 ②$36,000 ③$60,000 ④$80,000。

( 4 ) 49. 股份有限公司主辦會計人員之任免須經①董事過半數同意 ②董事長同意 ③總經理同意 ④董事會過半數之出席，出席董事過半數之同意。

( 1 ) 50. 會計人員依法辦理會計事務應受何人指揮監督 ①經理人 ②常務董事 ③董事 ④企業主。

## 第二份測驗試題

本試題有是非及選擇個 50 題，共 100 題，每題 1 分，計 100 分，測驗時間為 100 分鐘。是非題採倒扣計分，答錯 1 題，倒扣 0.5 分，但以扣完該部分分數為限。另附有答案紙，請在答案紙上作答。

### 一、是非題：

(○) 1. 長期股權投資對被投資公司具有控制能力者，在一般情況下，投資公司應另編合併報表。

(×) 2. 現行營業稅，開予營業人之發票為二聯式，分收執聯、存根聯；而開予非營業人之發票為三聯式，分收執聯、扣抵聯、存根聯。

(×) 3. 每股盈餘係衡量償債能力的主要指標。

(○) 4. 下列各會計科目：應收票據貼現、應收票據折價、備抵存貨跌價、累計折舊、備抵長期股權投資跌價等，均屬資產的抵減科目。

(×) 5. 甲君以其私人擁有之債權$600,000投資，其中有$50,000確定無法收回，另估計$20,000可能無法收回，則應貸記甲君資本為$550,000。

(○) 6. 我國公司法規定，股東出資以現金爲限，但發起人得以公司營業所需財產抵繳股款。

(○) 7. 非根據眞實事項，不得造具任何會計憑證，並不得在帳冊作任何記錄，但事實上限制無法取得或因意外事故毀損、缺少或滅失原始憑證者，除依法令規定程序辦理外，應根據其事實及金額作成憑證，由商業負責人或其指定人員簽字或蓋章，憑以記帳。

(○) 8. 分析投資「公開發行上市公司」股票的獲利能力，偏重於本益比，而「非公開發行上市公司」則偏重於股利發放率(dividend payout ratio)。

(×) 9. 編製資產負債表時，凡將於一年內到期之長期負債均應轉列爲流動負債。

(×) 10.財務報表分析中的趨勢分析，一般亦稱爲垂直分析。

(×) 11.短期投資跌價損失應列入當期損益計算；而備抵短期投資跌價則應列在股東權益項下。

(×) 12.現金簿中設立應收票據專欄，專欄總數應一次過入應收票據之借方。

(×) 13.購入債券時，附加於買價的應計利息，應借記投資帳戶。

(×) 14.發放股票股利，使公司之現金數額減少。

(×) 15.爲符合成本與收益配合原則，應採用應收帳款餘額百分比法來估計呆帳。

(○) 16.「顧客未享之折扣」，應列於財務報表之營業外收入項下。

(○) 17.按銷貨額之某一百分比計提呆帳時，不必考慮備抵呆帳調整前原有餘額。

(×) 18.借記應付帳款，如誤爲借記應收帳款，則流動比率不變。

(○) 19.現行一般公認會計原則規定，存貨應採成本與市價孰低法評價，但在極少數情況下，如過時、陳舊、損壞之存貨，應使用淨變現價值評價。

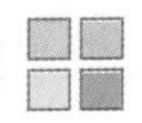

(○)20.財務報表分析係彙集相關資料加以比較分析，是以各項資料應有相同的比較基礎。

(○)21.成本與市價孰低法所稱的市價，係目前從市場購買該商品所需付出的重置成本。

(○)22.企業專款提撥以供特定用途之現金，不可列入流動資產中。

(×)23.權益證券投資所產生之未實現跌價損失，不論係屬長、短期投資者，均應列入損益表中。

(○)24.公司發行股票所得超過票面金額之溢額，應列資本公積。

(○)25.下列各項：發行公司債得款、向銀行借入抵押借款、現金增資發行新股之售價、償還借款之本金部份及發放現金股利等項，均屬融資活動之現金流量。

(○)26.購進土地時，如連同購進待拆除之舊屋，其總成本，應作爲取得土地之成本處理。

(○)27.爲投資而購入有價證券，所支付的手續費，應列爲投資成本之附加成本。

(○)28.於土地周圍築一圍牆，其成本應以「土地改良」帳戶入帳。

(○)29.按年分攤之折舊爲固定成本，而以生產數量法計提之折舊則屬變動成本。

(○)30.依我國稅法規定，營利事業之固定資產修繕或購置，其耐用年限不及二年或支出金額不超過$60,000者，得以當年度費用入帳。

(×)31.公司取得盈餘轉增資之股票股利時，應列爲投資收益處理。

(×)32.企業在籌備開辦期間所作之各項支出，應資本化，列入開辦費，以後不攤銷。

(×)33.無形資產攤銷時之分錄爲借記該無形資產科目，貸記「各項攤銷」。

(×)34.共同比財務報表係指財務報表之比率分析。

(×)35.會計上對於產品售後保證服務成本，在銷售年度即予估計認列，是符合穩健原則。

(×)36.依資產重估價辦法規定，遞耗資產不得辦理重估價。

(×)37.銀存存款科目在資產負債表上表達時，以總額表示而未按存款銀行別分開列示，此乃係違反充分揭露原則。

(×)38.股份分割後，將使公司股數增加，股東權益隨之增加。

(×)39.同一企業內，所有設備資產必須採用相同之折舊方法，如此方能符合一致性原則。

(○)40.存貨損毀於天災人禍，而無從盤點清查時，可用零售價法及毛利法估計損失金額。

(×)41.丁公司誤將定期定額給付的管理部門租金費用，作爲門市部的租金費用處理，則所計算之盈虧兩平點較高。

(○)42.趨勢分析乃屬財務報表之動態分析，係以連續年度財務報表上之相同項目或科目，比較分析其增減百分比的變動趨勢。

(○)43.巨路公司若將長期應付票據轉換爲短期應付票據，將使該公司營運資金減少及流動比率降低。

(×)44.甲公司的流動比率高於乙公司的流動比率，表示甲公司的短期償債能力高於乙公司；若兩者的流動比率相同，表示兩公司的償債能力相當。

(○)45.運輸卡車原估可用年限爲八年，使用二年後，因未定期保修，估計尚可使用三年，此種況應作爲會計估計之變更處理。

(○)46.力仁公司本年度稅後淨利$600,000，年中曾現金增資40,000股，每股售價$12，償還抵押借款$160,000，發放現金股利$100,000，則融資活動之淨現金流入爲$220,000。

(×)47.前期期末存貨計價錯誤，會同時影響前期及本期之損益金額及存貨餘額。

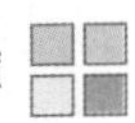

( × ) 48. 欣欣公司於87年6月以$200,000購買小巧公司的股票，小巧公司係一小型未上市公司，欣欣公司宜將此投資列爲短期投資。

( ○ ) 49. 發行股票股利的結果，使股份的帳面價值減低。

( × ) 50. 商業之決算應於會計年度終了後一個半月內辦理完竣；必要時得延長二個月。

## 二、選擇題：

( 3 ) 1. 無形資產的評價應採　①成本價值　②目前公平市價　③收益資本化價值　④淨變現價值。

( 1 ) 2. 以備抵呆帳沖銷無法收回之應收帳款，則　①流動比率不變　②流動比率增加　③流動比率減少　④速動比率減少。

( 2 ) 3. 統一公司86年度稅前淨利爲$960,000，所得稅率爲25%，86年初流通在外普通股有200,000股，當年9月1日增發普通股120,000股，當年度每股盈餘應爲　①$4　②$3　③$2.25　④$1.5。

( 4 ) 4. 仁愛合夥商店有：王信資本$50,000，王信往來借餘$8,000，今由全體合夥人同意，給予王信退夥金$56,000，則其他合夥人給予王信的紅利爲若干？　①$6,000　②$8,000　③$10,000　④$14,000。

( 1 ) 5. 甲公司流通在外股份有普通股30,000股，每股面額$10，六厘累積部份參加特別股10,000股，每股面額$10，參加至九厘，已積欠股利三年，本年度宣告股利$50,000，則普通股應分配股利爲　①$24,000　②$26,000　③$28,000　④$29,000。

( 2 ) 6. 債息保障倍數係在衡量　①短期償債能力　②長期償債能力　③獲利能力　④資產運用效率。

( 2 ) 7. 下列有關日記簿專欄的敘述，何者正確？　①專欄設置的欄次，有一定的限制　②設有專欄的帳戶，分錄時不再填寫會計科目　③設置專欄最主要的目的，在加強內部控制　④專欄的功能與總傳票的功能相同。

(２)8. 景美公司自三月一日起，每月月初投入$80,000興建一棟房屋自用，該屋於六月一日完工。計算資本化之利息金額時，年累積支出平均數為 ①$20,000 ②$40,000 ③$80,000 ④$160,000。

(１)9. 忠二公司期初有累積虧損$30,000，本年度獲利$300,000，宣告並發放現金股利$80,000，股票股利$100,000，則期末保留盈餘帳戶貸餘 ①$90,000 ②$130,000 ③$190,000 ④$270,000。

(３)10. 下列何者可依資產重估價辦法辦理估價： ①土地 ②存貨 ③無形資產 ④未攤銷費用。

(２)11. 欣榮公司於本年初購入A公司股票2,000股，每股$25 ，B公司股票4,000股，每股$15，及C公司股票2,000股，每股$20作為短期投資，6月中旬曾收到三家公司之現金股利，分別為A公司每股$2，B公司每股$1，C公司每股$2，若年底市價分別為A公司每股$22，B公司每股$15，C公司每股$15，則年底損益表上應認列多少損益？ ①股利收入$12,000 ②未實現跌價損失$4,000 ③$0 ④未實現跌價損失$16,000。

(３)12. 自建資產之成本應包括 ①分攤之銷管費用 ②材料之營業稅 ③建造期間應資本化之利息 ④自製成本高於公平市價之差額。

(４)13. 設存貨週轉率為6次，應收款項週轉率為8次，則營業週期約 ①14天 ②48天 ③46天 ④107天。

(４)14. 公司於本年7月1日購入甲公司年息一分二厘公司債10張，每張面額$10,000，每年2/1及8/1付息，每張購價$12,000（已含應計利息），另付手續費合計$1,000，則買入債券之總成本為 ①$110,000 ②$111,000 ③$115,000 ④$116,000。

(１)15. 某公司期初保留盈餘$2,000,000，本期發放現金股利$750,000，股票股利$750,000，提列法定盈餘公積$150,000，本期稅後淨利$2,200,000，期末保留盈餘為 ①$2,550,000 ②$2,330,000 ③$3,300,000 ④$3,450,000。

( 4 ) 16.設一年有365天，當付款條件爲2/10、N/30時，其取得折扣相當於年利率　①18.62%　②24.83%　③28.65%　④37.24%。

( 1 ) 17.以公平市價$300,000之舊機器（成本$400,000，帳面價值$250,000），換入一台功能相似之機器並另收現金$25,000，則新機器之入帳成本爲　①$229,167　②$250,000　③$275,000　④$150,000。

( 4 ) 18.預收利息期初餘額爲$1,600，期末爲$2,100，本期損益表所列利息收入$4,000，則本期收入利息之現金爲　①$300　②$500　③$3,500　④$4,500。

( 1 ) 19.何時應借記零用金？　①設置零用金　②減少零用金額度　③月底結帳　④發生費用時。

( 4 ) 20.羅福公司86年期初存貨成本爲$8,000（2,000件），該年度共計採購兩次，第一次購貨3,000件，成本共計$15,000，第二次購貨5,000件，成本共計$30,000，86年度出售8,000件，依先進先出法，其期末存貨之價值爲　①$8,000　②$10,000　③$10,600　④$12,000。

( 2 ) 21.奇異公司將二個月期，年利率8%，面額$24,000之應收票據乙紙，持往銀行貼現，該票據貼現時，尚有一個月到期，貼現息爲$243.20，則其貼現率應爲　①13%　②12%　③11%　④10%。

( 4 ) 22.本年初以$400,000購入金山公司普通股30,000股作爲長期投資，金山公司普通股發行並流通在外共100,000股，其本年純益$80,000，發放現金股利$50,000，期末市價每股$12，則期末該長期投資之帳面價值爲：　①$400,000　②$360,000　③$385,000　④$409,000。

( 4 ) 23.投資公司與被投資公司間的逆流交易，其未實現損益之銷除：①若投資公司對於被投資公司具有控制能力，則全部銷除　②若投資公司對於被投資公司不具有控制能力，則按期末之持股比例銷除　③不論投資公司對被投資公司是否具有控制之能力，一律全部銷除　④不論投資公司對被投資公司是否具有控制之能力，一律按約當持股比例銷除。

( 2 ) 24.公司對長期股票投資採用權益法處理時，下列哪一種是適當的處理方法？ ①被投資公司宣告現金股利時，投資公司須記錄投資收益 ②被投資公司有純益時，投資公司即須記錄投資收益 ③被投資公司宣告股票股利時，投資公司即須記錄投資收益 ④投資公司於會計期間終了時，應採「成本與市價孰低法」評估長期股票投資之價值。

( 2 ) 25.負債比率及債息保障倍數係用來衡量下列何者之指標？ ①短期償債能力分析 ②長期財務狀況分析 ③獲利能力分析 ④經營能力分析。

( 3 ) 26.84年10月1日美好公司以舊機器，交換同類新機器，舊機器成本$70,000，帳面價值$28,000，交換日市價$30,000，新機器標價$80,000，美好公司另外尚須支付現金$40,000，則取得新機器成本為 ①$80,000 ②$28,000 ③$70,000 ④$68,000。

( 3 ) 27.或有負債之認列，係基於 ①成本原則 ②客觀性原則 ③穩健原則 ④收益實現原則。

( 1 ) 28.製成品存貨週轉率為3時，期末製成品存貨$50,000，如期末製成品存貨低估$30,000時，則製成品存貨週轉率增至6，試問製成品期初存貨為若干？ ①$10,000 ②$20,000 ③$30,000 ④$40,000。

( 1 ) 29.購置機器，定價$450,000，八折成交，並支付運費$12,000，關稅$20,000，安裝試車費$3,000及運送途中不慎碰撞之修復費$30,000，則該機器之入帳成本為 ①$395,000 ②$425,000 ③$485,000 ④$515,000。

( 2 ) 30.本期期末存貨少計，將使 ①本期及下期純益均少計 ②本期純益少計，下期純益則多計 ③本期純益多計，下期純益則少計 ④本期及下期純益均多計。

( 3 ) 31.依我國稅法規定，下列何項不得辦理資產重估價？ ①專利權 ②油井 ③長期股票投資及長期債券投資 ④房屋及建築。

( 1 ) 32.商業應設置帳簿目錄，記明其設置使用之帳簿名稱、性質、啓用停用日期、已用未用頁數，並由下列何人簽字？ ①商業負債人及經辦會計人員 ②經理人與主辦會計人員 ③主辦會計人員與經辦會計人員 ④經理人與經辦會計人員。

( 1 ) 33.力大公司83年初購入專利權$800,000，當時法定年限尚餘10年，預計經濟效益8年，86年初因環境變更，該項專利已失去價值，則86年初借記專利權損失 ①$500,000 ②$550,000 ③$600,000 ④$700,000。

( 2 ) 34.設年利率爲10%，則合理的本益比爲 ①5 ②10 ③20 ④25。

( 1 ) 35.永大公司87年度營業活動淨現金流入爲$800,000，當年度按權益法認列長期股權投資損失$100,000，出售投資利益$50,000、期末存貨較期初存貨增加$30,000、應付所得稅減少$20,000，支付現金股利$60,000，試問該公司87年度淨利爲 ①$800,000 ②$830,000 ③$860,000 ④$880,000。

( 3 ) 36.下列敘述何者正確？ ①以使用爲目的之設備，如誤列爲存貨，並不影響銷貨成本 ②採永續盤存制之企業，不必實地盤點存貨 ③如物價不發生波動，則無論採用何種計價方法，算得的期末存貨金額相同 ④進貨時發生之關稅、運費、保險費均應列爲營業費用。

( 2 ) 37.和平公司成立於85年初，係採後進先出法計價，歷年來期末存貨之金額如下：85年$300,000、86年$400,000、87年$500,000，該公司如改採先進先出法計算期末存貨，則發生下列情況：85年度毛利增加$50,000，86年度毛利減少$10,000，87年度毛利增加$60,000，則改採先進先出法87年期末存貨爲 ①$620,000 ②$600,000 ③$500,000 ④$480,000。

( 1 ) 38.積欠優先股利，在財務報表上應列爲 ①附註說明 ②保留盈餘減項 ③流動負債 ④其他負債。

( 2 ) 39.彰化公司於82年7月1日核准發行12%，面額$3,000,000，十年期公司債，並於同年9月1日以$3,354,000加應計利息售出，該債券每年6月30日及12月31日付息。至87年5月1日其付現$3,060,000贖回該批債券，在不考慮所得稅的影響下，贖回公司債利益爲 ①$226,000 ②$246,000 ③$266,000 ④$286,000。

( 2 ) 40. 某資產成本$12,000，可用4年，殘值$2,000，按年數合計法計提折舊，則第二年底之帳面價值爲 ①$2,000 ②$5,000 ③$7,000 ④$12,000。

( 4 ) 41. 公司現金增資發行新股與發放股票股利，兩者結果 ①股數均增加，股東權益總額亦增加 ②前者每股權益減少，後者增加 ③兩者之資產皆可能增加 ④前者股東權益總額增加，後者不變。

( 1 ) 42. 下列各項敘述：A、若流動資產大於固定資產，則償債能力必強；B、買賣業如產生銷貨毛損，則必遭致營業淨損；C、若甲店流動資產大於乙店，則甲店速動比率必大於乙店；D、企業具有高獲利能力必然有很強的償債能力。則正確之敘述有 ①B ②A、C ③B、D ④A、D。

( 2 ) 43. 甲公司呆帳採備抵帳戶法，八十七年度漏將已確定無法收回之呆帳予以沖銷，則將使該期發生下列那一種情況： ①速動比率升高 ②速動比率不變 ③速動比率降低 ④淨利增加。

( 3 ) 44. 賒銷商品，訂價$12,000，商業折扣20%，現金折扣3%，則在期限內收款時，應 ①貸記應收帳款$9,312 ②借記應收帳款$9,312 ③借記現金$9,312 ④貸記現金$9,312。

( 1 ) 45. 酸性測驗比率在於測試企業的何種能力？ ①短期償債能力 ②長期投資財力 ③經營能力 ④獲利能力。

( 2 ) 46. 流動比率爲2.5比1，營運資本爲$30,000，則當日流動資產爲 ①$20,000 ②$50,000 ③$75,000 ④$1,500。

( 2 ) 47. 我國一般公認會計原則規定，對於短期權益證券投資之評價應採用 ①成本法 ②成本與市價孰低法 ③市價法 ④淨變現價值法。

( 3 ) 48.採用複式傳票制度，銷售商品部份收現部份暫欠，於編製現金轉帳傳票時，「現金收入」應記入 ①付方科目欄 ②收方科目欄 ③付方摘要欄 ④收方摘要欄。

( 4 ) 49.台北公司87年度部分財務資料如下：

預付租金（87年1月1日）　$ 29,200
預付租金（87年12月31日）　23,100
租金費用（87年度）　92,300

試問台北公司87年度付現租金為：①$105,400　②$98,400　③$92,300　④$86,200。

( 3 ) 50.商業負責人，主辦及經辦會計人員有下列哪一情形者應處五年以下有期徒刑、拘役或併科新台幣十五萬元以下罰金？ ①不設置應備之帳簿目錄者　②不按時記帳者　③故意使應保存之會計憑證、帳簿報表滅失毀損者　④不造具財務報表。

# 附錄八　會計事務乙級術科題庫

## 第一份測驗試題

1、萬板公司有關股票發行交易如下：

| | |
|---|---|
| 9月1日 | 股東按每股$12元認購面額$10之普通股6,000股，同時分別收到25%股款；未收股款約定分三個月平均付款。 |
| 10月1日 | 收到第一期股款。 |
| 11月1日 | 第二期股款除劉先生未付外，其餘均全部收齊；劉先生認購股數爲600股。 |
| 5日 | 經公司去函通知，劉先生答覆無法付清股款，並授權公司全權處理其已認股份。 |
| 17日 | 公司出售劉先生所認股份，每股售價$11，並發給股票；處分費用$900由原認購人負擔。 |
| 25日 | 劉先生已繳股款扣除再發行損失後餘額，本日退還。 |
| 12月1日 | 收足最後一期股款並發給股票。 |

試作上列事項之分錄。

解

| 日期 | 科目 | 借方 | 貸方 | 說明 |
|---|---|---|---|---|
| 9/1 | 應收股款 | 72,000 | | $12×6,000股 |
| | 　　已認股本 | | 60,000 | $10×6,000股 |
| | 　　資本公積－股本溢價 | | 12,000 | $2×6,000股 |
| | 現　　金 | 18,000 | | $72,000×25% |
| | 　　應收股款 | | 18,000 | |
| 10/1 | 現　　金 | 18,000 | | $72,000－18,000 |
| | 　　應收股款 | | 18,000 | |

| | | | | |
|---|---|---|---|---|
| 11/1 | \$18,000－〔(12×600股) / 4期〕 | | | |
| | 現　　金 | 16,200 | | |
| | 　　應收股款 | | 16,200 | |
| 11/5 | 已認股本 | 6,000 | | \$10×600股 |
| | 資本公積－股本溢價 | 1,200 | | \$2×600股 |
| | 　　應收股款 | | 3,600 | (12×600股)/4期×2期 |
| | 　　應付款項 | | 3,600 | 差額 |
| 11/17 | 現　　金 | 5,700 | | \$11×600股－900 |
| | 應付款項 | 1,500 | | 差額 |
| | 　　股　　本 | | 6,000 | \$10×600股 |
| | 　　資本公積－股本溢價 | | 1,200 | \$2×600股 |
| 11/25 | 應付款項 | 2,100 | | \$3,600－1,500 |
| | 　　現　　金 | | 2,100 | |
| 12/1 | \$18,000－〔(12×600股) / 4期〕 | | | |
| | 現　　金 | 16,200 | | |
| | 　　應收股款 | | 16,200 | |
| | 已認股本 | 54,000 | | \$60,000－6,000 |
| | 　　股　　本 | | 54,000 | |

2、華江公司最近三年有關呆帳的資料如下：

| | 88年 | 89年 | 90年 |
|---|---|---|---|
| 賒銷 | \$1,080,000 | \$1,320,000 | \$1,200,000 |
| 現銷 | 720,000 | 960,000 | 840,000 |
| 合　計 | \$1,800,000 | \$2,280,000 | \$2,040,000 |
| 年底應收帳款餘額 | \$ 204,000 | \$ 276,000 | \$264,000 |
| 年底備抵呆帳餘額 | 56,400 | 36,000 | 67,200 |
| 當年沖銷之呆帳 | 2,400 | 60,000 | 4,800 |

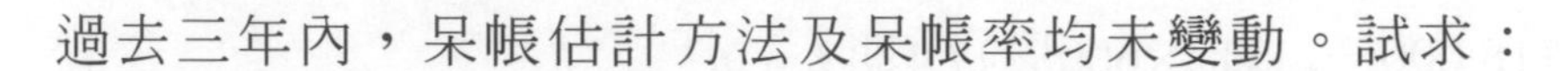

過去三年內，呆帳估計方法及呆帳率均未變動。試求：

(1) 該公司估計呆帳的基礎爲何？
（賒銷金額、銷貨淨額、或年底應收帳款餘額）？

(2) 呆帳率爲若干？

(3) 88年初「備抵呆帳」之餘額爲若干？

**解**

(1) 賒銷金額。

(2) (\$67,200+4,800－36,000) / 1,200,000 =(\$36,000+60,000－56,400)/ \$1,320,000 = 3%
呆帳率：3%

(3) \$56,400+2,400－1,080,000×3% = \$26,400

3、民生公司僱用員工之薪資、修繕費之工資及分配盈餘之員工分紅，於付現時均依法扣繳暨申報員工之薪資所得；但會計處理採權責發生制認列員工之薪資費用。90年度各項有關資料如下：

| 項　　目 | 金　額 | 備　　註 |
|---|---:|---|
| 90年1~12月支付薪資 | \$8,200,000 | 其中\$80,000係支付上年應付年終獎金；本年底應付年終獎\$1,000,000 |
| 90年8月初發放員工紅利 | 600,000 | 按90年7月初股東常會決議分配 |
| 本年裝潢修繕支付修繕工資 | 400,000 | 列於修繕費科目 |
| 本年估列退休金費用 | 300,000 | 列於薪資費用科目 |

試求：

(1) 請列式計算民生公司90年度帳列薪資費用金額及扣繳申報之薪資所得金額。

(2) 請爲民生公司編製90年度費用之扣繳申報調節表（由扣繳申報數調至帳列薪資費用）。

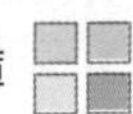

解

(1)

A.

| | |
|---|---:|
| 支付薪資 | $8,200,000 |
| 上年應付獎金 | (800,000) |
| 本年應付獎金 | 1,000,000 |
| 退 休 金 | 300,000 |
| 帳列薪資費用 | $8,700,000 |

B.

| | | |
|---|---:|---|
| 支付薪資 | $8,200,000 | |
| 員工紅利 | 600,000 | |
| 修繕工資 | 400,000 | |
| 扣繳薪資所得 | $9,200,000 | （退休金爲估列數） |

(2)

民生公司
扣繳申報調節表
90年度

| | |
|---|---:|
| 扣繳薪資所得 | $ 9,200,000 |
| 修繕工資 | （400,000） |
| 員工紅利 | （600,000） |
| 上年應付獎金 | （800,000） |
| 本年應付獎金 | 1,000,000 |
| 退 休 金 | 300,000 |
| 帳列薪資費用 | $ 8,100,000 |

4、濟南公司90年度與91年度帳列淨利分別爲$145,000與$178,000。92年初會計師查帳時發現下列錯誤：

| | 90年底 | 91年底 |
|---|---|---|
| 期末存貨低估 | $3,200 | $5,800 |
| 應付租金高估 | 920 | 980 |
| 折舊費用漏列 | 700 | 650 |
| 預收收入低估 | 3,000 | 1,800 |
| 用品盤存漏列 | 1,300 | 750 |

試作：

(1) 計算濟南公司90年度與91年度之正確淨利。

(2) 爲濟南公司作發現錯誤時應作之更正分錄。

解

| (1) | 90年度 | 91年度 | (2) 更正分錄 | | |
|---|---|---|---|---|---|
| 帳列淨利 | $145,000 | $178,000 | | | |
| 末存低估 | | | | | |
| 90年 | 3,200 | (3,200) | 存貨（期初） | 5,800 | |
| 91年 | | 5,800 | 前期損益調整 | | 5,800 |
| 應付租金高估 | | | | | |
| 90年 | 920 | (920) | 存貨（期初） | 980 | |
| 91年 | | 980 | 前期損益調整 | | 980 |
| 折舊漏列 | | | | | |
| 90年 | (700) | | 前期損益調整 | 1,350 | |
| 91年 | | (650) | 累計折舊 | | 1,350 |
| 預收收入低估 | | | | | |
| 90年 | (3,000) | 3,000 | 前期損益調整 | 1,800 | |
| 91年 | | (1,800) | 預收收入 | | 1,800 |
| 用品盤存漏列 | | | | | |
| 90年 | 1,300 | (1,300) | 存貨（期初） | 750 | |
| 91年 | | 750 | 前期損益調整 | | 750 |
| 正確淨利 | $146,720 | $180,660 | | | |

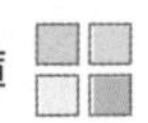

5、存貨金額估計相關問題：

1．景美公司以往採用傳統零售價法，經考慮決定自90年初改採金額後進先出零售價法，89年有關資料如下：

| | 成　本 | 零售價 |
|---|---|---|
| 期初存貨 | $ 42,500 | $ 88,750 |
| 進貨淨額 | 340,000 | 511,250 |
| 淨再加價 | | 37,500 |
| 淨減價 | | 17,500 |
| 銷貨總額 | | 535,000 |
| 銷貨退回 | | 15,000 |
| 正常損耗 | | 20,000 |

試作：

(1) 景美公司89年12月31日以傳統零售價法估計之存貨金額。

(2) 景美公司90年1月1日變更存貨計價方法之調整分錄。

2．木柵公司90年及91年有關資料如下：

| | 89年 | 90年 | 91年 |
|---|---|---|---|
| 物價指數 | 100% | 110% | 120% |
| 期末存貨成本 | $48,000 | $78,690 | $ ? |
| 期末存貨零售價 | $80,000 | ? | 114,000 |
| 成本率 | | 62% | 65% |

試作：

(1) 木柵公司以金額後進先出零售法計算之90年12月31日存貨零售價。

(2) 木柵公司以金額後進先出零售價法估計之91年12月31日存貨金額。

1．

(1) 期末存貨零售價：

$88,750 + 511,250 + 37,500－17,500－535,000 + 15,000－20,000 = $80,000

傳統成本率：

（$42,500 + 340,000）/（$88,750 + 511,250 + 37,500）= 60%

期末存貨成本：$80,000×60% = $48,000

(2) 進貨成本率：

$340,000 /（$511,250 + 37,500－17,500）= 64%

FIFO之期末存貨成本：$80,000×64% = $51,200

$51,200－48,000 = $3,200

分錄：

| | | |
|---|---|---|
| 存貨 | 3,200 | |
| 其他收入－存貨按成本計價調整數 | | 3,200 |

2．

(1) ($78,690－48,000)÷ 62% ÷ 110% + 80,000 = $125,000

$125,000×110% = $137,500

(2) ($114,000 ÷ 120%－80,000)×110%×62% + 48,000 = $58,230

6、景興公司於4月1日在遠東銀行開戶並存入現金$65,000，公司所有現金交易均透過銀行帳戶處理，該公司4月及5月與銀行往來有關情形如下：

| | 景興公司帳 | 遠東銀行帳 |
|---|---|---|
| 4月份存入 | $ 46,800 | $ 42,600 |
| 4月份支票 | 52,150 | 50,750 |
| 4月份銀行手續費 | | 100 |
| 4月30日餘額 | $ 59,650 | $ 56,750 |
| 5月份存入（正常部份） | 48,250 | 50,150 |
| 5月份支票 | 53,700 | 51,850 |
| 5月份銀行手續費 | | 150 |

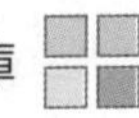

| | | |
|---|---|---|
| 5月份銀行代收票據（含利息$80） | | 4,800 |
| 4月份手續費（5月份入帳） | 100 | |
| 5月31日餘額 | $ 54,100 | $ 59,700 |

試作：

(1) 編製5月份四欄式銀行調節表。

(2) 作景興公司5月份必要之調節分錄。

解

(1)

景興公司
銀行調節表
×年5月份及5月31日

| | 4月底餘額 | 5月份存入 | 5月份支出 | 5月底餘額 |
|---|---|---|---|---|
| 銀行結單餘額 | $56,750 | $54,950 | $52,000 | $59,700 |
| 加：在途存款－4月 | 4,200 | （4,200） | | |
| －5月 | | 2,300 | | 2,300 |
| 減：未兌現支票－4月 | （1,400） | | （1,400） | |
| －5月 | | | 3,250 | （3,250） |
| 正確餘額 | $59,550 | $53,050 | $53,850 | $58,750 |
| 公司帳面餘額 | $59,650 | $48,250 | $53,800 | $54,100 |
| 加：代收票據－5月 | | 4,720 | | 4,720 |
| 利息收入－5月 | | 80 | | 80 |
| 減：手續費－4月 | （100） | | （100） | |
| －5月 | | | 150 | （150） |
| 正確餘額 | $59,550 | $53,050 | $53,850 | $58,750 |

(2)

| | 借 | 貸 | |
|---|---|---|---|
| 銀行存款 | 4,650 | | $58,750－54,100 |
| 手續費 | 150 | | |
| 應收票據 | | 4,720 | |
| 利息收入 | | 80 | |

## 第二份測驗試題

1、台中公司88年7月1日購入機器乙部$2,000,000，因安裝時不愼發生人爲損壞，支付修理費$30,000，誤借記機器科目，該機器耐用年限3年，殘值爲成本的十分之一，採直線法提列折舊，若該錯誤分別於下列時點發現，則應作之更正分錄爲何？

(1) 88年底調整後結帳前。

(2) 89年初。

(3) 90年底結帳後。

解

| | 日期 | 科目 | 借方 | 貸方 |
|---|---|---|---|---|
| (1) | 88/12/31 | 累計折舊－機器 | 4,500 | |
| | | 修理費 | 30,000 | |
| | | 　機器設備 | | 30,000 |
| | | 　折　　舊 | | 4,500 |
| (2) | 89/1/1 | 累計折舊－機器 | 4,500 | |
| | | 前期損益調整 | 25,500 | |
| | | 　機器設備 | | 30,000 |
| (3) | 90/12/31 | 累計折舊－機器 | 22,500 | |
| | | 前期損益調整 | 16,500 | |
| | | 　機器設備 | | 30,000 |
| | | 　本期損益 | | 9,000 |

※每年折舊：（$30,000－3,000）/ 3年 = $9,000

※(3)爲「90年底結帳後」之更正分錄，若爲「91年初」發現，則更正分錄爲：

| 科目 | 借方 | 貸方 |
|---|---|---|
| 累計折舊－機器 | 22,500 | |
| 前期損益調整 | 7,500 | |
| 　機器設備 | | 30,000 |

2、北方公司88年4月1日按某一發行價格加計利息發行八厘公司債一批，當時市場利率為6%，付息日為每年6月1日及12月1日，到期日為92年12月1。該公司88年12月1日付息時，計現付利息$17,032，並攤銷公司債溢價$3,263；已知88年6月1日付息時，公司認列利息費用$4,621，同時應付公司債之帳面價值為$458,953。

試求：北方公司該筆公司債之：

(1) 面額為若干？

(2) 發行價格為若干？

(3) 作88年4月1日之發行分錄。

(4) 作88年12月31日之調整分錄。

**解**

(1)面額：

設面額為X，

面　額×票面利率×期　間＝支付利息

X　×　8%　×　6/12 = $17,032

∴X = $425,800

(2) 發行價格：

| | 借：利息費用 | | 貸：現　金 | | 借：公司債溢價 | | 帳面價值 | |
|---|---|---|---|---|---|---|---|---|
| 88.4.1 | | | | | | | 460,009 | *3 |
| 88.6.1 | 4,621 | | 5,677 | *1 | 1,056 | *2 | 458,953 | |
| 8812.1 | 13,769 | *4 | 17,032 | | 3,263 | | 455,690 | *5 |
| 88.12.31 | 2,278 | *6 | 2,839 | *7 | 561 | *8 | 455,129 | *9 |

＊1　$17,032 ÷ 6月×2月 = $5,677

＊2　$5,677－4,621 = $1,056

＊3　$458,953×1,056 = $460,009 ……發行價格

＊4　$458,953×6%× 6/12 = $13,769

＊5　$458,953－3,263 = $455,690

＊6　$455,690×6%× 1/12 = $2,278

＊7　$17,032 ÷ 6月×1月 = $2,839

＊8　$2,839－2,278 = $561

＊9　$455,690－561 = $455,129

(3) 分錄：

| | | | |
|---|---|---|---|
| 88 / 4 / 1 | 現金 | 471,364 | |
| | 應付公司債 | | 425,800 |
| | 公司債溢價 | | 34,209 |
| | 應付利息 | | 11,355 |
| 88 / 12 / 31 | 利息費用 | 2,278 | |
| | 公司債溢價 | 561 | |
| | 應付利息 | | 2,839 |

※ 公司債溢價：$460,009－425,800 = $34,209

※ 應付利息（12/1～4/1過期利息）= $425,800×8%× 4/12 = $11,355

3、南海公司於民國88年3月1日以分期付款方式購買機器一部，機器價格爲$1,000,000，同日付息十分之一，其餘分九期平均攤還，每期半年，並按未償還餘額加計算年息12%之利息。

此項機器於同年10月20日始安裝完成，正式啓用。南海公司於88年度除此項分期償還之債務外，別無其他付息債務。試求：

(1) 應予資本化之利息金額爲若干？（一年以365天計，金額取整數）

(2) 作成南海公司88年度有關該機器之所有必要分錄。假設該機器可用十年，無殘値，按直接法提列折舊，且折舊按整月計算，未滿一月者不計。

解

(1)88.3.1～88.9.1利息：（$1,000,000－100,000）× 12%× 6/12 = $54,000

88.9.1～88.10.20利息：（$1,000,000－100,000－100,000）× 12% × 49/365
= $12,888

應予資本化之利息：$54,000×12,888 =$66,888

(2)必要分錄：

| | | 借 | 貸 |
|---|---|---|---|
| 88/3/1 | 預付設備款 | 1,000,000 | |
| | 其他應付款 | | 900,000 |
| | 現金 | | 100,000 |
| 9/1 | 其他應付款 | 100,000 | |
| | 利息費用 | 54,000 | |
| | 現金 | | 154,000 |
| 10/20 | 利息費用 | 12,888 | |
| | 應付利息 | | 12,888 |
| 10/20 | 機器設備 | 1,066,888 | |
| | 預付設備款 | | 1,000,000 |
| | 利息費用 | | 66,888 |
| 12/31 | 利息費用 | 18,937 | |
| | 應付利息 | | 18,937 |
| 12/31 | 折舊 | 17,781 | |
| | 累計折舊－機器 | | 17,781 |

※其他應付款亦可改用「應付設備款」、「應付分期款」。

※12/31應付利息：（$1,000,000－100,000－100,000）× 12%× 72 / 365 = $18,937

※12/31折舊：（$1,066,888－0）/ 10年× 2/12 = $17,781

※天數計算（計尾不計頭）：

9/1～10/20：（30－1）× 20 = 49天

10/20～12/31：（30－20）× 30 × 31 = 72天

9/1～12/31：（30－1）× 31 × 30 × 31 = 121天（= 49天× 72天）

4、高雄公司（非公開發行）成立於88年初，每股面額$10，核定發行普通股10,000,000股，實際發行6,000,000股，發行價格$12。章程規定如下：「本公司年度決算如有盈餘，於依法繳納一切稅捐及彌補以往年度虧損後，應先提列百分之十法定盈餘公積，其餘授權董事會擬具盈餘分配案提報股東會同意分配之，其中員工紅利爲百之二。」

兩年來有關事項如下：

1. 88年度稅後淨利$10,000,000（其中$2,000,000爲出售固定資產稅後利得應轉列資本公積），除提列10%法定盈餘公積外，其餘半數以現金分配股利（含員工紅利）。
2. 89年度稅後淨利$4,000,000，除提列10%法定盈餘公積外，另提列擴充廠房準備$1,000,000，並決議分派股東紅利現金$1,960,000（不含員工紅利）。

根據我國第一號財務會計準則公報，股東權益變動表爲公司年度主要財務報表之一，惟若公司股東權益變動項目單純者，得以保留盈餘表取代之。

試根據上述資料編製：

(1) 該公司89年保留盈餘表（未指撥部份）。

(2) 該公司89年度盈餘分配表。

解

(1)

高　雄　公　司
保留盈餘表（未指撥部份）
89年1月1日至12月31日

| | | |
|---|---|---|
| 期初未分配盈餘 | | $ 10,000,000 |
| 減：處分資產利得轉列資本公積 | | 2,000,000 |
| 小　　計 | | $ 8,000,000 |
| 減：上期盈餘分配 | | |
| 　　法定盈餘公積 | $ 800,000 | |

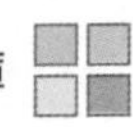

| | | |
|---|---|---|
| 　　現金股利及員工紅利 | 3,600,000 | (4,400,000) |
| 小　　計 | | $ 3,600,000 |
| 加：本期稅後淨利 | | 4,000,000 |
| 期末未分配盈餘 | | $ 7,600,000 |

※本題依「當時公司法」解題，同學要注意：公司法於90年11月12日修訂，廢除「處分資產利得」轉列資本公積之規定，故經濟部及財務部證券暨期貨管理委員會規定，自90年起「處分資產利得」列為「營業外收入」或「非常損益」，89年以前原轉列之資本公積得經股東會決議留存資本公積或轉回保留盈餘。

※員工紅利依題意與現金股利「合併為一項」。如果和現金股利分列亦可，然則：

現金股利：$3,600,000－144,000＝$3,456,000

員工紅利：（$10,000,000－2,000,000－800,000）×2%＝$144,000

(2)

高　雄　公　司
盈　餘　分　配　表
89年1月1日至12月31日

| | | |
|---|---|---|
| 可供分配盈餘 | | |
| 期初未分配盈餘 | $ 3,600,000 | |
| 加：本期稅後淨利 | 4,000,000 | $ 7,600,000 |
| 減：本期分配項目 | | |
| 　　法定盈餘公積 | $ 400,000 | |
| 　　擴充廠房準備 | 1,000,000 | |
| 　　現金股利 | 1,960,000 | |
| 　　員工紅利 | 72,000 | (3,432,000) |
| 未分配盈餘 | | $ 4,168,000 |

※員工紅利依章程規定為稅後淨利扣除法定公積後之2%，依題意「單獨列示」：

（$4,000,000－400,000）×2%＝$72,000

5、柏大公司產銷四種商品，其存貨按成本與市價孰低法評價。每種商品之正常利潤率爲20%。下列爲該公司商品之有關資料：

| | | | | 每 | 單 | 位 |
|---|---|---|---|---|---|---|
| 類別 | 商品 | 數量 | 原始成本 | 重置成本 | 估計推銷費用 | 售價 |
| 甲 | A | 10,000 | $35 | $42 | $15 | $55 |
| 乙 | B | 12,000 | 47 | 45 | 21 | 75 |
| 甲 | C | 8,000 | 17 | 15 | 5 | 25 |
| 乙 | D | 15,000 | 45 | 46 | 26 | 80 |

試作：

(1) 編製一明細表，分別採a.逐項比較法　b.分類比較法　c.總額比較法列示存貨之成本與市價之選擇，包括市價之上限與下限、運用之市價、選用之成本市價孰低金額及存貨評價金額。

(2) 若期末預期未來售價不會下跌，則前述評價方法如何適用？試說明之。

解

(1) a. 逐項比較法：

| 項目 | 成本 | 重置成本（市價） | 淨變現價值（上限） | 淨變現價值減正常利潤（下限） | 修正市價 | 期末存貨 |
|---|---|---|---|---|---|---|
| A | $350,000 | $420,000 | $400,000 | $290,000 | $400,000 | $ 350,000 |
| B | 564,000 | 540,000 | 648,000 | 468,000 | 540,000 | 540,000 |
| C | 136,000 | 120,000 | 160,000 | 120,000 | 120,00 | 120,000 |
| D | 675,000 | 690,000 | 810,000 | 570,000 | 690,000 | 675,000 |
| | | | | | | $1,685,000 |

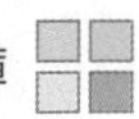

b. 分類比較法：

| 項目 | 成本 | 重置成本（市價） | 淨變現價值（上限） | 淨變現價值減正常利潤（下限） | 修正市價 | 期末存貨 |
|---|---|---|---|---|---|---|
| 甲 | $ 486,000 | $ 540,000 | $ 560,000 | $ 410,000 | $540,000 | $ 486,000 |
| 乙 | 1,239,000 | 1,230,000 | 1,458,000 | 1,038,000 | 1,230,000 | 1,230,000 |
| | | | | | | $ 1,716,000 |

c. 總額比較法：

| 項目 | 成本 | 重置成本（市價） | 淨變現價值（上限） | 淨變現價值減正常利潤（下限） | 修正市價 | 期末存貨 |
|---|---|---|---|---|---|---|
| 合計 | $1,725,000 | $1,770,000 | $2,018,000 | $1,448,000 | $1,770,000 | $1,725,000 |

(2) 成本與市價孰低法乃是「穩健原則——預計可能損失，不預計可能利益」之運用，將一部分損失由「存貨出售年度」提前至「效用降低年度」認列。若期末預期未來售價不會跟著重置成本一齊下跌，將造成「當期過於穩健」，而「次期出現超額利潤」的現象。爲避免此種情況，故計算「修正市價」時，財務會計準則公報規定：市價（重置成本）不得低於淨變現價值減正常利潤，亦即爲市價設立了下限。

# 參考文獻

1. Donald E. Kieso, Jerry J. Weygandt , and Terry D. Warfield, Intermediate Accounting, 11th ed., 2004, 台灣西書代理。
2. Jerry J. Weygandt, Donald E. Kieso, and Paul D. Kimmel, Financial Accounting, 4 th ed., 2004, 台灣西書代理。
3. iGAP 2005, 金融商品會計準則釋例解析：國際會計準則32號及39號，2005，勤業財稅諮詢顧問服務有限公司：台北市。
4. 今周刊，第421期。
5. 王坤龍，會計學，2005，第一版，普林斯頓：台北縣。
6. 李宗黎、林蕙眞，會計學新論（上）（下），2003，第三版，証業：台北市。
7. 李宗黎、林蕙眞，中級會計學 理論與應用，2003，第一版，証業：台北市。
8. 卓如意，會計事務技術士技能檢定（丙級）術科筆試實作，2005，第十七版，松根：台北市。
9. 卓如意，會計事務技術士技能檢定（丙級）術科筆試實作，2006，第十八版，松根：台北市。
10. 林玉香，會計事務技術士技能檢定（乙級）學科試題精析，2005，第十二版，松根：台北市。
11. 林玉香，會計事務技術士技能檢定（乙級）學科試題精析，2006，第十三版，松根：台北市。
12. 林玉香，會計事務技術士技能檢定乙級術科實戰祕笈，2005，第十一版，松根：台北市。
13. 林玉香，會計事務技術士技能檢定乙級術科實戰祕笈，2005，第十版，松根：台北市。
14. 松根編委會，會計事務技能檢定丙級學科試題，2005，松根：台北市。
15. 財務準則公報第三十五號資產減損之會計處理準則（94.12.22修訂）。
16. 財務準則公報第三十四號 金融商品之會計處理準則（94.09.22修訂）。
17. 黃鴻一、林玉香，會計學（上）（下），2004，第一版，華立：台北市。
18. 鄭丁旺，中級會計學（上）（下）， 2005，第八版，台北市。
19. 鄭丁旺、黃金發、汪泱若，會計學原理（上）（下），2005，第九版，台北市。
20. 聯合報，B6版，證券，2005-01-18。
21. 嚴玉珠，會計學概要，2005，第二版，五南：台北市。
22. 財團法人會計研究發展基金會，www.ardf.org.tw。
23. 行政院金融管理監督委員會，www.fscey.gov.tw。

Note

Note

Note

Note

Note

Note

Note

國家圖書館出版品預行編目資料

會計學. 進階篇 / 鄭凱文, 陳昭靜編著. -- 初版. -- 臺北市 : 全華, 2006〔民 95〕

面 ; 公分

ISBN 957-21-5439-7(平裝)

1. 會計

495 95011763

# 會計學—進階篇

作　　者　鄭凱文 · 陳昭靜
執行編輯　陳詩芸
封面設計　劉美珠
發 行 人　陳本源
出 版 者　全華科技圖書股份有限公司
地　　址　104 台北市龍江路 76 巷 20 號 2 樓
電　　話　( 02 ) 2507-1300 (總機)
傳　　眞　( 02 ) 2506-2993
郵政帳號　0100836-1 號
印 刷 者　宏懋打字印刷股份有限公司
登 記 證　局版北市業第〇七〇一號
圖書編號　08067
初版一刷　2006 年 11 月
定　　價　新台幣 390 元
I S B N　957-21-5439-7（平裝）
I S B N　978-957-21-5439-7（平裝）



全華科技圖書
www.chwa.com.tw
book@ms1.chwa.com.tw

全華科技網 OpenTech
www.opentech.com.tw

(請由此線剪下)

# 書友服務卡

填寫日期：　/　/

為加強對您的服務，只要您填妥本卡寄回全華圖書(免貼郵票)，即可成為全華書友！(詳情見背面說明)

姓　名/＿＿＿＿ 生　日/(西元)＿年＿月＿日 性　別/□男　□女

□□□

地　址/＿縣/市＿鄉/鎮 市/區＿街/路＿段＿巷 弄＿號 樓之

電話/(H)＿＿(O)＿＿(行動)＿＿(FAX)＿＿

E-mail/＿＿＿＿

教育程度/□1.高中、職　□2.專科　□3.大學　□4.研究所(含以上)

職　業/□1.工程師　□2.教師　□3.學生　□4.軍　□5.公

□6.其他＿＿

服務單位/學校、公司＿＿　科系、部門＿＿

購買圖書/書號＿＿　書名＿＿

您的閱讀嗜好/□A.電子　□B.電機　□C.計算機工程　□D.資訊　□E.機械

□F.汽車　□I.工管　□K.化工　□L.設計　□M.商管

□O.其他＿＿

您購買本書的原因/□1.個人需要　□2.幫公司採購　□3.老師推薦

您從何處購買本書/□1.網站　□2.書局　□3.書友特惠活動　□4.團購

□5.書展　□6.其他＿＿

您對本書的評價/1.非常滿意 2.滿意 3.普通 4.不滿意 5.非常不滿意(請填代號)

□內容　□版面編排　□圖片　□文筆流暢　□封面設計

您希望全華加強那些服務/□1.電子報　□2.定期目錄　□3.促銷活動

□4.專業展覽通知　□5.其他＿＿

◎請詳填、並書寫端正，謝謝！

95,07 450,000份

親愛的書友：

感謝您對全華圖書的支持與愛用，雖然我們很慎重的處理每一本書，但尚有疏漏之處，若您發現本書有任何錯誤的地方，請填寫於勘誤表內並寄回，我們將於再版時修正。您的批評與指教是我們進步的原動力，謝謝您！

全華科技圖書　敬上

## 勘誤表

| 書號 | | 書名 | 作者 |
|---|---|---|---|
| 頁數 | 行數 | 錯誤或不當之詞句 | 建議修改之詞句 |
| | | | |
| | | | |
| | | | |
| | | | |
| | | | |
| | | | |
| | | | |
| | | | |
| | | | |

我有話要說：(其它之批評與建議，如封面、編排、內容、印刷品質等....)